# 城市环境多源信息融合导航定位技术



孙 [illegible]

科学出版社
北京

## 内 容 简 介

针对城市环境下GNSS定位导航精度低、可靠性不足的问题，本书结合教学、科研和实践对城市峡谷中的定位技术进行了详细的介绍和总结，并且提出了一系列城市环境多源信息融合导航定位技术。全书分为五章，主要内容包括：城市环境卫星定位技术发展、城市环境定位的支撑技术、基于多传感器融合城市环境定位技术、基于空间环境信息辅助的城市环境定位技术、城市多源信息融合导航定位技术的应用。

本书涵盖了作者及南京航空航天大学民航学院师生近几年在城市环境导航定位领域的研究成果和经验，书中展开的许多理论和技术性工作是本团队近年来研究工作的体现。本书充分注意内容的系统性与深广度，力求包含最新的城市环境定位技术。本书适合民航、导航相关专业的本科生、研究生学习，也适合相关领域的研究者参考。

**图书在版编目(CIP)数据**

城市环境多源信息融合导航定位技术 / 孙蕊著. —北京：科学出版社，2020.9
ISBN 978-7-03-065952-1

Ⅰ. ①城… Ⅱ. ①孙… Ⅲ. ①全球定位系统—应用—城市环境—信息融合 Ⅳ. ①P228.49

中国版本图书馆CIP数据核字(2020)第162220号

责任编辑：许 健 / 责任校对：谭宏宇
责任印制：黄晓鸣 / 封面设计：殷 靓

科学出版社 出版
北京东黄城根北街16号
邮政编码：100717
http://www.sciencep.com
南京展望文化发展有限公司排版
上海锦佳印刷有限公司印刷
科学出版社发行 各地新华书店经销

*

2020年9月第 一 版 开本：B5(720×1000)
2020年9月第一次印刷 印张：12 3/4
字数：210 000

**定价：100.00元**

# 前言 | Foreword

导航定位技术是一种新兴技术,已在各行各业得到广泛应用。近年来,随着国家“智慧城市”系统的发展,城市环境的导航定位将成为未来城市综合服务的基础。然而,城市环境中建筑物密集、环境复杂,给单一的卫星导航定位系统定位的精度及可靠性带来了巨大的挑战。因此,需要通过多源信息融合导航技术来提高交通系统中载体的导航性能,从而实现现代及未来城市环境中的车、无人机、路、人及基础设施等重要元素的有机结合,为“智慧城市”系统的运行提供重要的支撑。

我国已出版过不少关于导航定位方面的专业书籍,但针对城市环境中的导航定位技术尚缺少系统的总结。出版一部内容新颖且系统化的关于城市环境中导航定位的专著,是作者多年的梦想,但因水平及能力所限,不足之处殷切希望读者批评指正。

本书不图在阐述前人的理论和方法方面求多求全,而力求内容新颖和切合实用。本书的内容多为作者近年来发表的一些研究及学习心得、指导研究生的成果,也吸收了国内外同行的研究成果。在本书的研究和形成过程中,关于定位算法的设计,曾得到英国帝国理工学院 Washington Yotto Ochieng 院士、中国台湾成功大学江凯伟教授及西安测绘研究所杨元喜院士的悉心指导和帮助;中国台湾成功大学测量及空间资讯学系和香港理工大学也曾提供大量的实验数据;此外团队的学生王冠宇、程琦、王均晖、傅麟霞、邱明等也给予作者不少帮助,作者在此向他们表示感谢。

作　者

2020 年 3 月

# 目录 | Contents

# 第一章 绪 论

## 1.1 城市环境应用需求

全球导航卫星系统(global navigation satellite system, GNSS),包括美国的全球定位系统GPS(Global Positioning System, GPS)、俄罗斯GLONASS、欧盟GALILEO以及我国自主研发的北斗卫星导航系统,在定位、导航和授时等方面得到非常广泛的应用。虽然最初只用于军事用途,但是随着其不断进步和发展,近年来在交通、测绘、海洋、通信,以及形变监测等众多领域也得到广泛应用,对科学研究、经济建设和改善民生等诸多领域产生了深刻的影响。卫星导航已经发展成当今社会的三大信息产业之一,它象征着一个国家的综合技术实力,因此,很多国家都在大力研发自己的卫星导航系统。在"十三五"规划中,作为新兴产业,卫星导航已被纳入空间和海洋发展蓝图,未来卫星导航定位技术的发展具有十分重要的地位。

当下GNSS最重要的一个应用领域是智能交通系统(intelligent transportation system, ITS)。ITS运用导航定位、计算机通信等先进技术将交通系统内的车辆、行人、基础设施等重要元素连接起来,实现系统的有机协调运行及管控。早在2006年出台的《国家中长期科学和技术发展规划纲要(2006—2020年)》中已将智能交通列入了交通运输业优先发展主题;在"十三五"规划中,智能交通也被纳入了国家交通运输发展的指导思想当中。可以看出,智能交通现已成为我国交通运输业建设和发展的重要方面,代表着未来交通系统的发展趋势和方向。智能交通作为战略新兴产业之一,显现了非常好的经济和社会效益。我国智能交通行业的市场规模从2010年的109.2亿元增长到2017年的515.9亿元,年均增速达24.8%,预计到2023年突破1 300亿元。GNSS作为ITS的核心技术,可以实时、准确地提供车辆、无人机的位置信息。然而,目前ITS的应用场景主要集中在城市,在建筑物集中的

“城市峡谷”环境中，卫星信号容易受到建筑物阻挡，导致产生反射与衍射现象，不仅大大减少了可用卫星的数量，还导致产生多径效应、非视距接收等现象，严重降低 GNSS 的定位精度和可靠性，无法满足 ITS 的连续准确定位的需求。因此，提高城市环境载体的导航定位的性能，对 ITS 的建设和发展有着极为重要的现实意义和广阔的前景。

## 1.2 城市环境卫星定位技术现状的发展趋势

在城市环境中，GNSS 信号接收类型分为视距(line of sight, LOS)信号、非视距(non line of sight, NLOS)信号和多径(Multipath)信号三种，如图 1.1 所示。LOS 是从 GNSS 卫星直接到达用户接收机的信号；NLOS 指的是经反射到达用户接收机的信号，接收机没有收到视距信号；Multipath 指的是用户接收机同时接收到 LOS 和 NLOS 两种信号。

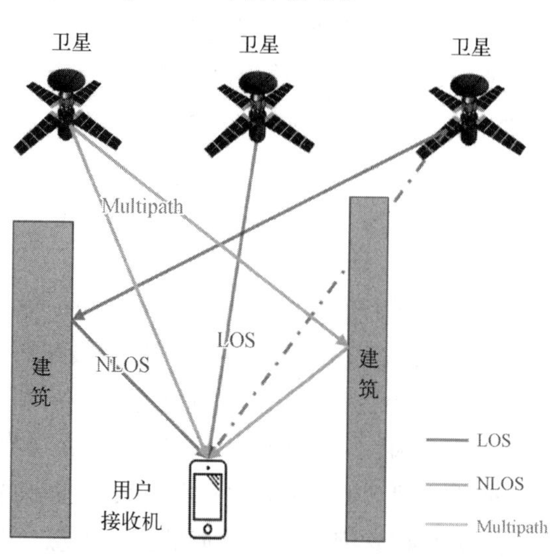


**图 1.1 城市多径环境下 GNSS 信号接收类型**[1]

NLOS 信号和 Multipath 信号均会降低 GNSS 的定位精度，它们造成的误差统称为多径误差，该误差不能通过差分定位消除[2]，此外 NLOS 可能造成高达 100 m 甚至无边界的定位误差[3]，为此国内外学者们提出了很多种方法试图尽量减少 Multipath/NLOS 对导航定位的影响，这些方法主要可分为以下三类。

第一类是基于天线设计的方法,包括使用扼流圈天线和双极化天线[4-9]。扼流圈是一种具有数个环形凹槽的圆盘,从技术原理上讲,当槽深略微超过载波的四分之一波长时,就能够有效抑制其表面处的反射信号,它能够很好地抑制低仰角的多径信号。王春华等研制了一种3D扼流圈天线,能够较好地抑制多径效应,且适用于GNSS的G1、G2频段[6]。张勇虎证明了3D扼流圈在已知多径效应的同时,不会降低仰角增益[7]。高玉平等设计了一种单频GPS天线扼流圈,也较好地抑制了多径效应[8]。使用双极化天线可以检测Multipath/NLOS信号,进而将其排除,可以提高城市多径环境下的定位精度。GNSS的LOS信号表现为右旋圆极化(right-hand circular polarization, RHCP),在受建筑物表面反射后,入射角小于起偏振角的信号会转变成左旋圆极化(left-hand circular polarization, LHCP),其余保持RHCP[5]。双极化天线在1个外壳中将同轴RHCP敏感天线和LHCP敏感天线结合在一起,具有2个输出:一个是对RHCP信号更敏感的常规输出,另一个是对LHCP信号更敏感的附加输出。经过反射后,总的接收信号将同时具有LHCP和RHCP分量。LHCP分量的强度越大意味着受到了越严重的多径效应影响。利用这个原理,Jiang等使用双极化天线采集GPS信号,计算了LHCP天线和RHCP天线输出的$C/N_0$的差值。若此值为负,则认为接收到的信号为NLOS;若此差值为正,但低于预先设定的阈值,则认为存在严重的多径干扰。通过在建筑密集的城市地区进行测试,排除检测到的NLOS测量值,将155.9 m的定位误差降低到45.3 m,定位结果得到了显著改善[5]。但由于天线的极化灵敏度随入射角的变化而变化,该方法在高度角较大的情况下效果较好,而对于低高度角信号效果较差[9]。综上所述,基于天线设计的方法可以有效减轻低仰角情况下的多径效应,但它们价格昂贵且笨重,因此主要应用于需要超高精度的大地测量领域,不适用于城市环境下的导航定位。

第二类是基于信号处理的方法,它指的是通过改善接收机相关器结构设计或相关函数的形式来降低或补偿多径误差[10-20],此类方法最先由van Dierendonck等提出,他们通过缩小早迟(E-L)相关器间隔的方法来降低多径误差[10]。此类方法又可分为两类:一类称为分离处理,主要包括窄相关器、频闪(strobe)相关器、成形(shaping)相关器;另一类称为补偿处理,主要包括多径消除技术(multipath elimation technology, MET)、多径估计延迟锁相环(multipath estimating delay lock loop, MEDLL)等。

窄相关器最先是由NovAtel公司于1991年提出[10],它使用早(E)和迟

(L)2 个相关器,通过缩小 E - L 的间隔来抑制多径效应。对于 GPS 系统 C/A 码定位来说,在噪声和多径干扰影响下,缩短 E - L 相关器的间隔可以有效减小码跟踪误差、提高测量精度,相关间隔做得越小,多径处理性能越好,且此项技术实时性好,易于实现,因此应用广泛。然而窄相关器要求系统具有较宽的带宽,这使得接收机鉴相器灵敏度降低,同时使得噪声更容易混入,降低了接收机抗干扰能力,此外窄相关器对采样和数据处理速率要求较高。strobe 相关器由 Astech 公司提出[17],它采用 4 个相关器,将其分为窄相关和宽相关 2 组,宽相关的 E - L 间隔为窄相关的 2 倍。与窄相关相同,strobe 的相关间隔越小,越能有效地抑制多径效应,提高测量和定位精度,然而由于实际生产中的技术工艺和制造成本等条件限制,该间隔不能无限地变窄;与窄相关不一样的是,理论上在特定相对延迟范围内,strobe 相关器多径误差为 0。shaping 相关器由 Lee 在 2002 年提出[18]。它将 E 和 L 的输出相加,然后与同步(P)相关器的输出做点积运算。缩小 E - L 相关器的间隔,可以使得多径和直达分量分离开来,以抑制多径效应。shaping 相关器工作过程中要同时使用多个相关器,这提高了成本,使得结构更为复杂,同时增大了环路噪声,使得稳定性变差,因此如何使用最少的相关器来抑制多径效应是 shaping 相关器设计中需要考虑的问题。

MEDLL 由 NovAtel 公司于 1992 年提出[11],是一种以统计理论为基础的多径误差抑制方法。它采用多个相关器并行工作。在迭代过程中计算出直达和多径分量的振幅、时延和相位等信息,将时延最小的分量识别为直达分量予以保留,将其余时延较大的信号分量认为是多径分量并予以消除。MEDLL 技术能够有效抑制多径效应,但并行迭代运算导致计算量巨大、实时性差,因此只能适用于低动态测量场合,如 GNSS 系统监测站的接收机。MET 技术又称 E - L 斜率技术,由 NovAtel 公司于 1994 年提出[13]。MET 也采用 4 个相关器,它基于相关函数峰值两边的斜率来计算伪距。MET 的多径处理性能与 strobe 相关器相差不大,但是实时性稍差一些。

综上所述,上述技术都能一定程度上缓解多径误差,但窄相关器和 strobe 相关器受制造工艺、设备情况、资源条件等限制,相关器间隔不可能无限变窄,因此它们的多径处理性能存在难以突破的瓶颈;shaping 相关器结构复杂,稳定性较差;MEDLL 和 MET 技术实时性较差,不适用于高动态的导航应用,且这些技术只在同时接收到直射和反射信号,即 Multipath 的情况下才能发挥作用,当接收机只接收到反射信号,即 NLOS 情况下,上述技术不能有效地将其修正或剔除。现有的高精度接收机通常会同时使用基于天线设计的方法和基于信号处理的方法[19]，以更好地解决多径效应问题，但这无疑使得成本大幅提升。

第三类是从定位算法层面对多径效应进行处理的方法，统称为观测值建模处理方法。这类方法使用卫星的观测值并且辅助其余的相关信息来减轻 Multipath 和 NLOS 信号对定位精度的影响，能够进一步缓解基于天线设计的方法和基于信号处理的方法未能完全消除的多径误差，建模时通常可以结合使用 GPS 观测值和其他传感器的数据。

对于静态定位，接收机、反射物和卫星的几何关系随时间呈现周期性变化，因此可利用静态环境下多路径效应的时空重复性来进行建模。Phan 等[21-22]提出利用 GPS 多径信号的恒星日重复性，将仰角和方位角作为支持向量回归（support vector regression，SVR）的输入特征，来预测并修正多径误差。Zhong 等将多径误差视为周期性误差，并使用恒星日滤波来将其修正[23]。Lau 基于多径效应的重复性，分别对其引起的定位和测量误差进行了建模和修正，相比传统定位方法，定位精度提高了 40%[24]。Satirapod 等应用小波分解技术从 GPS 观测数据中提取出 Multipath 信号，以对多径误差进行校正[25]。Dong 等比较了多路径半天球图法（multipath hemisphere model，MHM）和改进恒星日滤波法，结果表明，两种方法在短时间（5 天）内能降低 50%的多径误差，在长时间（6~25 天）内能降低 45%左右的多径误差[26]。这些方法只适合在静态高精度测量应用中使用，如形变监测、IGS 站等，在导航领域不适用。

GPS 与 INS 的结合可以使两个系统取长补短从而弥补 Multipath 和 NLOS 信号导致的精度下降[27-35]。Soloviev 等应用 GPS 和在不同森林覆盖区域收集的 INS 实验数据来评估 GPS/INS 深组合系统的性能，测试结果表明，这种深组合的方法能够实现可靠的轨迹重建能力，并在 GPS 信号被树木严重遮挡的情况下保持亚米差分定位精度[30]。Godha 等利用 GPS 与 INS 紧组合，并根据车辆运动特性构建约束方程，在 GPS 中断时依然提供良好的定位精度，并在郊区和城市区域进行了测试，2D 定位精度分别达到 2.7 m 和 4 m[34]。李团等设计了一种基于集中式卡尔曼滤波（KF）算法的 BDS/GPS 实时动态（real-time kinematic，RTK）差分紧耦合算法，通过在城市环境下进行车载测试，定位精度达到厘米级，极大地提高了定位的可靠性和可用性[35]。这些研究证明了 GPS 和 INS 组合的有效性，但组合导航定位的结果受到 INS 价格及性能的制约。

GNSS 与视觉传感器（相机、激光扫描仪等）及其他传感器进行多源数据融合也是降低多径误差、提高定位精度的一种方法。Soloviev 等将 GPS、INS 与激光扫描仪组合起来，以重建车辆轨迹，并在城市环境进行测试，东向和北向定位误差都在 0.2 m 以内[33]。Meguro 等提出了一种利用全向红外相机来确定卫星信号是否被阻挡的技术，通过排除非视距接收的卫星来提高城市地区移动定位的准确性，在静态和动态实验中都取得了较好的效果[36]。Petovello 等通过使用红外相机来获取天空和建筑物的边界，构成天际线图，并使用 3D 建筑模型对一系列的位置点进行计算获得理想天际线图，构成天际线数据库，将该数据库中的图与红外相机获得的天际线图进行比较，并选择天际线图与观察到的图像最接近的位置作为用户的最终位置，该方法的定位精度能达到 10～14 m，但在建筑较稀疏的区域效果不佳[37]。Dawood 等先通过 GPS 获取用户的大致位置后，利用 3D 城市模型构建出虚拟图片，与相机拍摄的真实图片采用 Harris 角点检测和尺度不变特征变换（scale-invariant feature transform SIFT）方法检测特征点并匹配，然后计算虚拟图片上匹配特征点的三维坐标，再通过匹配特征点的三维坐标反推出相机的位置，获得了较好的位置结果；此外该文献还提出了使用激光扫描仪提供的真实扫描数据与 3D 城市模型获得的虚拟扫描数据之间的扫描匹配来计算姿态的方法[38]。Suzuki 的研究团队使用了 GNSS、3D 城市模型、视觉传感器、加速度计和磁力计等多种信息源来提高多径环境中的定位导航性能，先通过 GNSS 获得候选位置区域，然后基于此时的位姿信息利用 3D 地图构建虚拟图片，通过轮廓匹配法获得相似度最高的虚拟图片的位置作为真实位置，测试的平均误差只有 1.1 m 左右[39]，但文章只分析了静态场景，未在运动场景下进行实验验证。Lai 等提出利用 GPS、BDS、视觉传感器、无线局域网（WLAN）和气压计传感器的多源信息融合定位方法，该算法定位精度达到 1.26 m，优于任何一种单一定位方法，比 GPS/BDS 定位精度提高 11.5%，但这种视觉定位方法需要在不同的确定地点安装摄像头，并保证系统相互协调统一，对实际场景提出了很高的要求，目前还不适合大范围推广[40]。虽然这些研究取得了一定的效果，但 GPS 和视觉传感器的结合受到了天气等因素的影响，而且依赖额外的传感器，无疑会造成价格的提升。

上述研究将 3D 城市模型作为信息源，与其他传感器进行融合以提高多径环境下的定位精度。此外不依赖其他的传感器，仅使用 3D 城市模型也可以以较低的成本来消除多径误差。Peyraud 等在 3D 城市模型数据库中抽取接收机初始位置附近的建筑模型，然后在天线位置设置一个虚拟的相机，使该相机面向被分析的卫星的方位角,然后计算该方向上的临界仰角,与被分析卫星的仰角进行比较来分析卫星是否被遮挡,此后在定位解算中将被判断为 NLOS 的卫星排除掉,此后结合地图匹配的方法进行高精度的定位[41]。这类方法虽然排除了 NLOS 对定位造成的误差,但是会提高 HDOP,导致可用卫星数减少,甚至使得可用卫星数量小于 4 而不能定位,因此在多径效应较严重的区域,排除卫星并非是最好的解决方案,更好的方法是将 NLOS 信号利用起来。其中,阴影匹配是最为著名的一种方法,它最先由 Groves 提出,该方法使用 3D 城市模型和卫星高度角判断道路上各个候选点的卫星可见性情况,此后与基于信号强度判断的卫星可见性相比较,根据二者匹配程度对候选位置加权平均来进行定位[42]。此后 Groves 等将阴影匹配付诸了实践,他们在伦敦的城市峡谷中进行了实验,证明了该算法不仅能够以 97.3%的成功率区分用户是在马路左侧还是右侧,而且能够以 90.6%的成功率辨别车道和人行道,此外还分析了该算法的计算负荷以及定权模板[43]。此外 Wang 等还将阴影匹配算法应用到智能手机上[44],将算法分为离线和在线两部分,将计算量庞大的数据库构建工作在离线部分进行,以实现实时计算,在伦敦的城市峡谷进行的实验中,阴影匹配的过街定位精度达到 3.3 m,相比传统单点定位算法提高了 77.5%。传统的阴影匹配使用信号强度来判断卫星可见性,但由于楼宇的表面材质、接收机的特性不同等原因,简单地对信号强度划定阈值并不能够可靠地区分 LOS 和 NLOS,因此 Wang 等改进了原有的阴影匹配定权模板:文献[45]构建了衍射模型,从而改进了原有的加权匹配模板,在伦敦市区选择了 22 个位置进行测试,结果表明以 89.3%的成功率区分用户是在马路左侧还是右侧,以 63.6%的成功率区分车道和人行道,优于原有算法;文献[46]建立了基于概率的匹配统计模板,来代替原有算法中使用载噪比阈值来判断的方法,并在伦敦 20 个不同的位置进行实验,结果表明改进后的阴影匹配算法确定街道的正确一侧的总体成功率为 54.39%,优于传统定位算法。阴影匹配可以和滤波算法进行结合,在文献[47]中,Wang 建立了阴影匹配与 PF 的组合算法(SM/PF),并与阴影匹配与 KF 组合的算法(SM/KF)进行比较,实验结果表明 SM/KF 仅能平滑结果,不能提高精度,SM/PF 的定位精度达到了 2.41 m,比传统伪距定位算法提高了 78.58%。Yozevitch 等也将阴影匹配和 PF 算法相结合,并将该算法用于无人机的定位,定位精度达到 5~10 m[48]。上述阴影匹配及其改进算法能够有效改善过街方向上的定位性能,但在实际应用中,沿街方向上的准确定位对行人、车辆的导航也是十分重要的。

使用3D城市模型不仅可以对卫星可见性进行分类，也可以对多径效应带来的伪距误差进行建模。Hsu基于3D城市模型，在位置已知的点上通过射线追踪法计算多径效应带来的伪距误差，并且分析其与卫星仰角和载噪比的关系，建立了基于卫星仰角和接收机到墙面距离的NLOS误差模型[49]。使用3D城市模型和射线追踪可以对NLOS带来的伪距误差进行建模，这也使模拟接收机到卫星的伪距成为可能，东京大学的研究团队就此展开了一系列的研究。Miura等在传统定位算法输出的初始位置附近以网格的方式分布了许多候选位置点，使用3D城市模型来模拟卫星到每个候选位置点的信号传播路径从而计算出模拟伪距值，再和伪距观测值进行比较，通过两者的相似度来为候选点定权，从而加权平均出定位解，实验表明该算法平均定位误差为3.4 m[50]。此后在文献[51]中，他们对原有的基于模拟伪距的方法进行了优化，对建筑边界设置阈值以考虑3D城市模型的误差，此外在对候选位置定权时，使用每个候选点的模拟伪距建立方程组反解出模拟位置，综合考虑该模拟位置到初始定位解的距离以及模拟和真实伪距的相似度对候选点进行定权，此外为了提高计算效率，将原有的网格分布改为高斯分布，实验表明该算法平均定位误差为5.2 m，优于传统定位算法的平均定位误差19.8 m。原有的模拟伪距方法只用于GPS星座，Hsu等将模拟伪距的方法应用于多星座GNSS系统，并且使用软件接收机分析多径接收对伪距带来的误差，实验结果表明该算法平均定位误差为3.78 m[52]。Gu等将基于模拟伪距的定位方法与惯导进行结合，平均定位误差1.42 m[53]。类似地，Suzuki等使用3D城市模型和PF修正GNSS多径误差，使用伪距测量值和模拟伪距之间的差值构建观测方程，定位精度达2.9 m[54]。这些研究在城市多径环境下都取得了不错的效果，在这类方法中，对信号接收类型的准确判断是其中的关键。因此，只有准确区分信号接收类型，才能得到较好的定位性能。表1.1对基于观测值建模的方法中主要的文献进行了汇总。

**表1.1 基于观测值建模的方法汇总**

| 所用设备和数据源 | 所用算法 | 算法性能 | 参考文献 |
| --- | --- | --- | --- |
| GPS | SVR | 多径误差降低了68%~91% | [21][22] |
| GPS | 恒星日滤波 | 定位精度达毫米级，比传统定位方法提高82% | [23] |

（续表）

| 所用设备和数据源 | 所用算法 | 算法性能 | 参考文献 |
| --- | --- | --- | --- |
| GPS | 基于位置和测量值的时间重复性滤波 | 定位精度达毫米级，比传统定位方法提高40% | [24] |
| GPS | 小波分析 | 有效降低多径误差 | [25] |
| GPS | MHM+改进恒星日滤波 | 短时间(5天)内降低50%多径误差，在长时间(6~25天)内降低45%左右多径误差 | [26] |
| GPS+INS | 深组合 | 平面定位精度达到亚米级 | [30] |
| GPS+INS+激光扫描 | 紧组合 | 东、北向定位误差都在0.2 m以内 | [33] |
| GPS+INS | 紧组合 | 在郊区2D定位误差为2.7 m，在城市区域定位误差为4 m | [34] |
| BDS+GPS+INS | BDS/GPS RTK紧组合 | 定位误差达厘米级的历元占比99.92% | [35] |
| GPS+红外相机 | 多径检测与剔除 | 提高了静态和动态定位固定解数 | [36] |
| GNSS+红外相机+3D城市模型 | 基于图像匹配的方法 | 定位精度为10~14 m | [37] |
| GPS+相机+3D城市模型 | 基于图像匹配的方法 | 动态定位RMSE为1.21 m | [38] |
| GNSS+相机+3D城市模型+加速度计+磁力计 | 基于图像匹配的方法 | 静态定位平均误差为1.1 m左右 | [39] |
| GPS+BDS+相机+WLAN+气压计 | 多源信息融合 | 定位精度为1.26 m | [40] |
| GPS+3D城市模型 | NLOS检测与剔除，地图匹配 | 90%的历元2D定位误差在4 m以内 | [41] |
| GPS+3D城市模型 | 阴影匹配 | 过街定位精度为3.3 m，比传统定位算法提高77.5% | [43] |
| GPS+3D城市模型 | 改进阴影匹配 | 道路左右区分准确率为89.3%，车道区分准确率为63.6% | [44] |
| GPS+3D城市模型 | 阴影匹配 | 道路左右区分准确率为97.3%，车道区分准确率为90.6% | [45] |
| GPS+3D城市模型 | 改进阴影匹配 | 道路左右区分准确率为54.39% | [46] |
| GPS+3D城市模型 | 阴影匹配+KF+PF | 过街定位精度2.41 m，比传统定位算法提高78.58%，道路左右区分准确率为90.7%，车道区准确率为72.4% | [47] |
| GPS+3D城市模型 | 阴影匹配+PF | 定位精度达到5~10 m | [48] |
| GPS+3D城市模型 | 基于伪距模拟的方法 | 平均定位误差为3.4 m，最大定位误差为9.0 m | [49] |
| GPS+3D城市模型 | 基于伪距模拟的方法 | 平均定位误差为5.2 m，最大定位误差为33.1 m | [51] |
| GNSS+3D城市模型 | 基于伪距模拟的方法 | 平均定位误差为3.78 m | [52] |
| GNSS+3D城市模型+INS | 基于伪距模拟的方法 | 平均定位误差为1.42 m，最大定位误差为4.94 m | [53] |
| GNSS+3D城市模型 | 基于伪距模拟的方法+PF | 静态定位RMSE为2.9 m | [54] |

在城市多径环境下进行定位时,准确地对 GPS 信号接收类型进行分类,即检测出 NLOS 和 Multipath 信号对提高定位精度至关重要。一方面在可见卫星数足够多的时候将检测出的 NLOS 和 Multipath 信号剔除有利于定位精度的提高;另一方面现有的基于 3D 城市模型的方法如阴影匹配和基于伪距修正的方法都需要可靠的信号接收类型进行分类。

传统的信号接收类型分类方法是通过对 $C/N_0$ 划定阈值,来区分信号接收类型,具有较高 $C/N_0$ 的信号被分类成 LOS,$C/N_0$ 较低的信号则被分类成 NLOS。Yozevitch 等证明了在没有干扰的条件下,靠 $C/N_0$ 值能得到很可靠的分类结果[55],然而在实际情况下这种假设并不成立。且由于天线位置变化、瞬间阻挡、建筑材质等原因,GPS 信号的信号强度可能会出现 LOS 信号表现为低 $C/N_0$ 值,而 NLOS 信号表现为高 $C/N_0$ 值的情况[56]。由于这种情况难以避免,因此仅仅依赖信号强度来分类是不可靠的,要想进行准确的分类必须引入其他的信息。

利用 3D 城市模型或视觉传感器可以分析卫星到接收机间的几何关系,以对卫星可见性和信号接收类型进行判断。此外不依赖其他的传感器和信息源,使用接收机输出的其他信息也可以辅助 $C/N_0$ 进行信号接收类型分类。比如卫星高度角也可以作为一个分类指标。一般来说,高度角越低,信号越可能被遮挡和反射而成为 NLOS。这在直观上是很容易理解的,高度角更高就相当于卫星的“视野”更开阔,被建筑挡住的可能性就越小。2010 年邓刚提出了一种基于卫星高度角和 GDOP 的选星定位方法,分析了高度角对定位精度的影响[57]。Wang 等在智能手机阴影匹配算法的研究中也提到将 $C/N_0$ 和卫星仰角结合分析,判断 LOS 可能性[46]。此外,越大的伪距残差意味着 NLOS/Multipath 的概率更大,Hsu 等利用对伪距残差进行一致性检验来检测和排除 NLOS 和 Multipath 信号以获得更好的定位精度[58]。此外伪距变化率、几何精度因子也可以作为信号接收类型分类的特征[56,59]。

机器学习在处理多种类型特征方面有高速准确的优点,可以将上述特征结合起来进行分析,近年来已被应用于提高 GNSS 定位精度和信号接收类型区分。Yozevitch 等将信号强度、卫星仰角、伪距变化率等观测量作为特征,使用决策树来区分 LOS 和 NLOS,分类准确率达到 85%以上[56]。Monsak 等提出了一种在车辆协作环境下,使用机器学习结合伪距修正法来检测 NLOS 信号的方法,并在实验中比较了逻辑回归、SVM、朴素贝叶斯、决策树 4

种不同的经典机器学习算法，最终选用的朴素贝叶斯实现了 90%的分类精度[60]。Hsu 使用信号强度、信号强度变化率，伪距残差及伪距变化率等变量作为特征，使用 SVM 获取卫星可见性判断法则，判断准确率达到 75%[59]。Quan 等通过伪距和载波相位观测量构建了特征 MP，与信号强度一起输入到卷积神经网络（CNN）以对信号接收类型进行分类，动态仿真测试结果表明，该方法分类准确性约为 80%，实际动态和静态测试表明，该方法对于 GPS L1 频率 C/A 码和 L2 频率 P（Y）码的分类精度约为 70%[61]。Guermah 等将卫星高度角和双极化天线中和 RHCP 和 LHCP 天线输出的信号强度差值输入决策树以进行信号接收类型分类，分类精度达到了 99%[62]，但用于测试的数据集太小。Sun 等将九个变量，包括信号强度及其变化率、HDOP、VDOP、卫星高度角、方位角、伪距残差、伪距率和可见卫星数量输入到自适应神经网络模糊推理系统（ANFIS）以进行信号接收类型分类，分类准确率达 91.8%[63]。此后 Sun 等使用信号强度、伪距残差和卫星高度角作为输入特征，使用 GBDT 对信号接收类型进行分类，实验证明 GBDT 的分类准确率达到 89%，优于决策树、距离加权 K 近邻（KNN）和 ANFIS 算法[64]。表 1.2 总结了现有的基于机器学习的信号接收类型分类算法。此外机器学习除可以进行信号接收类型分类外，也可以对多径误差进行拟合[34]。这些研究证明了机器学习是进行 GPS 信号接收类型区分，提高定位精度的一种有效工具，但相关的研究还是很少，还有待进一步深入研究。

**表 1.2 基于机器学习的信号接收类型分类算法总结**

| 所用算法 | 输入特征 | 分类性能 | 参考文献 |
|---|---|---|---|
| 决策树 | 信号强度、卫星高度角、伪距变化率 | 分类准确率达到 85%以上 | [56] |
| SVM | 信号强度、信号强度变化率、伪距残差、伪距变化率 | 分类准确率达到 75% | [59] |
| 朴素贝叶斯 | PDOP，卫星数，与伪距修正值相关的变量 | 分类准确率达到 90% | [60] |
| CNN | 信号强度，构建的 MP | 仿真测试分类准确率约为 80%<br>实际测试分类准确率约为 70% | [61] |
| 决策树 | 卫星高度角，RHCP 和 LHCP 天线输出的信号强度差值 | 分类准确率达到 99% | [62] |
| ANFIS | 信号强度及其变化率、HDOP、VDOP、卫星高度角、方位角、伪距残差、伪距率和可见卫星数量 | 分类准确率达到 91.8% | [63] |
| GBDT | 信号强度、伪距残差、卫星高度角 | 分类准确率达到 89% | [64] |

上述研究证明了机器学习是进行信号接收类型区分的一种有效工具，但对信号类型的标记方法较复杂，且相关的研究略显不足，在特征选择和算法选取方面还有待于更深入的研究。综上所述，尽管目前城市多径环境中的 GNSS 定位方法都取得了一些成果，但基于接收机和天线设计的方法，计算复杂，成本较高，不利于商业推广；与 INS 结合的方法，定位结果高度依赖 INS 的性能；和视觉传感器的结合也受到了天气等因素的影响；基于 3D 城市模型的 GNSS 多径环境定位方法不依昂贵的硬件设备，成本较低，但由于现有卫星信号接收类型分类算法的准确性差、可靠性欠佳，因此 NLOS 和 Multipath 修正模型计算效率和定位精度有待提高。因此，如何充分利用 GNSS 原始观测信息，使用合适的算法挖掘可靠的卫星信号接收类型分类法则，构建可靠的城市多径环境下卫星定位算法，提高城市峡谷中的 GNSS 定位精度和导航性能是急需解决的关键问题。

## 1.3 本书章节安排

针对城市环境下 GNSS 定位导航精度低、不可靠的问题，本书对前人的城市多径环境定位算法进行了总结，并且提出了一系列的城市环境源信息融合导航定位技术。本书章节安排如下：

第一章 绪论。本章分析在城市环境下进行 GNSS 高精度定位的重要性，并总结现有的城市多径环境下的导航定位算法，并将其分为三类，分别是基于天线设计的方法、基于信号处理的方法、基于观测值建模的方法，并分析每一类方法的优缺点。此后介绍全书章节安排。

第二章 城市环境定位的支撑技术。本章详细介绍卫星定位技术，包括卫星定位系统组成、定位原理以及误差分析。此后针对多源信息融合的问题，对导航定位中使用的包括惯性导航、视觉传感器、激光传感器和空间信息在内的各传感器和数据源进行介绍。

第三章 基于多传感器融合城市环境定位技术。本章介绍本研究团队对基于多传感器融合城市环境定位技术的研究成果，包括具有完好性监测功能的卫星/惯性/视觉融合城市定位技术、基于卫星/视觉/激光融合的城市峡谷定位技术、基于 AR 运动模型的 GNSS/IMU/车道信息的融合定位技术和基于定向仪辅助的 GNSS/IMU/车道信息融合的定位技术。

第四章 基于空间环境信息辅助的城市环境定位技术。本章介绍本研究团队对基于空间环境信息辅助的城市环境定位技术的研究成果,包括GNSS 信号接收类型分类及定位、基于机器学习和阴影匹配结合的城市峡谷定位技术、基于 GBDT 和双极化天线的城市峡谷定位技术、基于粒子滤波和 3D 城市模型辅助的城市峡谷定位技术、基于机器学习的伪距修正定位技术。

第五章 城市多源信息融合导航定位技术的应用。本章介绍本研究团队对城市多源信息融合导航定位技术应用的研究成果,包括多源信息融合在车辆异常驾驶检测的应用、多源信息融合在道路交通收费的应用和多源信息融合在无人机管控领域的应用。

## 参考文献


[1] 王冠宇.城市多径环境下的导航定位技术及其应用研究[D].南京: 南京航空航天大学,2020.

[2] Misra P, Enge P. Global positioning system: signals, measurements, and performance [M]. Lincoln: Ganga-Jamuna Press, 2011.

[3] MacGougan G, Lachapelle G, Klukas R, et al. Performance analysis of a stand-alone high-sensitivity receiver[J]. GPS Solutions, 2002, 6(3): 179 - 195.

[4] Tranquilla J M, Carr J P, Al-Rizzo H M. Analysis of a choke ring groundplane for multipath control in Global Positioning System (GPS) applications [J]. IEEE Transactions on Antennas & Propagation, 1994, 42(7): 905 - 911.

[5] Jiang Z, Groves P D. NLOS GPS signal detection using a dual-polarisation antenna [J]. GPS Solutions, 2014, 18(1), 15 - 26.

[6] 王春华,吴文平,王晓辉,等.3D 扼流圈天线设计[J].数字通信世界,2014,8: 15 - 18.

[7] 张勇虎.卫星导航系统中的测量型天线技术研究[D].长沙: 国防科学技术大学,2006.

[8] 高玉平,刘子懿,徐劲松,等.单频 GPS 接收机天线扼流圈的研制与测试[J].时间频率学报,2006,1: 53 - 59.

[9] Groves P D, Jiang Z, Rudi M, et al. A portfolio approach to NLOS and multipath mitigation in dense urban areas[C]. The 26th International Technical Meeting of the Satellite Division of the Institute of Navigation (ION GNSS+ 2013), Nashville, 2013.

[10] van Dierendonck A J, Fenton P, Ford T. Theory and performance of narrow correlator spacing in a GPS receiver[J]. Navigation, 1992, 39(3): 265 - 283.

[11] van Nee R D, Siereveld J, Fenton P C, et al. The multipath estimating delay lock loop: approaching theoretical accuracy limits[C]. IEEE/ION Position, Location and Navigation Symposium, Las Vegas, 1994.

[12] Garin L, Rousseau J M. Enhanced strobe correlator multipath rejection for code & carrier[C]. ION GPS, Kansas City, 1997.

[13] Townsend B R, Fenton P C. A practical approach to the reduction of pseudorange multipath errors in a Ll GPS receiver[C]. International Technical Meeting of the Satellite Division of the Institute of Navigation, Salt Lake City, 1994.

[14] Braasch M S. Performance comparison of multipath mitigating receiver architectures [C]. IEEE Aerospace Conference, Big Sky, 2001.

[15] Townsend B R, Fenton P C, Dierendonck K J V, et al. Performance evaluation of the multipath estimating delay lock loop[J]. Navigation, 1995, 42(3): 502-514.

[16] Fenton P C, Jones J. The theory and performance of NovAtel Inc.'s vision correlator [C]. ION GNSS, Long Beach, 2005.

[17] Weill L, Fisher B. Method for mitigating multipath effects in radio systems[P]. US6370207, 1996: 12-17.

[18] Lee Y C. Compatibility of the new military GPS signals with Non-Aviation receivers [C]. ION 58th Annual Meeting/ CIGTF 21st Guidance test symposium, Albuquerque, 2002.

[19] 冯晓超,程晓滨,赵珂.GNSS 接收机抗多径技术[J].电讯技术,2010,(8): 184-188.

[20] Sleewaegen J M, Boon F. Mitigating short-delay multipath: a promising new technique [C]. ION GPS, Salt Lake City, 2001.

[21] Phan Q, Tan S, Mcloughlin I V, et al. A unified framework for GPS code and Carrier-Phase multipath mitigation using support vector regression[J]. Advances in Artificial Neural Systems, 2013, (2013): 1-14.

[22] Phan Q H, Tan S L, Mcloughlin I. GPS multipath mitigation: a nonlinear regression approach[J]. GPS Solutions, 2013, 17(3): 371-380.

[23] Zhong P, Ding X L, Zheng D W, et al. Adaptive wavelet transform based on cross-validation method and its application to GPS multipath mitigation[J]. GPS Solutions, 2008, 12(2): 109-117.

[24] Lau L. Comparison of measurement and position domain multipath filtering techniques with the repeatable GPS orbits for static antennas[J]. Survey Review, 2012, 44(324): 9-16.

[25] Satirapod C, Rizos C. Multipath mitigation by wavelet analysis for gps base station applications[J]. Survey Review, 2005, 38(295): 2-10.

[26] Dong D, Wang M, Zeng Z, et al. Mitigation of multipath effect in GNSS short baseline positioning by the multipath hemispherical map[J]. Journal of Geodesy, 2016, 90(3): 255-262.

[27] Groves P, Mather C, Macaulay A. Demonstration of Non-Coherent deep INS/GPS integration for optimized Signal-to-Noise performance[C]. ION GNSS, Fort Worth, 2007.

[28] Petovello M G, O'Driscoll C, Lachapelle G. Weak signal carrier tracking of weak using coherent integration with an Ultra-Tight GNSS/IMU receiver[C]. European Navigation Conference, Toulouse, 2008.

[29] Petovello M G, Lachapelle G. Comparison of vector-based software receiver implementations with application to ultra-tight GPS/INS integration[C]. ION GNSS, Fort Worth, 2006.

[30] Soloviev A, Toth C, Grejner-Brzezinska D. Performance of deeply integrated GPS/INS in dense forestry areas[J]. Journal of Applied Geodesy, 2012, 6(1): 3-13.

[31] Soloviev A, van Graas F. Use of deeply integrated GPS/INS architecture and laser scanners for the identification of multipath reflections in urban environments[J]. IEEE Journal of Selected Topics in Signal Processing, 2009, 3(5): 786-797.

[32] Milanes V, Naranjo J E, Gonzalez C, et al. Autonomous vehicle based in cooperative GPS and inertial systems[J]. Robotica, 2008, 26(5): 627-633.

[33] Soloviev A. Tight coupling of GPS and INS for urban navigation[J]. IEEE Transactions on Aerospace and Electronic Systems, 2010, 46(4): 1731-1746.

[34] Godha S, Cannon M E. GPS/MEMS INS integrated system for navigation in urban areas [J]. GPS Solutions, 2007, 11(3): 193-203.

[35] 李团,章红平,牛小骥,等.城市环境下 BDS+GPS RTK+INS 紧组合算法性能分析[J].测绘通报,2016,(9):9-12.

[36] Meguro J I, Murata T, Takiguchi J I, et al. GPS multipath mitigation for urban area using omnidirectional infrared camera [J]. IEEE Transactions on Intelligent Transportation Systems, 2009, 10(1): 22-30.

[37] Petovello M, He Z. Skyline positioning in urban areas using a low-cost infrared camera [C]. IEEE Navigation Conference, Helsinki, 2016.

[38] Dawood M, Najjar M E E, Cappelle C, et al. Vehicle geo-localization using IMM-UKF multi-sensor data fusion based on virtual 3D city model as a priori information[C]. IEEE International Conference on Vehicular Electronics and Safety, Istanbul, 2012.

[39] Suzuki T, Kubo N. GNSS photo matching: positioning using GNSS and camera in urban canyon[C]. 28th International Technical Meeting of the Satellite Division of the Institute of Navigation (ION GNSS+ 2015), Tampa, 2015.

[40] Lai Q, Wei D. A Multi-information fusion positioning method based on GPS/BDS/visual/WLAN/barometric[C]. ION GNSS+ 2015, Tampa, 2015.

[41] Peyraud S, Bétaille D, Renault S, et al. About Non-Line-Of-Sight satellite detection and exclusion in a 3D map-aided localization algorithm[J]. Sensors, 2013, 13(1): 829-847.

[42] Groves P D. Shadow matching: a new GNSS positioning technique for urban canyons [J]. Journal of Navigation, 2011, 64(3): 417-430.

[43] Groves P D, Wang L, Ziebart M K. Shadow matching: improved GNSS accuracy in urban canyons[J]. GPS World, 2012, 23(2): 14 - 18.

[44] Wang L, Groves P D, Ziebart M K. Urban positioning on a smartphone: real-time shadow matching using GNSS and 3D city models[C]. International Technical Meeting of the Satellite Division of the Institute of Navigation (ION GNSS+ 2013), Nashville, 2013.

[45] Wang L, Groves P D, Ziebart M K. GNSS shadow matching: improving urban positioning accuracy using a 3D city model with optimized visibility scoring scheme[J]. Navigation, 2013, 60(3): 195 - 207.

[46] Wang L, Groves P D, Ziebart M K, et al. Smartphone shadow matching for better cross-street GNSS positioning in urban environments[J]. Journal of Navigation, 2015, 68(3): 411 - 433.

[47] Wang L. Kinematic GNSS shadow matching using a particle filter[C]. International Technical Meeting of the Satellite Division of the Institute of Navigation (ION GNSS+ 2014), Tampa, 2014.

[48] Yozevitch R, Moshe B B. A robust shadow matching algorithm for GNSS positioning [J]. Navigation, 2015, 62(2): 95 - 109.

[49] Hsu L T. Analysis and modeling GPS NLOS effect in highly urbanized area[J]. GPS Solutions, 2018, 22(1): 1 - 12.

[50] Miura S, Hisaka S, Kamijo S. GPS multipath detection and rectification using 3D maps [C]. International IEEE Conference on Intelligent Transportation Systems, The Hague, 2014.

[51] Miura S, Hsu L T, Chen F, et al. GPS error correction with pseudorange evaluation using Three-Dimensional maps [J]. IEEE Transactions on Intelligent Transportation Systems, 2015, 16(6): 3104 - 3115.

[52] Hsu L T, Gu Y, Kamijo S. 3D building model-based pedestrian positioning method using GPS/GLONASS/QZSS and its reliability calculation[J]. GPS Solutions, 2016, 20(3): 413 - 428.

[53] Gu Y, Hsu L T, Kamijo S. GNSS/Onboard inertial sensor integration with the aid of 3 - D building map for Lane-Level vehicle Self-Localization in urban canyon[J]. IEEE Transactions on Vehicular Technology, 2016, 65(6): 4274 - 4287.

[54] Suzuki T, Kubo N. Correcting GNSS multipath errors using a 3D surface model and particle filter [C]. International Technical Meeting of the Satellite Division of the Institute of Navigation(ION GNSS+ 2013), Nashville, 2013.

[55] Yozevitch R, Ben M B, Levy H. Breaking the 1 meter accuracy bound in commercial GNSS devices [C]. 27th Convention of the Electrical and Electronics Engineers in Israel (IEEEI), Eilat, 2012.

[56] Yozevitch R, Moshe B B, Weissman A. A robust GNSS LOS/NLOS signal classifier [J]. Navigation, 2016, 63(4): 429 - 442.

[57] 邓刚.基于卫星仰角和 GDOP 的 GPS 选星算法[J].数字通信,2010,37(2):47-50.

[58] Hsu L T, Tokura H, Kubo N, et al. Multiple faulty GNSS measurement exclusion based on consistency check in urban canyons[J]. IEEE Sensors Journal, 2017, 17(6): 1909-1917.

[59] Hsu L. GNSS multipath detection using a machine learning approach[C]. International conference on intelligent transportation systems, Yokohama, 2017.

[60] Socharoentum M, Karimi H A, Deng Y. A machine learning approach to detect non-line-of-sight GNSS signals in Nav2Nav [C]. 23rd ITS World Congress, Melbourne, 2016.

[61] Quan Y, Lau L, Roberts G W, et al. Convolutional neural network based multipath detection method for static and kinematic GPS high precision positioning[J]. Remote Sens, 2018, 10(12): 1-18.

[62] Guermah B, Ghazi H E, Sadiki T, et al. A robust GNSS LOS/Multipath signal classifier based on the fusion of information and machine learning for intelligent transportation systems[C]. IEEE ICTMOD 2018, Marrakech, 2018.

[63] Sun R, Hsu L T, Xue D, et al. GPS signal reception classification using adaptive Neuro-Fuzzy inference system[J]. Journal of Navigation, 2018, 72(3): 1-17.

[64] Sun R, Wang G, Zhang W, et al. A gradient boosting decision tree based GPS signal reception classification algorithm[J] Applied Soft Computing, 2020, 86: 1-12.

# 第二章　城市环境定位的支撑技术

## 2.1　卫星定位技术

GPS 是投入运行最早，同时也是目前最成熟的 GNSS 系统。由于与 GNSS 系统具有相似的原理及用途，本章以 GPS 为例，介绍 GNSS 系统的基本组成、定位原理以及误差来源及其抑制方法。

### 2.1.1　GNSS 组成及简介

GPS 由三个部分组成[1-2]：空间部分（GPS 卫星）、地面监控部分（ground control segment）和用户部分。

GPS 空间部分由一组向用户发送无线电信号的卫星组成。美国致力于在 95%的时间内保持至少 24 颗可运行的 GPS 卫星。GPS 卫星分布在大约 20 200 km 高度的六个等距中地球轨道（MEO）中，轨道倾角为 55°，各个轨道平面之间相距 60°。当地球相对恒星自转一周时，GPS 卫星围绕地球运行两周。位于地平线以上的卫星颗数随着时间和地点而变化，最少可见 4 颗，最多可见 11 颗。GPS 卫星可分为试验卫星和工作卫星两类，其中试验卫星为 Block Ⅰ，也称原型卫星，工作卫星可分为 Block Ⅱ、Block ⅡA、Block ⅡR、Block ⅡR－M、Block ⅡF、Block Ⅲ等类型，目前，Block Ⅲ卫星尚处于计划中，并未发射。截至 2019 年 4 月 24 日，GPS 星座中总共有 31 颗可运行卫星，其中不包括退役的在轨卫星，如表 2.1 所示。

**表 2.1　GPS 在轨卫星数量汇总（截至 2019.4.24）**

| 名称 Block | 发射期间 | 发射卫星数量 | 当前在轨卫星数 |
|---|---|---|---|
| Ⅰ | 1978～1985 年 | 11 | 0 |
| Ⅱ | 1985～1990 年 | 9 | 0 |

（续表）

| 名称 Block | 发射期间 | 发射卫星数量 | 当前在轨卫星数 |
|---|---|---|---|
| ⅡA | 1990~1997年 | 19 | 1 |
| ⅡR | 1997~2004年 | 13 | 11 |
| ⅡR－M | 2005~2009年 | 8 | 7 |
| ⅡF | 2010~2016年 | 12 | 12 |

GPS地面监控部分指GPS的地面监测和控制系统，又称运控系统（operational control system，OCS），它包括主控站、卫星监测站和上行信息注入站（又称地面天线）以及把它们联系起来的通信和辅助系统。地面监控部分主要收集在轨卫星运行数据，计算导航信息，诊断系统状态，调度卫星。卫星上的各种仪器设备是否正常工作，以及卫星是否一直沿着预定轨道运行，都要由地面设备进行监测和控制。地面控制部分另一重要作用是保持各颗卫星处于同一时间标准，即GPS时，这就需要地面站监测各颗卫星的星载原子钟信息，求出钟差，然后由地面注入站发给卫星，卫星再由导航电文发给用户设备。地面控制段可以出于美国国家政治、军事和安全考虑而有意干扰导航信号从而降低特定区域的定位精度。

主控站只有一个，位于美国科罗拉多（Colorado）的法尔孔（Falcon）空军基地，它的作用是根据各监控站对GPS的观测数据，计算出卫星的星历和卫星钟的改正参数等，并将这些数据通过注入站注入卫星；同时，它还对卫星进行控制，向卫星发布指令，当工作卫星出现故障时，调度备用卫星，替代失效的工作卫星工作；另外，主控站还负责监测整个地面监测系统的工作，检验注入给卫星的导航电文，监测卫星是否将导航电文发送给了用户。备用主控站也只有一个，位于美国加利福尼亚州（California）的范登堡（Vandenberg）空军基地。它的作用和主控站完全一样，当某些特殊情况发生时启用。一旦需要，主控站的工作人员能在24 h内集结于备用主控站并展开工作。为确保万无一失，备用主控站每年都要进行实际操作演练。

监控站是无人值守的数据自动采集中心。GPS共有17个监测站，其中有6个为美国空军的监测站，分别位于科罗拉多泉城（Colorado Springs）、卡纳维拉尔角（Cape Canaveral）、夏威夷（Hawaii）、阿森松岛（Ascension Island）、迭戈加西亚（Diego Garcia）和卡瓦加兰（Kwajalein）。为了进一步提高广播星历的精度，美国从1997年开始实施精度改进计划。首期加入了国防部所属的国家地球空间信息局（National Geospatial-Intelligence Agency，NGA）［原为国防制图局(Defence Mapping Agency, DMA)]的6个监测站,分别位于华盛顿特区的美国海军天文台(United States Naval Observatory, USNO)、英国(England)、阿根廷(Argentina)、厄瓜多尔(Ecuador)、巴林(Bahrain)和澳大利亚(Austrilia)。此后又加入了其他5个NGA站:阿拉斯加(Alaska)、韩国(Korea)、南非(South Africa)、新西兰(New Zealand)和塔希提岛(Tahiti)。其主要作用是对GPS卫星数据和当地的环境数据进行采集、存储并传送给主控站。站内配备有GPS双频接收机、高精度原子钟、计算机和若干环境参数传感器。接收机用来采集GPS卫星数据、监测卫星工作状况。原子钟提供时间标准。环境参数传感器则收集当地有关的气象数据。所有数据经计算机初步处理后存储并传送给主控站,再由主控站做进一步的数据处理。

注入站有4个分别位于阿森松岛(Ascencion Island)、迭戈加西亚(Diego Garcia)、卡瓦加兰(Kwajalein)和卡纳维拉尔角(Cape Canaveral),注入站的作用是将接收到的导航电文存储在微机中,当卫星通过其上空时,再用大口径发射天线将这些导航电文和其他命令分别“注入”卫星。

通信和辅助系统是指地面监控系统中负责数据传输以及提供其他辅助服务的机构和设施,由地面通信天线、海底电缆及卫星通信等联合组成。

用户部分指各种GPS用户终端,其主要功能是接收卫星信号,提供用户所需要的位置、速度和时间等信息。包括天线、接收机、微处理机、数据处理软件、控制显示设备等,有时也统称为GPS接收机。用户部分的主要任务是接收GPS卫星发射的信号,获得必要的导航和定位信息以及观测量,并经数据处理进行导航和定位工作。

### 2.1.2 GNSS定位原理

GNSS的基本定位原理是根据观测时刻的卫星位置和钟差信息,以及由用户接收机测量的卫星到用户接收机之间的距离信息,通过距离交会的方式来获取用户的位置坐标和时间信息。使用一台接收机独立确定自己在空间的位置称为单点定位,使用根据定位精度以及应用领域的不同,单点定位可分为两类:传统单点定位又称标准单点定位(standard point positioning, SPP),它通过广播星历来获取卫星位置和钟差信息,使用伪距测量值构建方程组来求解位置,由于测量精度有限,通常只能达到米级或十米级,因此主要用于航空器、船只、车辆等载运工具以及行人的导航,也可用于地质勘察、环境监控及农、林、渔业和军事领域;精密单点定位(precise point positioning,

PPP)利用精密星历和载波相位,通过十分严谨的模型进行解算,以获得非常精准的位置、时间和其他信息,主要在授时、低轨卫星的定轨工作、气象、地震监测等精密测量领域使用。目前来说,GPS 是最早投入使用也是最成熟的系统,因此本书主要以 GPS 为例来介绍卫星导航定位的原理。

#### 2.1.2.1 RINEX 格式介绍

在 GNSS 定位中通常使用与接收机无关的交换格式(RINEX)存储导航电文和观测值[3]。GPS 导航电文一般存储在扩展名为 yyN(yy 表示年份)的 RINEX 文件中,从中可获取广播星历信息;观测值数据存储在扩展名为 yyO 的 RINEX 文件中,从中可获取伪距、载波相位观测值、信号强度等信息。RINEX 文件如图 2.1 所示。

```
     2.11           NAVIGATION DATA     GPS(GPS)            RINEX VERSION / TYPE
cnvtToRINEX 2.29.0  convertToRINEX OPR  22-Apr-16 03:32 UTC PGM / RUN BY / DATE
------------------------------------------------------------ COMMENT
    0.1397D-07  0.2235D-07 -0.1192D-06 -0.1192D-06          ION ALPHA
    0.1044D+06  0.9830D+05 -0.1966D+06 -0.3932D+06          ION BETA
    0.279396772385D-08 0.799360577730D-14   503808        0 DELTA-UTC: A0,A1,T,W
    17                                                      LEAP SECONDS
                                                            END OF HEADER
23 16 04 20 08 00  0.0-0.170207582414D-03-0.170530256582D-11 0.000000000000D+00
    0.280000000000D+02 0.880937500000D+02 0.486484549748D-08-0.588066852373D+00
    0.450387597084D-05 0.107466162881D-01 0.737793743610D-05 0.515369526291D+04
    0.288000000000D+06 0.117346644402D-06 0.553378454868D+00 0.152736902237D-06
    0.946549430052D+00 0.228281250000D+03-0.259161986177D+01-0.839249243814D-08
    0.196079596074D-09 0.100000000000D+01 0.189300000000D+04 0.000000000000D+00
    0.240000000000D+01 0.000000000000D+00-0.200234353542D-07 0.280000000000D+02
    0.280866000000D+06 0.400000000000D+01 0.000000000000D+00 0.000000000000D+00
11 16 04 20 08 00  0.0-0.642076134682D-03-0.306954461848D-11 0.000000000000D+00
    0.170000000000D+02 0.259687500000D+02 0.640169522773D-08-0.200180530359D+01
    0.162981450558D-05 0.162839302793D-01 0.248104333878D-05 0.515365400314D+04
    0.288000000000D+06 0.257045030594D-06-0.190765993474D+01 0.180676579475D-06
    0.895924242909D+00 0.290968750000D+03 0.151606176327D+01-0.891215694139D-08
    0.309655755548D-09 0.100000000000D+01 0.189300000000D+04 0.000000000000D+00
    0.240000000000D+01 0.000000000000D+00-0.121071934700D-07 0.170000000000D+02
    0.284928000000D+06 0.400000000000D+01 0.000000000000D+00 0.000000000000D+00
27 16 04 20 08 00  0.0 0.840662978590D-04 0.386535248253D-11 0.000000000000D+00
    0.100000000000D+03 0.508125000000D+02 0.434768109837D-08 0.744483441718D+00
    0.262632966042D-05 0.354577612597D-02 0.860355794430D-05 0.515363719368D+04
    0.288000000000D+06 0.316649675369D-07-0.259103312922D+01 0.000000000000D+00
    0.971072192689D+00 0.220187500000D+03 0.239141958845D+00-0.797818946647D-08
    0.545022702383D-09 0.100000000000D+01 0.189300000000D+04 0.000000000000D+00
    0.240000000000D+01 0.000000000000D+00 0.139698386192D-08 0.100000000000D+03
    0.280818000000D+06 0.400000000000D+01 0.000000000000D+00 0.000000000000D+00
16 16 04 20 08 00  0.0-0.232709571719D-04 0.272848410532D-11 0.000000000000D+00
    0.170000000000D+02-0.615625000000D+02 0.346978738771D-08 0.161762056018D+01
   -0.306591391563D-05 0.875902338885D-02 0.118836760521D-04 0.515374982452D+04
    0.288000000000D+06-0.894069671631D-07 0.272042476036D+01 0.428408384323D-07
    0.991063641184D+00 0.168125000000D+03 0.364394765065D+00-0.754817155450D-08
   -0.218223375594D-09 0.100000000000D+01 0.189300000000D+04 0.000000000000D+00
    0.240000000000D+01 0.000000000000D+00-0.107102096081D-07 0.170000000000D+02
    0.280818000000D+06 0.400000000000D+01 0.000000000000D+00 0.000000000000D+00
 8 16 04 20 08 00  0.0-0.320822000504D-04-0.147792889038D-11 0.000000000000D+00
    0.260000000000D+02 0.477187500000D+02 0.446875757026D-08 0.168372237608D+01
    0.253133475780D-05 0.181449623778D-02 0.861659646034D-05 0.515367703438D+04
    0.288000000000D+06 0.242143869400D-07-0.259343753895D+01-0.558793544769D-07
    0.962983645483D+00 0.213906250000D+03-0.118251254252D+01-0.799068998717D-08
    0.562166273625D-09 0.100000000000D+01 0.189300000000D+04 0.000000000000D+00
    0.240000000000D+01 0.000000000000D+00 0.465661287308D-08 0.260000000000D+02
    0.280938000000D+06 0.400000000000D+01 0.000000000000D+00 0.000000000000D+00
26 16 04 20 08 00  0.0-0.336769036949D-03-0.134150468512D-10 0.000000000000D+00
    0.390000000000D+02-0.745312500000D+02 0.418588864478D-08 0.235164911156D+01
```

(a) RINEX格式导航电文文件

```
     2.11           OBSERVATION DATA    GPS(GPS)            RINEX VERSION / TYPE
cnvtToRINEX 2.29.0  convertToRINEX OPR  22-Apr-16 03:32 UTC PGM / RUN BY / DATE
------------------------------------------------------------ COMMENT
TRM8                                                        MARKER NAME
TRM8                                                        MARKER NUMBER
GNSS Observer       Trimble                                 OBSERVER / AGENCY
##########          Unknown             x.xx                REC # / TYPE / VERS
##########          UNKNOWN EXT                             ANT # / TYPE
 -2948913.9088  5078289.0654  2480791.8937                  APPROX POSITION XYZ
        0.0000        0.0000        0.0000                  ANTENNA: DELTA H/E/N
     1     1     0                                          WAVELENGTH FACT L1/2
     4    C1    L1    L2    P2                              # / TYPES OF OBSERV
  2016     4    20     7    41   37.0000000     GPS         TIME OF FIRST OBS
  2016     4    20     8    43   12.0000000     GPS         TIME OF LAST OBS
     0                                                      RCV CLOCK OFFS APPL
    17                                                      LEAP SECONDS
    10                                                      # OF SATELLITES
   G01 17078 13801  8013  8013                              PRN / # OF OBS
   G07 22372 18771  6611  6611                              PRN / # OF OBS
   G08 36798 36660 36154 36154                              PRN / # OF OBS
   G09 31319 28613  9982  9982                              PRN / # OF OBS
   G11 32652 28711  8699  8699                              PRN / # OF OBS
   G16 31446 28528 10806 10806                              PRN / # OF OBS
   G23 35572 33713 14850 14850                              PRN / # OF OBS
   G26 18720 15226  4682  4682                              PRN / # OF OBS
   G27 36345 35712 34264 34264                              PRN / # OF OBS
   G31  6774  5358  1101  1101                              PRN / # OF OBS
CARRIER PHASE MEASUREMENTS: PHASE SHIFTS REMOVED            COMMENT
                                                            END OF HEADER
 16  4 20  7 41 37.4000000  0  1G23
  22833957.55716     20798.87316
 16  4 20  7 41 37.6000000  0  1G23
  22834013.589 6     21094.072 6
 16  4 20  7 41 37.8000000  0  1G23
  22834069.634 6     21389.642 6
 16  4 20  7 41 38.0000000  0  1G23
  22834125.991 6     21685.600 6
 16  4 20  7 41 38.2000000  0  1G23
  22834182.706 6     21981.857 6
 16  4 20  7 41 38.4000000  0  1G23
  22834239.627 5     22278.257 5
 16  4 20  7 41 38.6000000  0  1G23
  22834296.028 4     22574.719 4
 16  4 20  7 41 38.8000000  0  1G23
  22834352.497 4     22871.333 4
 16  4 20  7 41 39.4000000  0  1G23
  21635352.63515 113694544.92815
 16  4 20  7 41 39.6000000  0  1G23
  21635409.139 5 113694842.093 5
 16  4 20  7 41 39.8000000  0  1G23
```

(b) RINEX格式观测值文件

**图 2.1　RINEX 格式文件示例**

#### 2.1.2.2 卫星位置的获取

在对用户位置进行解算之前,必须要准确获取卫星的位置。此外只有已知卫星位置,才能对伪距误差进行计算以及对卫星可见性进行判断。卫星星历是描述卫星运动轨道的信息,有了卫星星历就可以计算出任意时刻的卫星位置和速度,GPS 卫星星历分为广播星历和精密星历。

广播星历是由全球定位系统的地面控制部分所确定和提供的,是定位卫星发播的无线电信号上载有预报一定时间内卫星轨道根数的电文信息。广播星历通常包括相对某一参考历元的开普勒轨道参数和必要的轨道摄动改正项参数。早期,广播星历是由分布在全球的 5 个监测站对卫星进行跟踪观测,然后将观测数据送到主控站;主控站利用采集到的数据中的 P 码观测值,根据卡尔曼滤波方法估计卫星位置、速度、太阳光压系数、钟差、钟漂和漂移速度等参数,再利用这些参数推估后续时刻卫星位置和钟差,并对这些结果进行拟合得到相应的轨道参数,最后生成导航电文进行播发。

自从 GPS 卫星正式运行以来,广播星历的轨道精度一直在提高。2002 年以来,为了进一步提高广播星历的精度,在地球空间情报局 NGA 和 GPS 的联合工作办公室 JPO 的支持下成功地实施了精度改进计划(Legacy Accuracy Improvement Initiative, L-AII)。其主要内容为:

(1) 把 NGA 所属的 6~11 个 GPS 卫星跟踪站的观测资料逐步添加到广播星历的定轨资料中去,使所有的 GPS 卫星在任意时刻至少有一个地面站对其进行跟踪观测。

(2) 对卫星定轨/预报中所使用的动力学模型进行改正。GPS 广播星历参数共有 16 个,其中包括 1 个参考时刻,6 个对应参考时刻的开普勒轨道参数和 9 个反映摄动力影响的参数,如表 2.2 所示。这些参数通过 GPS 卫星发射的含有轨道信息的导航电文传递给用户。

**表 2.2 GPS 广播星历参数**

| 参数表达式 | 参数说明 |
| --- | --- |
| $t_{oe}$ | 星历表参考历元(s) |
| $M_0$ | 按参考历元 $t_{oe}$ 计算的平近点角(rad) |
| $\Delta n$ | 由精密星历计算得到的卫星平均角速度与按给定参数计算所得的平均角速度之差(rad) |
| $e$ | 轨道偏心率 |
| $\sqrt{a}$ | 轨道长半径 $a$ 的平方根(0.5 m) |
| $\Omega_0$ | 按参考历元计算的升交点赤经(rad) |
| $i_0$ | 按参考历元计算的轨道倾角(rad) |
| $\omega$ | 近地点角距(rad) |
| $\dot{\Omega}$ | 升交点赤经变化率(rad/s) |

（续表）

| 参数表达式 | 参数说明 |
| --- | --- |
| $\dot{i}$ | 轨道倾角变化率(rad/s) |
| $C_{uc}$ | 纬度幅角的余弦调和项改正的振幅(rad) |
| $C_{us}$ | 纬度幅角的正弦调和项改正的振幅(rad) |
| $C_{rc}$ | 轨道半径的余弦调和项改正的振幅(m) |
| $C_{rs}$ | 轨道半径的正弦调和项改正的振幅(m) |
| $C_{ic}$ | 轨道倾角的余弦调和项改正的振幅(rad) |
| $C_{is}$ | 轨道倾角的正弦调和项改正的振幅(rad) |

使用上述参数计算时刻 $t$ 的卫星位置步骤如下：

1）计算卫星运动的平均角速度 $n$

首先根据广播星历给出的 $\sqrt{a}$ 计算参考时刻 $t_{oe}$ 的平均角速度 $n_0$：

$$n_0 = \frac{\sqrt{GM}}{(\sqrt{a})^3} \tag{2-1}$$

式中，$GM$ 为万有引力常数 $G$ 与地球总质量 $M$ 之积，其值为 $GM = 3.986\,005 \times 10^{14}\ \mathrm{m^3/s^2}$。然后根据广播星历中给定的摄动参数 $\Delta n$ 计算观测时刻卫星的平均角速度 $n$：

$$n = n_0 + \Delta n \tag{2-2}$$

2）计算观测瞬间卫星的平近点角 $M$

$$M = M_0 + n(t - t_{oe}) \tag{2-3}$$

3）计算偏近点角 $E$

用弧度表示的开普勒方程为

$$E = M + e\sin E \tag{2-4}$$

4）计算真近点角 $f$

$$f = \arctan\frac{\sqrt{1 - e^2}\sin E}{\cos E - e} \tag{2-5}$$

5）计算卫星矢径 $r'$

$$r' = a(1 - e\cos E) \tag{2-6}$$

6）计算升交角距 $u'$

$$u' = \omega + f \tag{2-7}$$

7）广播星历中给出了6个摄动参数：$C_{uc}$，$C_{us}$，$C_{rc}$，$C_{rs}$，$C_{ic}$，$C_{is}$，据此可求得升交角距的改正项 $\delta_u$、卫星矢径的改正量 $\delta_r$ 和卫星轨道倾角的摄动改正项 $\delta_i$

$$\begin{cases}\delta_u = C_{uc}\cos 2u' + C_{us}\sin 2u' \\ \delta_r = C_{rc}\cos 2u' + C_{rs}\sin 2u' \\ \delta_i = C_{ic}\cos 2u' + C_{is}\sin 2u'\end{cases} \tag{2-8}$$

8）计算摄动改正后的升交角距 $u$、卫星矢径 $r$ 和卫星轨道倾角 $i$

$$\begin{cases}u = u' + \delta_u \\ r = r' + \delta_r \\ i = i_0 + \delta_i + \dfrac{\mathrm{d}i}{\mathrm{d}t}(t - t_{oe})\end{cases} \tag{2-9}$$

9）计算卫星在轨道面直角坐标系（坐标轴原点位于地心，$X$ 轴指向升交点）中的位置

$$\begin{cases}x = r\cos u \\ y = r\sin u\end{cases} \tag{2-10}$$

10）计算观测瞬间升交点的经度 $L$

$$L = \Omega_0 + (\Omega - \omega_e)t - \dot{\Omega} \cdot t_{oe} \tag{2-11}$$

式中，$\omega_e$ 为地球自转角速度，其值为 $\omega_e = 7.292\ 115 \times 10^{-5}$ rad/s。

11）最终求得 $t$ 时刻卫星在ECEF中的坐标$(X, Y, Z)$

$$\begin{cases}X = x\cos L - y\cos i\sin L \\ Y = x\sin L + y\cos i\cos L \\ Z = y\sin i\end{cases} \tag{2-12}$$

式中，$X$、$Y$、$Z$ 为卫星在ECEF坐标系下的三维坐标。

精密星历则是一些国家某些部门，根据各自建立的卫星跟踪站所获得的对GPS卫星的精密观测资料，是为满足大地测量、地球动力学研究等精密应用领域的需要而研制的高精度的事后星历。目前精度最高、使用最广泛、最方便的精密星历是由国际GNSS服务组织IGS提供的精密星历，可免费在网上获得。

精密星历按一定时间间隔（通常15 min）来给出卫星在空间的三维坐

标、三维运动速度及卫星钟改正数等信息。观测瞬间的卫星位置及运动速度可采用内插法求得。其中拉格朗日多项式内插法因速度快且易于编程而被广泛采用。拉格朗日插值公式十分简单,已知函数 $y=f(x)$ 的 $n+1$ 个节点 $x_0, x_1, x_2, \cdots, x_n$及其对应的函数值 $y_0, y_1, y_2, \cdots, y_n$对插值区间内任一点 $x$,可用下面的拉格朗日插值多项式来计算函数值:

$$f(x) = \sum_{k=0}^{n} \prod_{i=0,\, i\neq k}^{n} \left( \frac{x - x_i}{x_k - x_i} \right) y_k \tag{2-13}$$

对 GPS 卫星而言,如果要精确至 $10^{-8}$,用 30 min 的历元间隔和 9 阶内插已足够保证精度。

#### 2.1.2.3　伪距定位原理

传统的单点定位是利用广播星历所给出的卫星轨道和卫星钟差以及伪距观测值来进行解算,也称标准单点定位。伪距是由卫星发射的测距码信号到达 GPS 接收机的传播时间乘以光速所得出的量测距离。由于卫星钟、接收机钟的误差以及无线电信号经过电离层和对流层的延迟,实际测出的距离与卫星到接收机的几何距离有一定差值,因此一般称测量出的距离为伪距。伪距测量的观测方程为

$$\rho_i = \sqrt{(x_i - x_r)^2 + (y_i - y_r)^2 + (z_i - z_r)^2} + c(\delta t_i - \delta t_r) - I_i - T_i \tag{2-14}$$

式中,$i=1, 2, 3, 4, \cdots$,表示第 $i$ 颗卫星;$(x_i, y_i, z_i)$为卫星的 ECEF 坐标;$(x_r, y_r, z_r)$为接收机的 ECEF 坐标;$c$ 为真空中的光速;$\delta t_i$ 和 $\delta t_r$ 分别为卫星钟差和接收机钟差;$I_i$ 和 $T_i$ 分别为电离层和对流层的钟差改正项。若接收机的近似坐标为$(x_0, y_0, z_0)$,可将未知的接收机位置分解为由近似分量和增量分量组成:

$$\begin{cases} x_r = x_0 + \delta x \\ y_r = y_0 + \delta y \\ z_r = z_0 + \delta z \end{cases} \tag{2-15}$$

将上式在$(x_0, y_0, z_0)$处用泰勒级数展开可得

$$\rho_i = R_i^0 - \frac{(x_i - x_0)}{R_i^0}\delta x - \frac{(y_i - y_0)}{R_i^0}\delta y - \frac{(z_i - z_0)}{R_i^0}\delta z + c(\delta t_i - \delta t_r) - I_i - T_i \tag{2-16}$$

式中,令 $l_i = \frac{(x_i - x_0)}{R_i^0}$, $m_i = \frac{(y_i - y_0)}{R_i^0}$, $n_i = \frac{(z_i - z_0)}{R_i^0}$ 为从接收机近似位置至卫星 $i$ 方向上的方向余弦, $R_i^0$ 为从接收机近似位置到卫星 $i$ 的距离:

$$R_i^0 = \sqrt{(x_i - x_0)^2 + (y_i - y_0)^2 + (z_i - z_0)^2} \tag{2-17}$$

伪距观测方程的线性化形式为

$$R_i^0 - (l_i, m_i, n_i)\begin{bmatrix}\delta x \\ \delta y \\ \delta z\end{bmatrix} - c\delta t_r = \rho_i + I_i + T_i - c\delta t_i \tag{2-18}$$

若在历元 $t_i$,有 4 颗可用 GPS 卫星,则此时 $i$=1, 2, 3, 4,上式为一方程组:

$$\begin{bmatrix}R_1^0 \\ R_2^0 \\ R_3^0 \\ R_4^0\end{bmatrix} - \begin{bmatrix}l_1 & m_1 & n_1 & -1 \\ l_2 & m_2 & n_2 & -1 \\ l_3 & m_3 & n_3 & -1 \\ l_4 & m_4 & n_4 & -1\end{bmatrix}\begin{bmatrix}\delta x \\ \delta y \\ \delta z \\ \delta t_r\end{bmatrix} = \begin{bmatrix}\rho_1 + I_1 + T_1 - c\delta t_1 \\ \rho_2 + I_2 + T_2 - c\delta t_2 \\ \rho_3 + I_3 + T_3 - c\delta t_3 \\ \rho_4 + I_4 + T_4 - c\delta t_4\end{bmatrix} \tag{2-19}$$

令

$$\boldsymbol{A} = \begin{bmatrix}l_1 & m_1 & n_1 & -1 \\ l_2 & m_2 & n_2 & -1 \\ l_3 & m_3 & n_3 & -1 \\ l_4 & m_4 & n_4 & -1\end{bmatrix} \tag{2-20}$$

$$\begin{cases}\delta \boldsymbol{X} = (\delta x, \delta y, \delta z, \delta t_r)^{\mathrm{T}} \\ \Delta\rho_i = \rho_i + I_i + T_i - c\delta t_i - R_i^0 \\ \Delta\boldsymbol{\rho} = (\Delta\rho_1, \Delta\rho_2, \Delta\rho_3, \Delta\rho_4)^{\mathrm{T}}\end{cases} \tag{2-21}$$

式(2-20)可简写为

$$\boldsymbol{A}\delta\boldsymbol{X} + \Delta\boldsymbol{\rho} = 0 \tag{2-22}$$

解上式可求得 $\delta\boldsymbol{X}$, 进而通过式(2-16)求得($x_r$, $y_r$, $z_r$)和钟差 $\delta t_r$。当可用

的卫星数量大于4时,就要使用最小二乘法解算,此时将式(2-22)可转变为一个误差方程组:

$$\boldsymbol{V} = \boldsymbol{A}\delta\boldsymbol{X} + \Delta\boldsymbol{\rho} \tag{2-23}$$

根据最小二乘法解得 $\delta\boldsymbol{X}$:

$$\delta\boldsymbol{X} = -(\boldsymbol{A}^{\mathrm{T}}\boldsymbol{A})^{-1}(\boldsymbol{A}^{\mathrm{T}}\Delta\boldsymbol{\rho}) \tag{2-24}$$

GPS 定位的精度由观测值的精度以及用户接收机与 GPS 卫星间的几何图形的强度来决定。在单点定位中,前者常用单位权中误差来反应,后者常用精度衰减因子(DOP)来表示。于是未知参数及其函数的中误差 $m$ 为

$$m = m_0 \times \mathrm{DOP} \tag{2-25}$$

式中, $m_0$ 为伪距测量中误差。协因数阵 $\boldsymbol{Q}$ 为

$$\boldsymbol{Q} = (\boldsymbol{A}^{\mathrm{T}}\boldsymbol{A})^{-1} \tag{2-26}$$

将其展开可表示为

$$\boldsymbol{Q} = \begin{bmatrix} q_{11} & q_{12} & q_{13} & q_{14} \\ q_{21} & q_{22} & q_{23} & q_{24} \\ q_{31} & q_{32} & q_{33} & q_{34} \\ q_{41} & q_{42} & q_{43} & q_{44} \end{bmatrix} \tag{2-27}$$

单点定位中常用的 DOP 如下:

1) 空间位置精度因子(PDOP)

$$\mathrm{PDOP} = \sqrt{q_{11} + q_{22} + q_{33}} \tag{2-28}$$

三维定位精度:

$$m_{\mathrm{P}} = m_0 \times \mathrm{PDOP} \tag{2-29}$$

2) 时间精度因子(TDOP)

$$\mathrm{TDOP} = \sqrt{q_{44}} \tag{2-30}$$

时间(接收机钟差)精度:

$$m_{\mathrm{T}} = m_0 \times \mathrm{PDOP} \tag{2-31}$$

3) 几何精度因子(GDOP)

$$\mathrm{GDOP} = \sqrt{q_{11} + q_{22} + q_{33} + q_{44}} \tag{2-32}$$

相应的中误差：

$$m_{\mathrm{G}} = m_0 \times \mathrm{GDOP} \tag{2-33}$$

在评估平面和高程位置精度之前，应该将用 ECEF 系表达的$(x_r, y_r, z_r)$转换到大地坐标系当中，用$(B, L, H)$表示，此时相应的协因数阵 $\boldsymbol{Q}'$ 为

$$\boldsymbol{Q}' = \begin{bmatrix} q'_{11} & q'_{12} & q'_{13} \\ q'_{21} & q'_{22} & q'_{23} \\ q'_{31} & q'_{32} & q'_{33} \end{bmatrix} = \boldsymbol{HQH}^{\mathrm{T}} \tag{2-34}$$

式中，$\boldsymbol{H}$ 为 ECEF 和大地坐标系之间的转换矩阵：

$$\boldsymbol{H} = \begin{bmatrix} -\sin B\cos L & -\sin B\sin L & \cos B \\ -\sin L & \cos L & 0 \\ \cos B\cos L & \cos B\sin L & \sin B \end{bmatrix} \tag{2-35}$$

4）二维平面位置精度因子

$$\mathrm{HDOP} = \sqrt{q'_{11} + q'_{22}} \tag{2-36}$$

平面位置精度：

$$m_{\mathrm{H}} = m_0 \times \mathrm{HDOP} \tag{2-37}$$

5）高程精度衰减因子

$$\mathrm{VDOP} = \sqrt{q'_{33}} \tag{2-38}$$

高程精度：

$$m_{\mathrm{V}} = m_0 \times \mathrm{VDOP} \tag{2-39}$$

为进行较高精度的定位和测量，应在的 DOP 值较小的时候观测。

#### 2.1.2.4 载波相位定位原理

伪距定位是将卫星发射的测距码信号作为测距信号来进行距离量测的，2.1.2.3 节中有详细论述，而载波相位定位原理顾名思义，则是利用载波信号作为测距信号来进行距离量测，其测距精度通常可超出伪距定位 2 到 3 个数量级[1]。

载波信号由卫星播发，假设信号发出时的载波相位为 $\varphi_{\mathrm{S}}$，传播一定距离后在某一时刻被接收机接收，此时的载波相位为 $\varphi_{\mathrm{R}}$，若载波波长为 $\lambda$，则根

据波的传播距离计算原理可知,卫星到接收机的距离 $D$ 为

$$D = \lambda(\varphi_R - \varphi_S) \tag{2-40}$$

由于,GPS 卫星并不记录 $\varphi_S$ 值,因此,我们需要另外的途径来计算距离 D。若接收机端能与卫星同步发射一载波信号 $\varphi_R$,使其与卫星发射的载波相位 $\varphi_S$ 保持一致,则可用 $\phi_R$ 来代替 $\varphi_S$。则式(2-40)可改写为

$$D = \lambda(\varphi_R - \phi_R) \tag{2-41}$$

值得注意的是,相位差 $(\varphi_R - \phi_R)$ 应包含 $A$ 个整周期和不足一个周期的部分 $P(\varphi)$,由于载波为余弦波,没有特定的标记,因此 $A$ 数值未知,在测量阶段,我们仅能确定不足一个周期的部分,其中,$A$ 被称为整周未知数或整周模糊度。相位差 $\Delta\varphi$ 可表示为

$$\Delta\varphi = \varphi_R - \phi_R = A + P(\varphi) \tag{2-42}$$

式(2-42)乘以波长 $\lambda$ 后即可得卫星到接收机的距离的精确解。整周未知数 $A$ 的确定方法请见下文。

载波相位实际测量时,GPS 接收机能够获得的观测值如下。

1）首次观测

在首次观测时,由上一部分讨论可知,能够确定的部分为不足一个周期的部分 $P(\varphi)$,接收机中对应获取这一部分数据的装置为鉴相器。若在 $t_0$ 时刻进行首次观测,相位差 $\Delta\varphi_0$ 为

$$\Delta\varphi_0 = \varphi_R - \phi_R = A_0 + P^0(\varphi) \tag{2-43}$$

式中,整周未知数 $A_0$ 通过其他方式确定,主要方法有伪距法和经典待定系数法两大类[4]。其中伪距法的基本原理是同时应用两种定位方法,即同时利用伪距与载波相位进行定位,随后将伪距定位所得的测距结果与载波相位的实际观测结果对比,即可得整周未知数 $A$。

2）其余各次观测值

由于观测过程中,卫星的位置是在不停变化的,因此,相位差也在不断发生改变,来自卫星的信号也会发生多普勒现象,在到达接收机后会与接收机端产生的基准信号发生拍频现象,随两者之间的相位差变化。根据这一特性,我们可以利用多普勒计数器,接收机在锁定卫星后,根据拍频信号的相位变化进行周期数记录,这一观测值称为整周计数 $\mathrm{int}(\varphi)$。随着观测时间的推移,载波相位的实际测量值如图 2.2 所示。

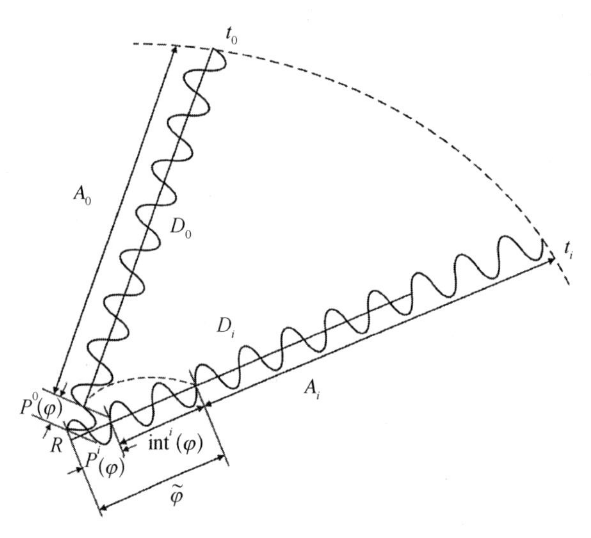


**图 2.2 载波相位实际观测值**

因此,在观测过程中,$t_i$ 时刻的接收机的实际观测值 $\tilde{\varphi}_i$ 应为

$$\tilde{\varphi}_i = \text{int}^i(\varphi) + P^i(\varphi) \tag{2-44}$$

需要注意的是,在观测过程中,若接收机不失锁,即接收机能够连续跟踪卫星信号,则在一段观测值内,对于同一卫星的整周未知数应是相同的,即

$$A_0 = A_i \tag{2-45}$$

若观测中途有短暂的失锁现象,则可用周跳等技术来进行恢复,但这种技术在失锁时间过长的情况下会失效,此时两段观测的整周未知数将有所不同,需要分别进行确定。在整周未知数 $A$ 确定后,就能得到完整的载波相位观测 $\tilde{\boldsymbol{\Phi}}$:

$$\tilde{\boldsymbol{\Phi}} = \tilde{\varphi} + A = \text{int}(\varphi) + P(\varphi) + A \tag{2-46}$$

载波相位观测方程由式(2-41)与式(2-44)可得,卫地距 $\rho$ 为

$$\rho = D = \lambda(\tilde{\varphi}_i + A_i) \tag{2-47}$$

将伪距测量的观测方程代入可得

$$\begin{aligned} \lambda\tilde{\varphi}_i &= \rho - \lambda A_i \\ &= \sqrt{(x_i - x_r)^2 + (y_i - y_r)^2 + (z_i - z_r)^2} + c(\delta t_i - \delta t_r) - I_i - T_i - \lambda A_i \end{aligned} \tag{2-48}$$

其中所含的未知参数有：接收机位置（$x_r$，$y_r$，$z_r$）、接收机钟差$\delta t_r$与整周模糊度$A_i$。$I_i$、$T_i$误差可通过现有模型进行修正。卫星钟差可通过广播星历求得，可换用精密星历并适当内插以获得更精进的解。将导航电文中的卫星钟差作为初始近似值，引入一个新的钟差参数，然后通过平差、求差等方法来提升载波相位观测值的精度。

### 2.1.3　定位误差来源及分析

GPS定位中的误差源大体可分为四类：与卫星有关的误差、与信号传播有关的误差、与接收机有关的误差、其他误差。其中与卫星有关的误差包括卫星星历误差和卫星钟差；与信号传播有关的误差包括电离层延迟、对流层延迟和多径误差；与接收机有关的误差包括接收机钟差、接收机的位置误差、天线相位中心偏差、测量噪声等；在高精度的GPS测量中（如地球动力学研究）还应考虑与地球整体运动有关的地球潮汐、负荷潮及相对论效应造成的其他误差。GPS的误差分类如表2.3所示。

**表2.3　GPS误差源分类**

| 误差类型 | 误差来源 |
| --- | --- |
| 与卫星有关 | ① 星历误差；② 卫星钟差 |
| 与信号传播有关 | ① 电离层延迟；② 对流层延迟；③ 多路径效应 |
| 与接收机有关 | ① 接收机钟差；② 位置误差；③ 天线相位中心偏差；④ 测量噪声 |
| 其他误差 | ① 相对论效应；② 地球潮汐；③ 负荷潮 |

在上述误差中，接收机位置误差和天线相位中心偏差主要与接收机的设计有关，其他误差主要在高精度的GPS测量中，如大地测量领域予以考虑。因此本书只对上述误差中与卫星有关的误差、与信号传播有关的误差和接收机钟差等对定位导航影响较为显著的误差进行分析。

#### 2.1.3.1　卫星星历误差

由星历所给出的卫星在空间的位置与实际位置之差称为卫星星历误差。星历数据是由地面站测算后注入卫星的。由于卫星在运行中要受到多种摄动力的复杂影响，而通过地面站又难以测定这些作用力并掌握它们的作用规律，因此在星历预报时会产生较大的误差，将严重影响单点定位精度。解决卫星星历误差主要有以下办法。

采用精密星历时，如 2.1.2.2 节所述，卫星星历分为广播星历和精密星历两类，广播星历通常只能满足导航和低精度单点定位需要。在高精度的应用领域中可采用精密星历。精密星历可方便地从网上获取。

采用相对定位模式时，卫星星历误差对单点定位和相对定位的影响是不一样的。目前利用广播星历进行卫星导航和单点定位时，精度一般只能达到数米；利用相对定位模式时即使基线长度达到 56 m，广播星历误差影响仍保持在 1 cm 以内。采用这种方法布设的 GPS 网具有很高的相对精度。当网中具有高精度的起始坐标时，各网点还可获得精确的绝对坐标。我国已布设了高精度的 GPS 网，因此获得高精度的起始坐标并不困难。

#### 2.1.3.2 卫星钟差

卫星钟的钟差包括由钟差、频偏、频漂等产生的误差，也包含钟的随机误差。这些偏差总量均在 1 ms 以内，由此引起的等效距离误差约 300 km。卫星钟差一般可表示为以下二阶多项式的形式：

$$\delta t_s = a_0 + a_1(t - t_{oe}) + a_2(t - t_{oe})^2 \tag{2-49}$$

式中，$t_{oe}$ 为一参考历元；$a_0$ 为 $t_{oe}$ 时刻该钟的钟差；$a_1$ 为 $t_{oe}$ 时刻该钟的钟速，即频偏；$a_2$ 为 $t_{oe}$ 时刻该钟的加速度的一半，也称钟的老化率或频漂。这些数值由卫星的地面控制系统根据前一段时间的跟踪资料和 GPS 标准时推算出来，并通过卫星的导航电文播发给用户。经上述改正后，各卫星钟之间的同步误差可保持在 20 ns 以内，由此引起的等效距离偏差不会超过 6 m。

#### 2.1.3.3 接收机钟差

接收机钟一般为石英钟，其质量较原子钟差。石英钟不但钟差的数值大，变化快，且变化的规律性也更差，用三次甚至四次多项式来拟合接收机钟差，有时仍无法获得令人满意的结果。所以一般都将每个历元的接收机钟差当作未知数，利用测码伪距观测值通过单点定位的方法来求得，精度可达到 0.1~0.2 μs，可以满足计算卫星位置及计算其他各种改正数时的要求。此外也可通过在卫星间求一次差来消除接收机的钟差。

#### 2.1.3.4 电离层延迟

电离层指地球上空距地面高度在 50~1 000 km 的大气层。电离层中气体分子由于受到太阳等天体各种射线辐射,产生强烈的电离,形成大量的自由电子和正离子。当 GPS 信号通过电离层时,如同其他电磁波一样,信号路径会发生弯曲,传播速度也会发生变化。所以信号的传播时间乘以真空光速得到的距离不等于卫星至接收机间的几何距离,这种偏差叫电离层折射误差,也称电离层延迟。

电离层中含有较高密度的电子,它属于弥散性介质,电磁波在这种介质内传播时,其速度与频率有关。电离层的群折射率为

$$n_G = 1 + 40.3\frac{N_e}{f^2} \tag{2-50}$$

式中,$N_e$为电子密度,即每立方米大气中存在的电子的数量;$f$为信号频率(Hz)。将频率各不相同的一组波束视作一个整体,其速度 $V_G$称为群速:

$$V_G = c\left(1 - 40.3\frac{N_e}{f^2}\right) \tag{2-51}$$

利用 GPS 卫星所发射的测距码进行距离测量时,测距码就是以群速度 $V_G$ 在电离层中传播的。在电离层以外,由于电子密度 $N_e$ 为零,故信号仍以真空中光速 $c$ 传播(不顾及对流层延迟)。若测距码从卫星至接收机的传播时间为 $\Delta t'$, 则从卫星至接收机的几何距离 $R$ 为

$$R = \int_{\Delta t'} V_G \mathrm{d}t = \int_{\Delta t'}\left(c - c \cdot 40.3\frac{N_e}{f^2}\right)\mathrm{d}t = c \cdot \Delta t' - \frac{40.3}{f^2}\int_{\Delta t'} c \cdot N_e \mathrm{d}t \tag{2-52}$$

令 $c \cdot \Delta t' = \rho$, 可得

$$R = \rho - \frac{40.3}{f^2}\int_s N_e \mathrm{d}s \tag{2-53}$$

式(2-53)中后面一项就是伪距定位时应该考虑的电离层延迟改正量,用 $I$ 表示:

$$I = -\frac{40.3}{f^2}\int_s N_e \mathrm{d}s = -\frac{40.3}{f^2}\mathrm{TEC} \tag{2-54}$$

式中, $\mathrm{TEC} = \int_s N_e \mathrm{d}s$ 表示沿着信号传播路径 $s$ 对电子密度 $N_e$ 进行积分,即总电子含量。可见电离层改正的大小主要取决于电子总量和信号频率。载波

相位测量时电离层的折射改正和伪距测量时的改正数大小相等符号相反。对于 GPS 信号来讲,这种距离改正在天顶方向最大可达 50 m,在接近地平方向时(高度角为 20°)则可达 150 m,因此必须加以改正,否则会严重损害观测值的精度。从上面的讨论可知,如果求得总电子含量 TEC,就可求出卫星信号的电离层延迟改正。实际观测表明,TEC 与时间(一年中的哪一天或某天的某一时刻)、地点以及太阳活动有关,然而目前仍没有建立严格的公式来表述 TEC 与上述因素的关系。GPS 广播星历所采用的是克罗布歇(Klobuchar)模型,是一个被单频 GPS 用户广泛采用的电离层改正模型。该模型将晚间的电离层时延视为常数,取值为 5 ns,把白天的时延看成是余弦函数中正的部分。于是天顶方向调制在 $L_1$ 载波($f$= 1 575.42 MHz)上的测距码的电离层改正时延 $T_g$ 可表示为

$$T_g = 5 \times 10^{-9} + A\cos\frac{2\pi}{P}(t - 14^{h}) \tag{2-55}$$

振幅和周期分别为

$$\begin{cases} A = \sum_{i=0}^{3} \alpha_i(\varphi_m)^i \\ P = \sum_{i=0}^{3} \beta_i(\varphi_m)^i \end{cases} \tag{2-56}$$

式中,$\alpha_i$ 和 $\beta_i$ 为 GPS 地面部分从 370 组预先设置的常数组合中选取的,然后通过导航电文发送给用户。式(2-55)中 $t$ 和式(2-56)中 $\varphi_m$ 分别表示 GPS 信号路径与为了方便计算而人为设置的中心电离层的交点 $P'$ 的时角和地磁纬度,$t$ 和 $\varphi_m$ 的计算方法如下。

1) 求出用户接收机位置 $P$ 和 $P'$ 在地心处的夹角 $EA$

$$EA = \left(\frac{445°}{el + 20°}\right) - 4° \tag{2-57}$$

式中,$el$ 为卫星在测站 $P$ 处的高度角。

2) 计算交点 $P'$ 的地心纬度 $\varphi_{P'}$ 和经度 $\lambda_{P'}$

$$\begin{cases} \varphi_{P'} = \varphi_P + EA \cdot \cos\alpha \\ \lambda_{P'} = \lambda_P + EA \cdot \dfrac{\sin\alpha}{\cos\varphi_P} \end{cases} \tag{2-58}$$

式中，$\lambda_P$ 和 $\varphi_P$ 分别为用户所处的地心经度和纬度；$\alpha$ 是卫星的方位角。

3）求得观测历元 $P'$位置的地方时 $t$

若观测时刻的世界时为 UT，则有

$$t = \mathrm{UT} + \frac{\lambda_{P'}}{15} \tag{2-59}$$

$t$ 的单位为小时。

4）计算交点 $P'$的地磁纬度 $\varphi_m$

地球的磁北极位于 $\varphi = 79.93°$，$\lambda = 288.04°$，因此，

$$\varphi_m = \varphi_{P'} + 10.07°\cos(\lambda_{P'} - 288.04°) \tag{2-60}$$

地磁北极会随时间变化，因此隔一段时间应重新查取一次。

根据式（2-57）~式（2-60）以及导航电文中提供的 $\alpha_i$ 和 $\beta_i$ 就能够解算出 $T_g$。已知该历元每颗 GPS 卫星的天顶距 $Z$，则相应的电离层时延 $T'_g$可由下式求得

$$T'_g = T_g \cdot \sec Z \tag{2-61}$$

需要说明的是，此处 $Z$ 不是卫星在用户接收机位置 $P$ 的天顶距，而是在 $P'$处的。$\sec Z$ 由下式计算：

$$\sec Z = 1 + 2\left(\frac{96° - el}{90°}\right)^3 \tag{2-62}$$

除了 Klobuchar 模型外，定位测量中常用的还有本特模型、国际参考电离层模型等反应长时间全球状况的经验模型。还可通过双频观测的方法来修正电离层延迟。

#### 2.1.3.5　对流层延迟

卫星导航定位中的对流层延迟通常是泛指电磁波信号在通过高度为 50 km 以下的未被电离的中性大气层时所产生的延迟。对流层大气密度比电离层更大，大气状态也更复杂，GPS 信号通过对流层时，也使传播的路径发生弯曲，从而使测量距离产生偏差。在这里我们不再将该大气层细分为对流层和平流层，也不顾及两者性质上的差别。由于 80%以上的延迟发生在对流层，所以我们将发生在该中性大气层中的信号延迟通称为对流层延迟。

当电磁波信号在对流层的传播时间为 $\Delta t''$ 时，其真正的路径长度 $R''$ 为

$$R'' = c\Delta t'' - \int_s (n-1)\,\mathrm{d}s \tag{2-63}$$

式中，$n$ 为对流层中某处大气折射系数，$\int_s (n-1)\,\mathrm{d}s$ 为对流层延迟，$T = -\int_s (n-1)\,\mathrm{d}s$ 为对流层延迟改正。对于 GPS 的 $L_1$ 和 $L_2$ 信号而言，其 $n$ 皆为 1.000 287 604，不能采用双频改正的方法消除对流层延迟，因此只能求出信号传播路径上各处的大气折射系数，然后通过式(2-63)将其予以消除。由于 $(n-1)$ 数值很小，为方便计算，常令 $N = (n-1) \times 10^6$，并将 $N$ 称为大气折射指数，其可分为干气部分 $N_d$ 和湿气部分 $N_w$：

$$N = N_d + N_w = 77.6\frac{p}{\mathrm{temp}} + 3.73 \times 10^5 \frac{e}{\mathrm{temp}^2} \tag{2-64}$$

式中，干气部分 $N_d$ 与总的大气压 $p$ 和气温 temp 有关；湿气部分 $N_w$ 则与水汽压 $e$ 和气温 temp 有关。因此可知要获取传播路径上各点的 $n$ 值，就要了解各点的气象情况，然而我们能量测的只是接收机或测站所在位置的气温 $\mathrm{temp}_s$、气压 $p_s$ 和水汽压 $e_s$，因此有必要构建一个根据用户接收机所在位置的 $\mathrm{temp}_s$、$p_s$、$e_s$ 来获取传播路径上各点的 temp、$p$、$e$ 的精确的数学模型，然后代入式(2-63)和式(2-64)求出对流层延迟改正。萨斯塔莫宁(Saastamoinen)模型是定位导航中使用最为广泛地用于计算对流层改正的经典模型之一：

$$\begin{cases} \Delta S = \dfrac{0.002\,277}{\sin E'}\left[p_s + \left(\dfrac{1\,255}{\mathrm{temp}_s} + 0.05\right)e_s - \dfrac{a}{\tan^2 E'}\right] \\ E' = E + \Delta E \\ \Delta E = \dfrac{16''}{\mathrm{temp}_s}\left(p_s + \dfrac{4\,810}{\mathrm{temp}_s}e_s\right)\cot E \\ a = 1.16 - 0.15 \times 10^{-3} h_s + 0.716 \times 10^{-3} h_s^2 \end{cases} \tag{2-65}$$

式中，$\Delta S$ 为 Saastamoinen 模型计算的对流层延迟修正值；$E$ 为卫星高度角；$h_s$ 为测站高度。此外较著名的还有 Hopfield 模型、Black 模型等。一般情况下，不同模型所获得的天顶方向上的对流层延迟很好地相符，其差异仅为几毫米，当卫星高度角 $E$ 较小时，不同模型间差异较明显，但即使当 $E = 15°$ 时，不同模型的差异也只有几厘米。

#### 2.1.3.6 多径效应

在定位导航过程中,被接收机附近的建筑等反射物所反射的GPS信号如果进入接收机天线,就将和直接来自卫星的信号产生干涉,从而使观测值偏离真值,产生"多径效应"。在城市环境中,由于建筑众多,导致可用GPS卫星数少,多径效应严重,因此将此类环境称为城市多径环境。在城市多径环境下,GPS信号接收类型分为三种:视距信号(LOS)指的是从卫星直接到达接收机的信号,中间没有障碍物;非视距信号(NLOS)指的是经反射到达接收机的信号,且接收机没有收到视距信号;多径信号(Multipath)指的是接收机同时接收到LOS和NLOS两种信号。NLOS和Multipath将严重损害GPS测量和导航定位的精度,严重时还会造成信号失锁,是城市环境中GPS定位导航的重要误差源。研究如何有效处理多径效应,降低其造成的误差对城市环境中的定位导航有重要意义。现有的多径效应处理方法主要分为三类:基于天线设计的方法、基于接收机设计的方法和基于观测值建模的方法,这些方法各有利弊,1.2节已对这些方法进行了总结和比较,此处不再对多径误差处理方法进行赘述。

## 2.2 其他传感器及数据源

在城市高楼密集的复杂地段,GNSS信号易受到遮挡或反射,使得最终定位结果与真实位置的偏差较大。随着城市日新月异的发展,GPS受到广泛应用,并已渗透至日常生活的方方面面,对人们的日常出行、饮食起居与社交活动等方面都产生了或多或少的影响。随着需求的增加,如何改善城市定位也成了重中之重。其中一种解决方案便是通过GNSS与其他传感器或数据源结合,用以辅助并改善城市定位。目前主流的用于GNSS多源信息融合的数据源主要包括:惯性导航系统、视觉传感器技术以及空间地理信息技术等,下面将分别对它们进行简单介绍。

### 2.2.1 惯性导航系统

惯性导航系统(INS),是一种完全自主式导航,它不依赖于外部输入信息,依靠自身的惯性测量组件,即陀螺仪与加速度计,来计算载体位于导航坐标系下的位置与速度,属于推算式导航。由于其在工作时,不依赖于外界信息,也不对外辐射能量,具有良好的隐蔽性,因此最初主要应用在军事领域上,随着研究的深入被逐步推广至民用领域。除此之外,惯导在工作时还具有不局限于天气场景和避免人为干扰影响等优点。惯性导航技术的基本原理是依据牛顿力学基础,通过对惯性参考系下的加速度测量,将测量值对时间积分,经过坐标转换至导航坐标系下,进而获取物体在导航坐标系下的位置、速度、偏航角等信息。一个完整的惯性导航系统主要包括加速度计、陀螺仪、导航计算机、控制显示器及电源等必要的附件。其中,加速度计和陀螺仪是 INS 的核心部件。

陀螺仪是用于测量转速与平衡的一种角运动检测装置,其工作原理可简述为,在没有外力影响的情况下,一个旋转物体的旋转轴指向的方向是不会改变的。常规的框架陀螺仪有稳定性和进动性。陀螺仪在高速旋转时具有动量矩,在不受外力的情况下,陀螺仪的自转轴将相对惯性系保持方向不变,陀螺仪的这种特性称为稳定性或定轴性。

在推导这一特性之前,先来明确动量矩的概念。动量矩 $\boldsymbol{H}$ 是转子的转动惯量 $J$ 与角速度 $\boldsymbol{\omega}$ 的乘积[5],即

$$\boldsymbol{H} = J \cdot \boldsymbol{\omega} \tag{2-66}$$

将其对于时间求导可得

$$\frac{\mathrm{d}\boldsymbol{H}}{\mathrm{d}t} = \frac{\mathrm{d}(J \cdot \boldsymbol{\omega})}{\mathrm{d}t} = \frac{\mathrm{d}}{\mathrm{d}t}(m \cdot r^2 \cdot \boldsymbol{\omega}) = \frac{\mathrm{d}}{\mathrm{d}t}(m \cdot r \times \boldsymbol{v}) = \frac{\mathrm{d}r}{\mathrm{d}t} \times \boldsymbol{v} \cdot m + r \times \frac{\mathrm{d}\boldsymbol{v}}{\mathrm{d}t} \cdot m \tag{2-67}$$

式中,$r$ 表示质点和转轴的垂直距离;$m$ 表示质量。

其中第一部分:

$$\because \frac{\mathrm{d}r}{\mathrm{d}t} = \boldsymbol{v} \tag{2-68}$$

$$\therefore \frac{\mathrm{d}r}{\mathrm{d}t} \times \boldsymbol{v} \cdot m = 0 \tag{2-69}$$

第二部分:

$$\because \frac{\mathrm{d}\boldsymbol{v}}{\mathrm{d}t} \cdot m = \boldsymbol{a}m = \boldsymbol{F}_{外力} \tag{2-70}$$

$$\therefore r \times \boldsymbol{F}_{外力} = \boldsymbol{L} \tag{2-71}$$

式中，$\boldsymbol{F}_{外力}$ 为物体受到的合外力；$\boldsymbol{a}$ 为加速度；$\boldsymbol{L}$ 为外力矩。因此有

$$\frac{\mathrm{d}\boldsymbol{H}}{\mathrm{d}t}=\boldsymbol{L} \tag{2-72}$$

由式(2－72)可知，若不施加外力矩，则相应的动量矩 $\boldsymbol{H}$ 将保持不变。

除此之外，由于陀螺仪受外界力矩干扰会产生特殊的“十字交叉”运动，此时，其运动的角速度与外加力矩的大小和方向有着严格的对应关系，该特性称为“进动性”。

在介绍该特性前，先介绍一下圆周运动中，线速度与角速度之间的关系：

$$\boldsymbol{\omega}\cdot r=\boldsymbol{v} \tag{2-73}$$

式中，$\boldsymbol{\omega}$ 为角速度；$r$ 为圆周运动的半径；$\boldsymbol{v}$ 为线速度。

为了便于理解陀螺仪的这一特性，我们将陀螺仪转子的动量 $\boldsymbol{H}$ 看作一个向量，在转子高速旋转期间，$\boldsymbol{H}$ 的数值大小很大，假设陀螺仪的转轴非常光滑，则在非常短的时间间隔内，认为 $\boldsymbol{H}$ 的值不会发生变化，而方向在不断变化，$\boldsymbol{H}$ 的变化是由方向的改变而引起的。若在非常短的时间 $\Delta t$ 内，向量 $\boldsymbol{H}$ 转过的角的大小为 $\theta$，则可认为角速度 $\boldsymbol{\omega}$ 为

$$\boldsymbol{\omega}=\frac{\mathrm{d}\theta}{\mathrm{d}t} \tag{2-74}$$

将图 2.3 中向量 $\boldsymbol{H}$ 的转动看作旋转运动，我们就可以将其类比于圆周运动，则由式(2－73)可得

$$\boldsymbol{\omega}\cdot\boldsymbol{H}=\frac{\mathrm{d}\boldsymbol{H}}{\mathrm{d}t} \tag{2-75}$$

将式(2－72)代入可得

$$\boldsymbol{\omega}\cdot\boldsymbol{H}=\boldsymbol{L} \tag{2-76}$$

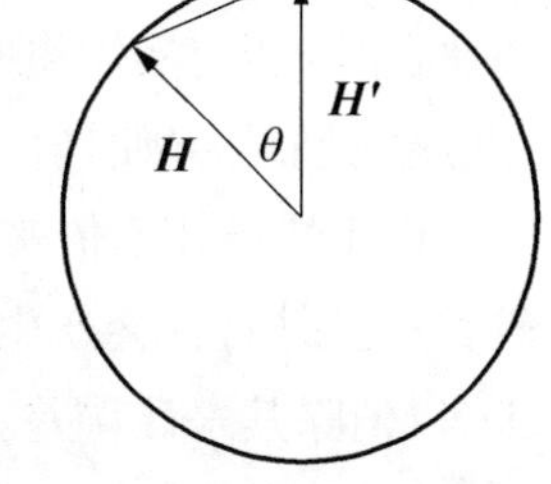


**图 2.3　向量化示意图**

由式(2－76)可见外加力矩的大小与方向对于陀螺仪旋转运动产生的影响，进动性显而易见。

加速度计用于感受并输出载体运动加速度，更严格地说是与比力成一定关系的信号的测量器件。加速度计可分为许多类别，按照测量运动的方式分类，可分为线性加速度计与摆式加速度计；按照支承输出轴分类可分为，宝石加速度计、挠型加速度计和液浮加速度计；按照原理分又可分为压阻

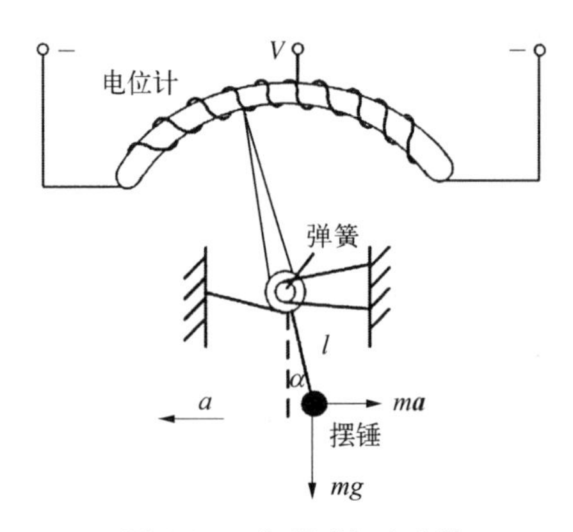


**图 2.4 一般摆式加速度计**

式、压电式、激光和光纤式等。加速度计理论基础是牛顿第二定律与胡克定律：$\boldsymbol{F} = m\boldsymbol{a}$；$\boldsymbol{F} = k\boldsymbol{x}$；本节以一般摆式加速度计为例，简述加速度计主要工作原理。通过加速度计解算位置的主要原理可概括为：通过对加速度进行两次积分计算得到位置数据。一般加速度计的原理为，在加速度的作用下会产生惯性，而该惯性力会使得一般的摆式加速度计产生一个偏转角 $\beta$，如图 2.4 所示。

易得偏转角正比于加速度大小，即 $\alpha \propto a$。因此，通过测偏转角的大小，即可知加速度的大小。

当前惯性导航系统主要分为平台式惯性导航系统与捷联式惯性导航系统。其中平台式惯性导航系统通过加速度计输出的信息来计算速度(包含角速度与线速度)、位置、导航信息及陀螺仪的施矩信息，而陀螺仪据此施矩信息稳定回路跟踪导航坐标系相对于惯性空间的角速度信息。平台式惯导系统具有体积大、成本高的缺点。其中，指北方位惯导系统、自由方位惯导系统、游动方位惯导系统等都属于平台式惯性导航系统。捷联式惯导与平台式惯导的根本区别在于，捷联式惯导没有实体的惯性平台，取而代之的是用完成惯性平台功能的数学平台来替代，由计算机来完成这一功能。相比平台惯导系统，捷联惯导系统中的陀螺仪和加速度计的使用特点是其陀螺仪与加速度计是开环的，由于捷联惯导没有实体物理平台，因此，其加速度计与陀螺仪直接安装于载体上，相应地，捷联惯导便具有了体积小、成本低的特点，是现在主流使用的惯导系统。

由于惯导并不依赖于外部信息，因此存在误差累计情况，导致惯导使用较长一段时间后会产生严重的“漂移”现象，因此需要对惯导进行定期“矫正”以消除其累计误差。在城市定位中，通常将惯导与 GNSS 相结合来进行组合导航，惯导能借助 GNSS 不定时地矫正自身，提高载体在城市环境定位的精度与可靠性。另外，除了惯导之外，其他传感器也可与 GNSS 相组合以优势互补提升定位精度。

### 2.2.2 视觉传感器技术

视觉传感器，是指利用光学成像等原理来模拟人的视觉以获取外部图像信息的仪器。视觉一词出现于 20 世纪 50 年代，开始于统计模式识别技术，最初，视觉的出现主要是用于二维图像的识别与分析上[6]，仅局限于简单的物体与空间之间的关系描述。视觉技术发展到今日，已经与越来越多的应用相结合，主要用以感知、识别和理解三维世界，应用于视觉导航、工业检测、生物医学像素分析以及城市监控等众多领域。目前，主要的几种视觉传感器有：CCD 图像传感器、单目相机、双目相机、全景相机和红外相机等。

CCD 图像传感器主要由电荷耦合器件构成，器件以耦合的方式实现信号传输，信号大小根据电荷量数量而定，具有体积小、灵敏度高、噪声较低、图像畸变程度小等优点。单目相机仅由一个摄像头构成，其主要通过二维投影和尺度不变性原理来确定图像深度。它的优点在于其结构相对简单且成本低廉，有利于推广应用。同时，单目相机的成像原理相对简单，便于标定与识别；然而单目相机的缺点也较为明显，主要表现为凭借单帧图像难以确定物体的真实大小和距离判定。若应用于移动场景，则可通过逐帧处理、比较图像来得到图像的深度信息。双目相机是两个单目相机的组合，其两个摄像头间距（基线）已知，可用以估计空间物体的位置。它的主要优点包括：基线距离越大可测量的范围就越远，可在室外使用，也可在室内使用。它的缺点在于，标定存在一定困难，计算量较大，成本也相对较高。全景相机是拥有 360°视场的单目相机。由于本质上仍为单目相机，因此缺点与单目相机互通，并且对反射镜头的加工精度也较高。其优点就在于“全景”两个字，即拥有 360°全方位的视场。红外相机通过记录红外光源发出的光线来成像，近红外相机甚至能够观察人体表皮下的血管分布[7]。对于大多数视觉传感器来说，其对于光线和天气的敏感性是最主要的缺点，而红外相机则可降低这种现象造成的困扰，尤其是在夜晚光线较弱时，具有很强的优越性。

由于在图像测量过程中或者在机器视觉的应用方面，为了确定物体表面某一点的空间位置及其在图像上所在位置的相对关系，需要对视觉传感器建立几何模型，通过标定的过程实现这些几何参数的确定。这些几何参数包括“相机”的内、外参数以及相应的畸变参数。标定的结果会直接影响到相机输出结果的精度及算法的性能。相机标定的主要方法有：传统相机标定法、主动视觉相机标定方法、相机自标定法。其中，传统相机标定法需要使用已知尺寸的物品，根据图上坐标与标定物上已知位置的点之间的对应，通过一些算法（如相机的运动约束等）来获取相机标定的参数。

将相机坐标系转换至世界坐标系下(图 2.5),相机坐标系转换为世界坐标系的转换方程如下:

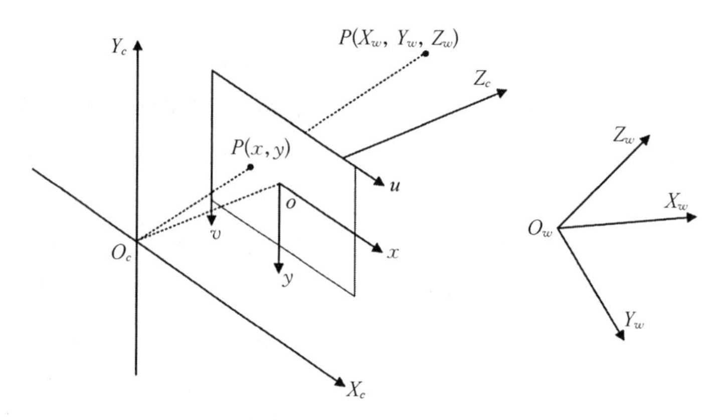


**图 2.5　图像处理涉及的坐标系**

$$\begin{bmatrix} x_c \\ y_c \\ z_c \\ 1 \end{bmatrix} = \begin{bmatrix} \boldsymbol{R} & \boldsymbol{t} \\ 0 & 1 \end{bmatrix} \begin{bmatrix} x_w \\ y_w \\ z_w \\ 1 \end{bmatrix} \tag{2-77}$$

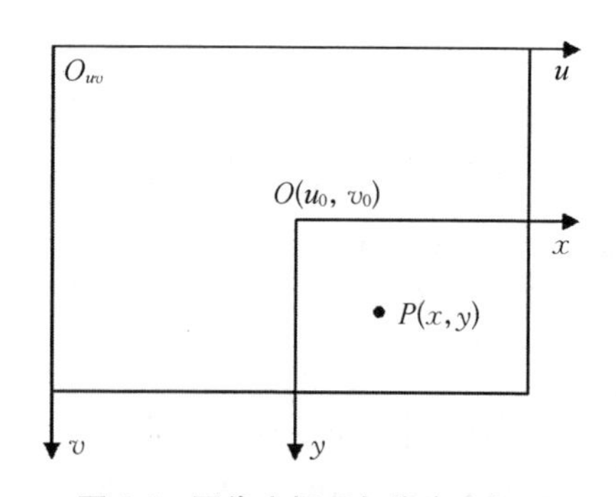


**图 2.6　图像坐标系与像素坐标系**

式中,$\boldsymbol{R}$ 为 3×3 的旋转矩阵;$\boldsymbol{t}$ 为 3×1 的平移向量。

像素坐标系转换为图像坐标系,如图 2.6 所示。像素坐标系 $xOy$ 的原点位于图像中点,即点 $O$,这样的原点位置不利于坐标转换,因此还需用到图像坐标系来进行过渡。

两坐标系下,坐标之间的关系如下:

$$\begin{cases} u = \dfrac{x}{\mathrm{d}x} + u_0 \\ v = \dfrac{y}{\mathrm{d}y} + v_0 \end{cases} \tag{2-78}$$

将式(2-78)改写为矩阵形式有

$$\begin{bmatrix} u \\ v \\ 1 \end{bmatrix} = \begin{bmatrix} \dfrac{1}{\mathrm{d}x} & 0 & u_0 \\ 0 & \dfrac{1}{\mathrm{d}y} & v_0 \\ 0 & 0 & 1 \end{bmatrix} \begin{bmatrix} x \\ y \\ 1 \end{bmatrix} \tag{2-79}$$

相机坐标系转换为图像坐标系,如图 2.7 所示。

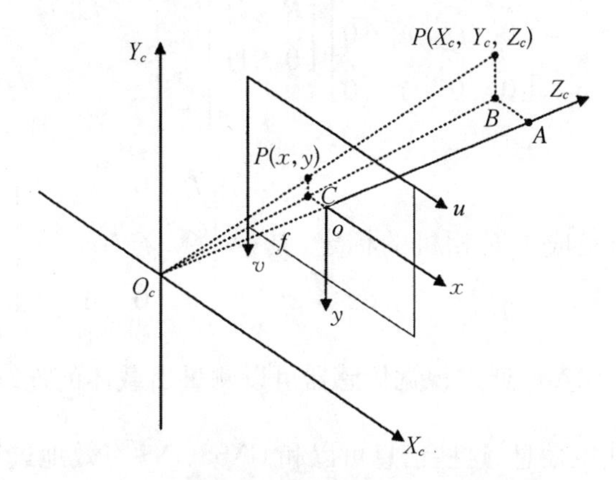


**图 2.7　相机坐标系与图像坐标系之间的转换**

利用相似三角形的原理,步骤如下:

$$\because\ \Delta ABO_C \sim \Delta oCO_C,\ \Delta PBO_C \sim \Delta PCO_C \tag{2-80}$$

$$\therefore\ \frac{AB}{oC} = \frac{AO_C}{oO_C} = \frac{PB}{pC} = \frac{X_C}{x} = \frac{Z_C}{f} = \frac{Y_C}{y} \tag{2-81}$$

$$\therefore\ x = f\frac{X_C}{Z_C},\ y = \frac{Y_C}{Z_C} \tag{2-82}$$

$$\therefore\ Z_C \begin{bmatrix} x \\ y \\ 1 \end{bmatrix} = \begin{bmatrix} f & 0 & 0 & 0 \\ 0 & f & 0 & 0 \\ 0 & 0 & 1 & 0 \end{bmatrix} \begin{bmatrix} X_C \\ Y_C \\ Z_C \\ 1 \end{bmatrix} \tag{2-83}$$

式中,$Z_C$ 为比例因子($Z_C$ 不为 0),也为有效焦距。

世界坐标系转换为像素坐标系:

$$Z_C\begin{bmatrix}u\\v\\1\end{bmatrix}=\begin{bmatrix}\frac{1}{\mathrm{d}x} & 0 & u_0\\ 0 & \frac{1}{\mathrm{d}y} & v_0\\ 0 & 0 & 1\end{bmatrix}\begin{bmatrix}f & 0 & 0 & 0\\ 0 & f & 0 & 0\\ 0 & 0 & 1 & 0\end{bmatrix}\begin{bmatrix}\boldsymbol{R} & \boldsymbol{t}\\ 0 & 1\end{bmatrix}\begin{bmatrix}x_w\\y_w\\z_w\\1\end{bmatrix} \tag{2-84}$$

$$=\begin{bmatrix}f_x & 0 & u_0 & 0\\ 0 & f_y & v_0 & 0\\ 0 & 0 & 1 & 0\end{bmatrix}\begin{bmatrix}\boldsymbol{R} & \boldsymbol{t}\\ 0 & 1\end{bmatrix}\begin{bmatrix}x_w\\y_w\\z_w\\1\end{bmatrix}$$

至此，已经完成了对相机的标定，其中 $\begin{bmatrix}f_x & 0 & u_0 & 0\\ 0 & f_y & v_0 & 0\\ 0 & 0 & 1 & 0\end{bmatrix}$ 为相机内参，$\begin{bmatrix}\boldsymbol{R} & \boldsymbol{t}\\ 0 & 1\end{bmatrix}$ 为相机外参。通过视觉传感器可以测量出载体的连续运动，从而获取载体位置及速度信息，这些信息可以和 GNSS、INS 有效地进行融合从而提高城市环境载体的导航性能。

### 2.2.3 空间地理信息技术

空间地理信息技术是多种学科交叉的产物，主要以地理空间为基础，采用地理模型分析方法，实时提供多种空间和动态的地理信息，可以为导航提供有效的空间约束。地理信息作为一种特殊的信息，它同样来源于地理数据。地理数据是各种地理特征和现象间关系的符号化表示，是指表征地理环境中要素的数量、质量、分布特征及其规律的数字、文字、图像等的总和。地理数据主要包括空间位置数据、属性特征数据及时域特征数据三个部分。空间位置数据描述地理对象所在的位置，这种位置既包括地理要素的绝对位置（如大地经纬度坐标），也包括地理要素间的相对位置关系（如空间上的相邻、包含等）。属性数据有时又称非空间数据，是描述特定地理要素特征的定性或定量指标，如公路的等级、宽度、起点、终点等。时域特征数据是记录地理数据采集或地理现象发生的时刻或时段。时域特征数据对描述动态的空间信息的变化起到了重要的作用。目前，城市环境中主要使用的空间地理信息模型包括 2D 地图模型、3D 地图模型等，可以为载体的导航定位提供重要的空间环境约束。

## 2.3 多源信息融合技术

### 2.3.1 概述

为了获得更精准的时空信息,我们需要使用各种可以使用的信息源来进行导航定位。因此,多源信息融合的手段也成为热门技术。基于多个不同传感器所采集的信息,能够根据传感器的特性与适用场景,对多源信息进行有机融合,达到取长补短、优势互补的初衷,使得信息融合后的效果优于仅适用单一传感器的效果。一般来说,单一传感器在使用时的受限可能性大于多传感器,而传感器太多,又容易使得信息难以融合,反而适得其反,也会增加问题解决的成本。因此,根据不同应用场景,选取适当传感器进行多源数据融合也是一个非常重要的问题。

### 2.3.2 多源信息融合的构架

多源信息融合,也称多传感器融合,最经典实用的案例是组合导航。组合导航是指若干导航系统的联合使用,最典型的便是 GPS 和 IMU 组合。GPS/IMU 组合可以很好地克服各自的缺点,是目前主要的导航手段。GPS/IMU 组合导航根据输入传感器之间的耦合程度、滤波器的观测输入量的类型特征、滤波器的种类等因素可以进行多种分类。

根据 GPS 和 IMU 之间耦合程度不同可以分为松组合、紧组合和深组合。基于位置、速度信息的松组合导航系统,依据 GPS 解算的位置、速度量,修正惯性导航系统,结构简单,易于实现,但当卫星数小于 4 颗时,无法进行 GPS 定位,从而无法进行松组合。基于伪距、伪距率信息的紧组合导航系统在卫星数少于 4 颗时仍然可以工作,因而具有很好的实用性和更高的精度,但结构更为复杂,对系统实时性和同步性要求较高。松组合和紧组合都是 GPS 接收机对 IMU 进行辅助。深组合是对 IMU、GPS 进行更深层次的信息融合,一方面为 IMU 提供误差校正信息以提高导航精度;另一方面利用校正后的 IMU 量测信息为 GPS 跟踪环路提供辅助信息,具有高精度、强抗干扰性,但系统复杂,实现难度大。

根据滤波器观测量特征的不同,组合导航方式可以分为: 基于直接法的组合导航方式和基于间接法的组合导航方式。其中,间接法以各导航子系统的误差量,也就是 GPS 和 IMU 输出的导航参数的误差作为滤波器的状态量从而进行滤波计算;直接法以各导航子系统的输出参数,即 GPS 和 IMU 输出的导航参数作为状态量来进行滤波估计。在使用间接法估计时,除了接收误差量校正外,导航系统能保持其工作的独立性,充分发挥 GPS 的高精度优势和 IMU 的较高更新频率。根据校正方式的不同,间接法又可以分为输出校正法和反馈校正法。输出校正法用导航参数误差的估值去校正系统输出的导航参数,而反馈校正法将导航参数误差估值反馈到惯性导航系统内,对误差状态进行校正。

根据不同滤波器类别的组合,导航方式可以分为:基于卡尔曼滤波系列的 GPS/IMU 组合导航、基于粒子滤波的 GPS/IMU 组合导航,以及基于多模态多联邦卡尔曼滤波的 GPS/IMU 组合导航等。2.3.3 节将对不同种类滤波算法进行介绍。

### 2.3.3 多源信息融合方式

在多源融合导航中,定位精度是导航系统性能评估的首要指标,也是导航服务评价体系中最直观的体现。此外,还要求导航系统兼具完好性、连续性、可靠性以及鲁棒性等。除了在硬件层面提高传感器的精度,还可以通过融合算法来提高导航系统性能。多源信息融合定位的算法根据其结构特性,可分为三类:集中式、并行式和序贯式[8]。

集中式算法将不同传感器的观测信息 $Z_1, Z_2, Z_3, \cdots, Z_N$ 集中进行融合 $H$, 从而得到导航解 $X$, 基本结构如图 2.8 所示,包括卡尔曼系列滤波、粒子滤波以及人工神经网络等。传统卡尔曼滤波和粒子滤波主要基于最小均方误差进行系统估计,减小观测值的观测误差和系统误差,但其状态噪声和观测噪声均为高斯噪声。自适应卡尔曼滤波通过双重卡尔曼滤波、基于信息的自适应估计、多模型自适应估计等方法,进一步提高算法精度,但随着观测矩阵维数的增加,系统运算量急剧增大,融合效率下降。人工神经网络主要依靠加权融合来实现,对每个融合源提供的位置信息分别赋予不同的权重,从而获取最后的融合结果。它具有较强的容错性、自学习和自适应能力,适用于非线性系统,缺点是要事先进行大量的训练,运算量大且实时性难以保证。集中式算法主要适用于导航源数目少、可靠性强的场景。

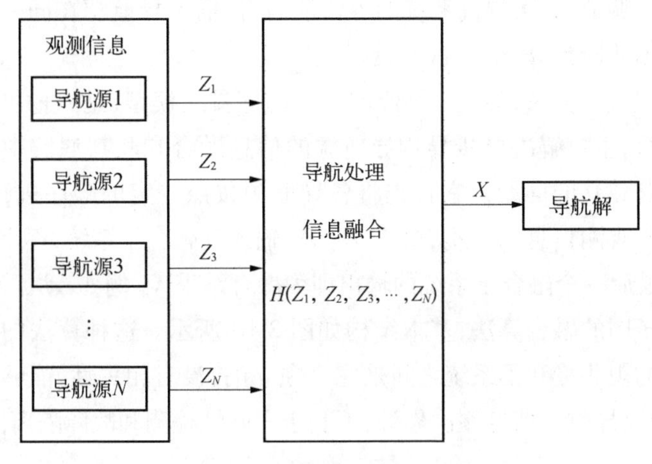


**图 2.8　集中式融合算法结构**

并行式融合算法克服了集中式算法计算效率低的问题，它在信息融合之前，导航源先各自或两两组合后在融合子系统中进行并行的导航处理 $H_i$，然后将各个子系统输出局部导航解 $X_i$，进行信息融合 $F$，最后输出融合导航解 $X$，例如，联邦滤波、自适应抗差融合滤波等，基本结构如图 2.9 所示。联邦滤波首先选择一个信息全面、输出速率高、可靠性有保证的导航源作为参考导航源，与其他导航源两两组合，进行局部滤波，再将各个局部滤波解与主滤波按信息分享原理进行融合，由于依赖参考导航源，导致各滤波器不能相互独立，容错性较差。自适应抗差融合滤波先对各个导航源观测信息实施抗差解算，然后基于抗差解算提供较可靠的状态初值，再对状态方程进行

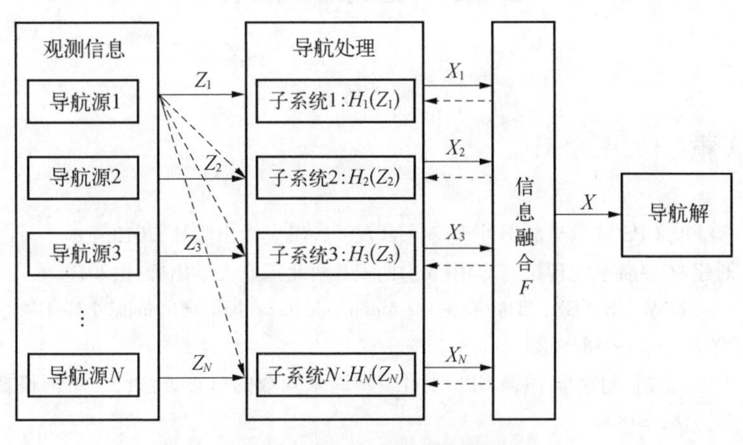


**图 2.9　并行式融合算法结构**

自适应因子调节，大大提高系统的容错能力，但需要导航源在同一时刻产生多个观测值才能计算。

序贯式融合算法，类似于神经网络中的序贯式模型，是一种决策级别的传感器融合，主要解决异步异构导航源的信息融合和联邦滤波中各滤波器之间不相互独立的问题。它首先将各导航源按照一定的顺序进行排列，然后依次将其观测信息 $Z_1$, $Z_2$, $Z_3$, …, $Z_N$ 输入到融合子系统，逐个进行导航解算 $H_i$，最后一个融合子系统的输出即为融合结果 $X$，例如，动、静态滤波以及基于因子图的融合算法，基本结构如图 2.10 所示。这种算法的优点是各个导航源的观测量和子系统之间是完全独立的，没有相关性，能够实现最优融合，缺点是导航源信息逐次累计，不利于完好性检测和故障隔离。

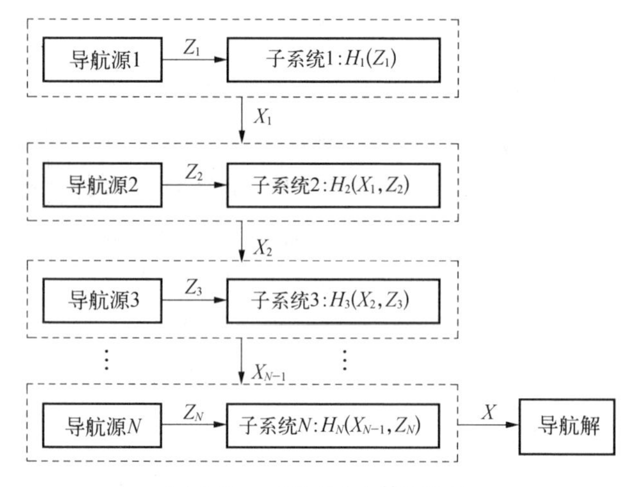


**图 2.10　序贯式融合算法结构**

## 参考文献


[1] 李征航.GPS 测量与数据处理[M].武汉：武汉大学出版社，2013.

[2] 刘建业.导航系统理论与应用[M].西安：西北工业大学出版社，2010.

[3] Gurtner W. RINEX：The receiver-independent exchange format[J]. GPS World, 2007, 5(7)：48－52.

[4] 王卫，李鹏，谢永华.浅谈 GPS 测量中整周未知数的解算方法[J].中国科技纵横，2015，8：249.

[5] 杨东方，杨艳丽，廖守亿，等.陀螺仪工作原理的实用推导教学法[J].时代教育，

2016,17：175－176.
[6] 管叙军,王新龙.视觉导航技术发展综述[J].航空兵器,2014,5：3－8.
[7] 肖治术,李欣海,姜广顺.红外相机技术在我国野生动物监测研究中的应用[J].生物多样性,2014,22(6)：683－684.
[8] 唐璐杨,唐小妹,李柏渝,等.多源融合导航系统的融合算法综述[J].全球定位系统,2018,43(3)：39－44.

# 第三章　基于多传感器融合城市环境定位技术

## 3.1　具有完好性监测功能的卫星/惯性/视觉融合城市定位技术

本节介绍一种基于萤火虫算法和图优化相结合的卫星/惯性/视觉里程计组合导航系统完好性评估方法。视觉里程计通过分析处理相关图像序列来确定机器人的运动,主要依靠视觉传感器(如单目相机),将其连接到移动的物体上,利用相邻图像间的相似性来估计物体的运动。

图 3.1 为本方案流程图,具体步骤如下。

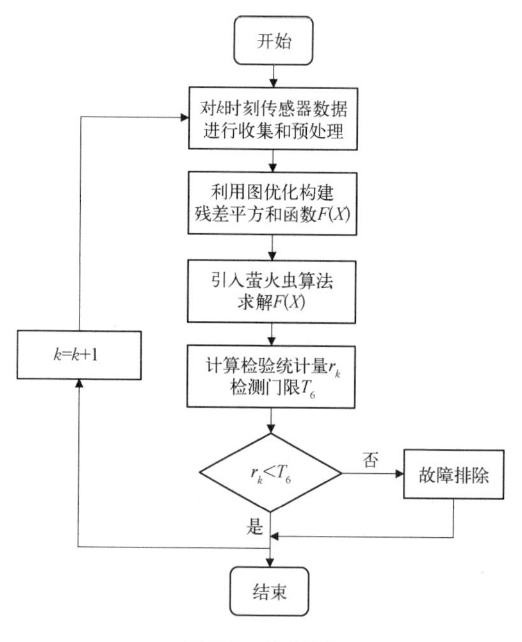


**图 3.1　流程图**

第一步,收集 $k$ 时刻 GPS、IMU 和视觉里程计三者的输出。对它们进行预处理,从而得到东北天坐标系的位置、速度信息作为观测量,分别为

$$z_{10}=[p_{\mathrm{GPS}}^{g}\ v_{\mathrm{GPS}}^{g}]^{\mathrm{T}}=[p_{\mathrm{GPS}}^{E},\ p_{\mathrm{GPS}}^{N},\ p_{\mathrm{GPS}}^{U};\ v_{\mathrm{GPS}}^{E},\ v_{\mathrm{GPS}}^{N},\ v_{\mathrm{GPS}}^{U}] \tag{3-1}$$

$$z_{20}=[p_{\mathrm{IMU}}^{g}\ v_{\mathrm{IMU}}^{g}]^{\mathrm{T}}=[p_{\mathrm{IMU}}^{E},\ p_{\mathrm{IMU}}^{N},\ p_{\mathrm{IMU}}^{U};\ v_{\mathrm{IMU}}^{E},\ v_{\mathrm{IMU}}^{N},\ v_{\mathrm{IMU}}^{U}] \tag{3-2}$$

$$z_{30}=[p_{\mathrm{VO}}^{g}\ v_{\mathrm{VO}}^{g}]^{\mathrm{T}}=[p_{\mathrm{VO}}^{E},\ p_{\mathrm{VO}}^{N},\ p_{\mathrm{VO}}^{U};\ v_{\mathrm{VO}}^{E},\ v_{\mathrm{VO}}^{N},\ v_{\mathrm{VO}}^{U}] \tag{3-3}$$

利用图优化展开分析,三组信息分别对应于图优化中的三条边,如图 3.2 所示。这些边的起点均为 $x_0$, 另一个顶点分别为 $x_1$, $x_2$, $x_3$。由于它们是不同传感器观测的同一时刻同一状态的信息,理想情况下等同,故将顶点 $x_1$, $x_2$, $x_3$ 相互连接构成边,这些边的观测量为 0。

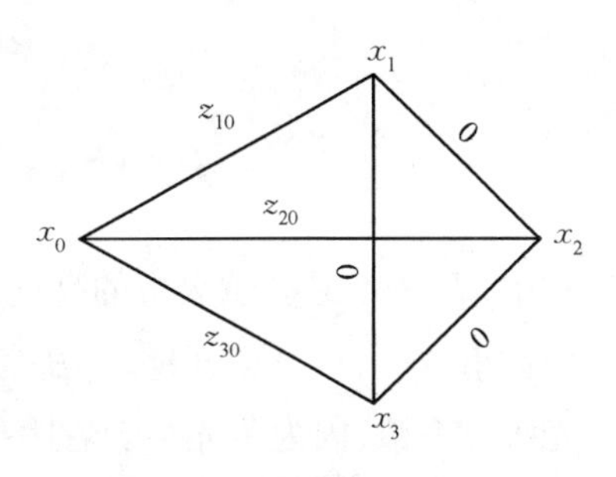


**图 3.2　图优化示意图**

于是,构建边的关系如下:

$$z_{i0}=x_i-x_0,\ i=1,\ 2,\ 3 \tag{3-4}$$

$$x_i=x_j,\ i,\ j\ 取\ 1,\ 2,\ 3\ 且\ i\neq j \tag{3-5}$$

等价得

$$f_{i0}=x_i-x_0-z_{i0}=0,\ i=1,\ 2,\ 3 \tag{3-6}$$

$$f_{ij}=x_i-x_j=0,\ i,\ j\ 取\ 1,\ 2,\ 3\ 且\ i\neq j \tag{3-7}$$

通过构建残差带权平方和函数,来计算最优结果:

$$F(X)=\sum_{\langle i,j\rangle\in C}e(x_i,\ x_j,\ z_{ij})^{\mathrm{T}}\Omega_{ij}e(x_j,\ x_j,\ z_{ij})=\sum_{\langle i,j\rangle\in M}w_{ij}f_{ij}^{2} \tag{3-8}$$

式中, $X=[x_0,\ x_1,\ x_2,\ x_3]$; $M=\{0,\ 1,\ 2,\ 3\}$; $w_{ij}$ 为误差 $f_{ij}$ 对应的权重。

第二步,引入萤火虫算法,求解图优化中的 $F(X)$。

(1) 初始化算法基本参数。随机生成 $n$ 只萤火虫,设置最大吸引度 $\beta_0$, 光强吸收系数 $\gamma$, 步长因子 $\alpha$, 最大迭代次数 MaxGeneration 或搜索精度 $\varepsilon$。

(2) 随机初始化萤火虫的位置,计算萤火虫的目标函数值作为各自最大荧光亮度 $I_0$:

$$I_0 = \frac{q}{F(X)} \tag{3-9}$$

式中，$q > 0$ 且为常数。

(3) 计算群体中萤火虫的相对亮度 $I$ 和吸引度 $\beta(r)$，根据相对亮度决定萤火虫的移动方向：

$$I = I_0 e^{-\gamma r_{ij}} \tag{3-10}$$

$$\beta(r) = \beta_0 e^{-\gamma r_{ij}^2} \tag{3-11}$$

$$r_{ij} = \| X_i - X_j \| = \sqrt{\sum_{k=0}^{3} (X_{i,k} - X_{j,k})^2} \tag{3-12}$$

式中，$I_0$ 表示最亮萤火虫的亮度，即自身荧光亮度，与目标函数值相关，目标函数组越优，自身亮度越高；$\beta_0$ 表示最大吸引度，即光源处的吸引度；$\gamma$ 表示光吸收系数，因为荧光会随着距离的增加和传播媒介的吸收逐渐减弱，所以设置光强吸收系数以体现此特性，可设置为常数；$r_{ij}$ 是萤火虫 $i$ 与 $j$ 之间的距离，以欧几里得距离来表示。

(4) 更新萤火虫的空间位置，对处在最佳位置的萤火虫进行随机移动：

$$X_i(t+1) = X_i(t) + \beta[X_j(t) - X_i(t)] + \alpha(\text{rand} - 1/2) \tag{3-13}$$

(5) 根据更新后萤火虫的位置，重新计算萤火虫的亮度。

(6) 当满足搜索精度或达到最大搜索次数，则转下一步；否则，搜索次数增加1，转第(3)步，进行下一次搜索。

(7) 输出全局极值点和最优个体值，对应上述图优化问题中的最优结果。即 $X$ 如何取值时，$F(X)$ 取得最小值。

通过计算检验统计量 $r_k$ 和检测门限 $T_6$，将 $k$ 时刻的 $F(X)$ 标准化，可得检验统计量：

$$r_k = \frac{F(X)}{\sigma_0^2} \tag{3-14}$$

$r_k$ 服从自由度为 6 的 $\chi^2$ 分布，给定误警率 $P_{FA}$，根据概率分布密度函数 $f_{\chi^2 6}(x)$ 可确定检测门限 $T_6$：

$$P_r(r_k > T_6) = \int_0^{\infty} f_{\chi^2 6}(x)\,\mathrm{d}x = P_{FA} = 1 - \int_0^{T_6} f_{\chi^2 6}(x)\,\mathrm{d}x \tag{3-15}$$

最后通过故障判定：当 $r_k > T_6$ 时表示检测到故障，告警，需进行故障排除；当 $r_k < T_6$ 时表示未检测到故障。时间更新，继续执行第(1)步。

## 3.2　基于卫星/视觉/激光融合的城市峡谷定位技术

近年来，随着商用与民用无人驾驶飞行器(unmanned aerial vehicle, UAV)发展与普及，无人机被应用至众多领域，如针对大物流密度区域的城市快递无人机、针对城市突发状况的应急救援无人机辅助系统以及针对智慧城市建设的城市交通动态监测无人机等。目前，GNSS 可以为定位提供一种低成本、连续的全球性解决方案，成为无人机重要的定位导航装备。然而，在城市峡谷环境中，由于街道狭窄、建筑物密集且高度普遍较高，在其中进行定位时，GNSS 信号易受到遮挡或反射，导致了无人机的定位导航精度不能满足飞行以及作业的需求。

目前在城市峡谷中除了 GNSS 以外，用于提高无人机定位导航精度的主要方法包括：利用视觉传感器与 LiDAR、惯性测量单元(inertial measurement unit, IMU)等其他传感器结合构建实时三维周边环境信息并与 3D 地图信息进行匹配从而获得比较精确的定位估计；利用 3D 地图信息并利用阴影匹配或射线追踪等算法推测卫星可用情况进行卫星信号筛选以精确定位结果；利用视觉传感器通过视频图像处理技术及图像匹配技术，改善定位漂移现象来辅助卫星定位，提高定位精度。

尽管目前利用视觉等传感器辅助的城市无人机定位导航方法都取得了各自的成效，但大多采用了高性能的传感器，且以单目相机为例的部分视觉传感器工作易受周围光线环境影响，增加了应用场景的局限性，并且，通过视觉传感器进行三维信息重建易存在实时性能差等问题，另外，诸如双目相机等设备还存在成本偏高的问题，阻碍其在无人机应用领域中的推广，并且实时地图构建容易产生较大误差需要进行多次训练方能得到较好的结果。其次，利用 3D 地图信息针对每颗卫星进行可见性反推存在计算复杂程度大等问题，会降低系统的实时性能。针对上述技术的不足之处，本节提出了一种基于卫星/视觉/激光组合的城市峡谷环境 UAV 定位导航方法，通过结合视觉、激光和由 3D 地图信息构建的 2D 城市理想天际线数据库判定接收信号类型，从而剔除非视距接收(NLOS)信号进行定位解算，并结合 GNSS 其余误差修正得到更为精确的定位结果，能够克服现有城市无人机定位导航方法计算复杂程度大和受光线因素干扰等缺陷，提高定位精确性，解决城市峡谷环境下高楼对 GNSS 卫星信号的遮挡和反射导致无人机定位导航精度不足的技术问题。

基于卫星/视觉/激光组合的城市峡谷环境 UAV 定位导航方法的具体方案如图 3.3 所示，具体流程共包含以下 3 个步骤。

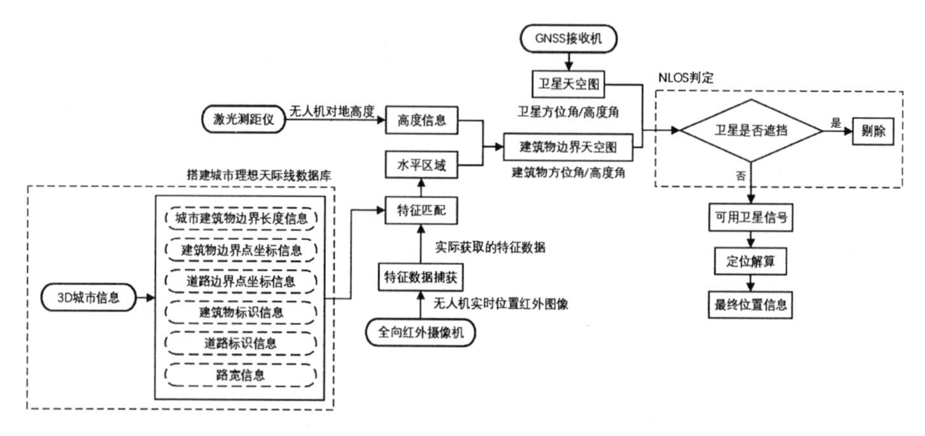


图 3.3 算法框架

步骤 1：构建城市天际线数据库。根据 3D 地图信息，提取建筑物与道路的特征信息预先构建一个 2D 城市理想天际线数据库。该数据库包含的数据信息主要包括：城市建筑物边界长度信息、建筑物边界点坐标信息、建筑物标识信息、路宽信息、道路边界点坐标信息、道路标识信息等。

步骤 2：获取无人机所在初步空间位置。使用全向红外摄像机，对无人机正上方天空进行拍摄。考虑到全向红外摄像机的成像原理，需对相机进行标定并处理所得红外图像以减小镜头畸变对特征提取的影响，随后，根据红外图像呈现的形状特征进行特征提取。由于红外摄像机下，天空呈现为明显的黑色，能够与建筑物形状所呈现的接近白色的图案明显区分，无论白天和黑夜都是如此，因此，对红外图像进行灰度化处理后，也能够精确地捕捉建筑物天际线的特征数据。其中，特征提取原理及方法如下。

该方法可概括为：根据所摄红外图像呈现的形状特征，结合图像预处理技术，采用 sobel 边界检测算子对建筑物天际线特征数据进行捕获，下面详细展开。

在对图像平滑处理前，首先需要将图像灰度化，即 RGB 中的各值相等，这里采用加权平均法对图像进行灰度处理，由于人眼对红绿蓝三种颜色的敏感度不一，因此，对每个像素点 $(u, v)$，灰度处理中的 RGB 权重值：

$$\mathrm{RGB}(u, v) = R' = G' = B' = 0.299R + 0.578G + 0.114B \quad (3-16)$$

灰度化后需对图像进行平滑处理使其成为适用 sobel 算子的图片类型。这里利用高斯模糊对原图像做卷积运算以减小图像突变梯度、平缓亮度突变、改善图像质量达到图像平滑目的。对于大小为 $a \times b$ 的图像，其高斯模糊计算公式为

$$G(u, v, \sigma) = \frac{1}{2\pi\sigma^2} \mathrm{e}^{-\frac{\left(u-\frac{a}{2}\right)^2+\left(v-\frac{b}{2}\right)^2}{2\sigma^2}} \quad (3-17)$$

式中，$\sigma$ 为高斯分布的标准差，且 $\sigma$ 值越大，所得图像越平滑（模糊）。图像平滑后就可以利用 sobel 算子进行边界特征检测了，这里提到的“边界检测”就是根据设定的合适阈值 $M$，寻找具有大亮度变化跨度位置处的像素点，即满足 $|T| > M$，则将该像素点视为“边界点”。

其中，sobel 算子的纵向与横向卷积算子分别为

$$\begin{bmatrix} -1 & -2 & -1 \\ 0 & 0 & 0 \\ 1 & 2 & 1 \end{bmatrix}, \begin{bmatrix} -1 & 0 & 1 \\ -2 & 0 & 2 \\ -1 & 0 & 1 \end{bmatrix} \quad (3-18)$$

对于像素点 $(u, v)$，记作 $D_0$，其周围的像素分布如图 3.4 所示。

则像素点 $(u, v)$ 处的亮度变化梯度 $|T|$ 为

$$\begin{aligned} |T| = & |(D_6 + 2D_7 + D_8) - (D_1 + 2D_2 + D_3)| \\ & + |(D_3 + 2D_5 + D_8) - (D_1 + 2D_4 + D_6)| \end{aligned} \quad (3-19)$$

将亮度变化梯度与设定的阈值 $M$ 比较，即可获取边界点像素位置。由于图像处理涉及相机坐标系、世界坐标系与像素坐标系，因此，在进行特征数据提取前还需要对坐标系进行转换，再提取建筑物边界线形状特征，从而获得建筑物天际线边界形状信息，通过平面距离公式计算可得其长度比例信息，将建筑物天际线边界形状

| | | |
|---|---|---|
| $D_1$ | $D_2$ | $D_3$ |
| $D_4$ | $D_0$ | $D_5$ |
| $D_6$ | $D_7$ | $D_8$ |

**图 3.4　像素分布图**

信息与建筑物天际线边界长度比例信息作为从红外图像中提取的建筑物天际线特征数据。

接下来，基于“形状匹配”的概念，根据红外图像建筑物天际线特征数据的提取结果，在 2D 城市理想天际线数据库中进行全局特征匹配。结合数据库中的城市建筑物边界长度信息、建筑物边界点坐标信息、道路边界点坐标信息等数据，同样通过距离公式，可以得到理想天际线数据库中理想建筑物天际线的长度比信息与边界点信息，将其与从图像中提取的特征信息匹配：先判断边角点（即两边界线交点）匹配度是否能达到要求，再判断边界线符合程度，最后根据长度比信息进行比较筛选，最后找到匹配度最高的理想建筑物边界线在全局地图中的位置坐标，得到无人机在全局地图中所在水平位置。利用激光测距仪测得无人机高度信息，从而最终确定无人机所在的初步空间位置信息。

步骤 3：天空图叠加及 NLOS 信号判定。根据无人机高度信息、无人机水平位置信息与其所在位置 2D 城市理想天际线数据库中的建筑物边界长度信息、路宽信息、建筑物边界点信息中所包含的楼高信息，经计算可得无人机所在区域（如以无人机所在位置为形心的边长为 40 m 的方形范围）的建筑物边界天空图，包含建筑物边界线处的高度角与方位角，由于 2D 城市理想天际线数据库是根据 3D 地图信息构建的，因此，可应用距离公式与反三角函数，通过建筑物边界坐标点位置与步骤二中获得的无人机坐标点位置所构成的几何结构来进行求解，原理如图 3.5 所示，具体计算过程如下。

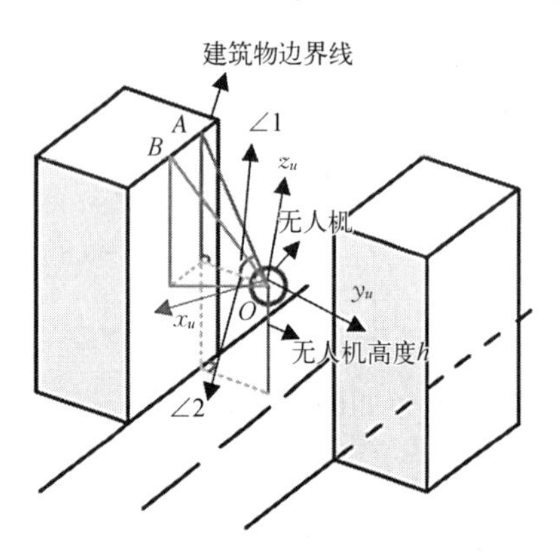


**图 3.5 NLOS 信号判定示意图**

根据无人机所处位置的坐标、无人机高度和数据库中的建筑物边界点坐标信息及其所含楼高信息，由坐标关系和距离计算公式，可以很容易地求解出相对于无人机位置的建筑物边界线的高度角与方位角，如边界点 $A$ 的高度角为∠1，方位角为 0°，边界点 $B$ 的高度角为∠1，方位角为∠2。在求解出建筑物边界线的高度角与方位角后，经坐标转换，将如图 3.5 所示的无人机机体坐标系转至东北天坐标系下，坐标转换过程如下。

上述过程的旋转矩阵 $\boldsymbol{Q}$ 为

$$
\boldsymbol{Q}=\begin{bmatrix}\cos\gamma & \sin\gamma & 0\\ -\sin\gamma & \cos\gamma & 0\\ 0 & 0 & 1\end{bmatrix}\begin{bmatrix}1 & 0 & 0\\ 0 & \cos\alpha & -\sin\alpha\\ 0 & \sin\alpha & \cos\alpha\end{bmatrix}\begin{bmatrix}\cos\beta & 0 & \sin\beta\\ 0 & 1 & 0\\ -\sin\beta & 0 & \cos\beta\end{bmatrix} \tag{3-20}
$$

至此已将无人机机体坐标系转至东北天(ENU)坐标系下,相应地,高度角与方位角也相应变化至 ENU 坐标系下。

将 ENU 坐标系下的建筑物边界线坐标信息与其高度角和方位角信息投影至 EON 平面可得建筑物边界天空图,将指北方向设为 0°方向,可得如图 3.6 所示的天空图示意图。其中,灰色区域的边界表示建筑物边界线,圆环线表示高度角,从圆心(90°)到最外圈依次递减 10°。

同理,将接收机所解算的卫星高度角及方位角进行坐标转换,使其也位于 ENU 坐标系下,获得卫星天空图并将建筑物边界天空图与卫星天空图叠加,即将指北方向与高度角为 90°的方向重合,得到的天空图叠加示意图如图 3.7 所示。

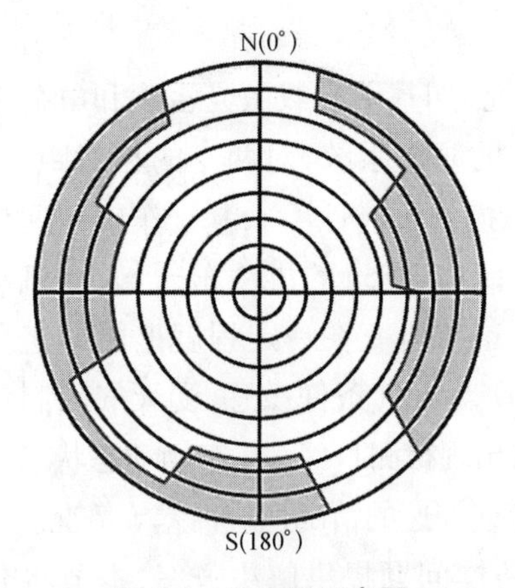


**图 3.6　天空图示意图**

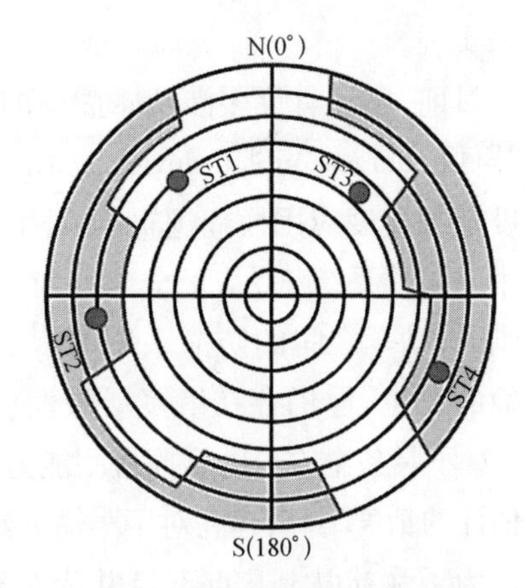


**图 3.7　天空图叠加示意图**

通过对比建筑物边界线与卫星的高度角和方位角,获取卫星信号遮挡情况,确定不可见卫星编号,从而确定多路径判定法则:卫星位置落于建筑物边界下方遮挡区域即非天空区域则将被判定为多路径信号,进而将其剔除,反之,则判定为可用卫星信号。如图 3.7 所示,卫星 ST2 与卫星 ST4 由于落在建筑物边界下方,即建筑物阴影部分,因此接收到的两颗卫星的信号应为 NLOS 信号,应予以剔除。

最终得到位置信息解算。利用上述方法对接收的信号进行判定，剔除判别为多路径的信号，使用其余的可用卫星信号进行基于最小二乘法的定位解算。其中，针对 GNSS 的剩余误差，使用 Klobuchar 模型修正电离层误差，使用 Hopfield 模型修正对流层误差，使用精密星历修正卫星钟差，得出最终输出的位置信息。

## 3.3 基于 AR 运动模型的 GNSS/IMU/车道信息的融合定位技术

### 3.3.1 技术简介

随着城市交通流量的增加，交通事故已成为主要的安全隐患。据美国国家公路交通安全管理局（National Highway Traffic Safety Administration, NHTSA）调查数据显示，机动车事故在城市交通事故中占主导地位，每分钟都有一起事故发生[1]。防撞系统的开发与应用能够预防事故发生，这可通过智能交通系统（intelligent transportation system, ITS）的防撞应用程序或服务来实现。

目前，已经有许多涉及碰撞检测的研究，如基于车载激光雷达和电荷耦合器件（charge-coupled device, CCD）相机的防撞系统，对两车的相对距离、速度及加速度应用模糊逻辑来预测发生碰撞的可能性[2-3]，基于车辆间通信技术的防撞系统[4]，基于全球导航卫星系统（GNSS）的机动车-行人和机动车-非机动车之间的防撞系统等[5]。尽管这些研究在一定程度上能够避免碰撞的发生，但仍存在诸多局限性，如：① 对天气条件敏感，受天气限制较大；② 不具备全方位的碰撞检测能力，容易出现检测盲区；③ 车辆动态状态实时估计的精度不高，存在对于车辆突然减速或加速的情况适应性差等情况。

为了弥补以上几点不足并为车对车防撞问题提供解决方案，本节将介绍一种基于新型粒子滤波（PF）自回归模型的 GPS/电子罗盘/路段数据融合的算法，以解决天气条件限制、多方位检测能力不足、运动模型限制以及当前碰撞检测方法性能不佳等问题，并就准确性、完好性、连续性方面提供车辆状态估计所需的性能水平。

### 3.3.2 基于融合算法的 V2V 防撞系统

估计车辆实时状态的能力是避免碰撞的基础，这也是对所选技术的基本要求。因此,基于 GNSS 的技术以其高精度、实时性以及易与地面传感器互补和与空间数据集成的能力,为提供具有导航所需性能(required navigation performance RNP)的状态估计提供了一种潜在的解决方案。在本节中,将介绍用于避免碰撞的 RNP 以及本书所提出的用于状态估计和碰撞预测的方法。

#### 3.3.2.1　导航所需性能

准确性、完好性、连续性和可用性是衡量导航系统性能的主要参数[6-7]。其中,准确性是指位置误差的统计分布(95 分位点)。完好性是指系统在位置误差超过指定的警报门限时提供及时有效的警告的能力。连续性风险是指在操作开始时的某个服务在操作期间被中断的概率。可用性用于衡量导航系统的运行经济性,若满足准确性、完好性和连续性要求,则称该系统可用。在选择合适的导航系统来跟踪车辆位置之前,需要对候选系统是否满足防撞系统的 RNP 进行评估。迄今为止,研究重点主要集中于准确性的量化,其他参数(公认严格)的目标仍有待商定[6]。因此,本书着重于准确性,具体的准确性要求采用 SaPPART 白皮书中规定的精度,为 0.5~1 m[7]。

#### 3.3.2.2　车辆状态估计算法框架

图 3.8 所示为本算法的主要过程与步骤。首先,从实时 RTK GNSS(位置和速度)和电子罗盘传感器(航向)收集两辆车的信息以及相应的路段信息(车道几何数据)用于确定初始状态,见式(3－21)。然后,将基于 AR 的车辆运动模型与车辆状态集成,作为基于 PF 的融合算法的输入信息以生成车辆实时状态估计,如 3.3.2.3 节所述。利用生成的状态估计与基于碰撞时间(time-to-collision, TTC)的碰撞预测模型来预测即将发生的碰撞,并生成预测精度,如 3.3.2.4 节所述。

#### 3.3.2.3　基于 PF－AR 融合的车辆实时状态估计模型

时间、位置和速度是碰撞预测必需的车辆状态参数。因此,所采用的技术就相关车辆状态的准确性、完好性、连续性和可用性而言的 RNP 性能至关重要。表 3.1 为由传感器输出以及由参考文献[7]中对防撞系统精度要求而引发的相关误差估计。

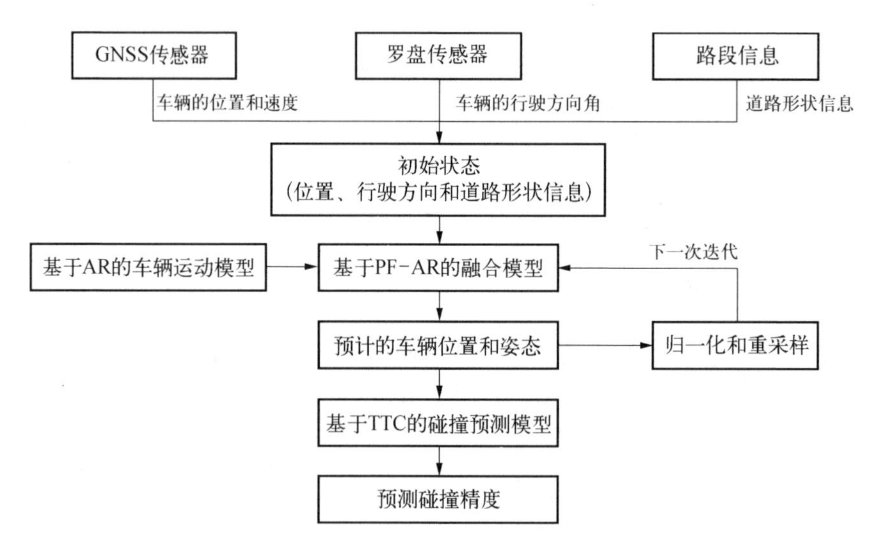


**图 3.8 GNSS/电子罗盘/路段信息融合的高性能车对车(V2V)防碰撞系统**[8]

**表 3.1 相关来源的误差估计**

| 来 源 | 定位误差(标准差,2σ) |
| --- | --- |
| RTK GNSS 动态模式 | 0.3~0.7 m |
| 电子行驶方向误差 | 0.1~0.3 m |
| 路段误差 | 0.05~0.1 m |
| 总定位误差估计 | 0.32~0.77 m |

误差估计表明,假如没有明显的 GNSS 信号中断(此时精度下降主要由电子罗盘和空间数据中的误差所致),则可达到精度要求。这是衡量状态估计算法性能的关键因素。

RTK GNSS 基于差分 GPS 原理,能够在动态模式下提供分米级定位精度。本书利用 AR 运动模型设计的一种基于粒子滤波(PF)的融合算法,以松组合的方式将 RTK GNSS 数据,电子罗盘数据与路段信息数据进行融合。其中,PF 是一种非线性滤波器,它利用一组加权样本(粒子)来表示后验概率密度函数(PDF),由于它对任意分布具有自适应能力,因此在状态估计应用中通常优于其他非线性滤波器,如 EKF[9]。本书将基于 PF 的 GNSS/电子罗盘/路段信息融合模型用于水平车辆的状态估计,具体实施如下。

单位车辆的状态向量 $\boldsymbol{x}$ 定义为由来自传感器测量的参数 $s = (E_{\text{GNSS}} \quad N_{\text{GNSS}} \quad v_{\text{GNSS}} \quad \theta_{\text{Compass}})$ 以及路段参数 $r = (l_{\text{Seg}} \quad d_{\text{Seg}} \quad \beta_{\text{Seg}})$ 组成,如下所示:

$$\boldsymbol{x} = [E_{\mathrm{GNSS}} \quad N_{\mathrm{GNSS}} \quad \boldsymbol{\nu}_{\mathrm{GNSS}} \quad \theta_{\mathrm{Compass}} \quad l_{\mathrm{Seg}} \quad d_{\mathrm{Seg}} \quad \boldsymbol{\beta}_{\mathrm{Seg}}]^{\mathrm{T}} \tag{3-21}$$

式中，$E_{\mathrm{GNSS}}$、$N_{\mathrm{GNSS}}$ 为车辆在本地坐标系下的东向和北向坐标轴（单位：米）；

$\boldsymbol{\nu}_{\mathrm{GNSS}}$ 是由 GNSS 传感器输出的车辆航向速度；

$\theta_{\mathrm{Compass}}$ 是由电子罗盘输出的车辆航向角；

$l_{\mathrm{Seg}}$ 是车辆在车道路段坐标系下的纵向位移分量；

$d_{\mathrm{Seg}}$ 是车辆在车道路段坐标系下的横向位移分量；

$\boldsymbol{\beta}_{\mathrm{Seg}}$ 是车道中心线的切线和东向坐标轴之间的切线角。

利用道路信息数据库生成路段数据。在文献[10－12]中已经介绍了生成路段的车道几何数据的方法。一个路段通常由多个具有车道几何信息的路段组成。图 3.9 反映的是单个车道路段模型中 $Q$ 点的几何关系。其中 $E-N$ 和 $L-D$ 分别为本地坐标系与车道路段坐标系。假设 $Q$ 点为车辆中心点，分别记相应的横向与纵向位移分量及切线角为 $d_{\mathrm{Seg}}$、$l_{\mathrm{Seg}}$ 和 $\boldsymbol{\beta}_{\mathrm{Seg}}$。本书使用直线车道路段模型，因此，$\boldsymbol{\beta}_{\mathrm{Seg}}$ 为常数。

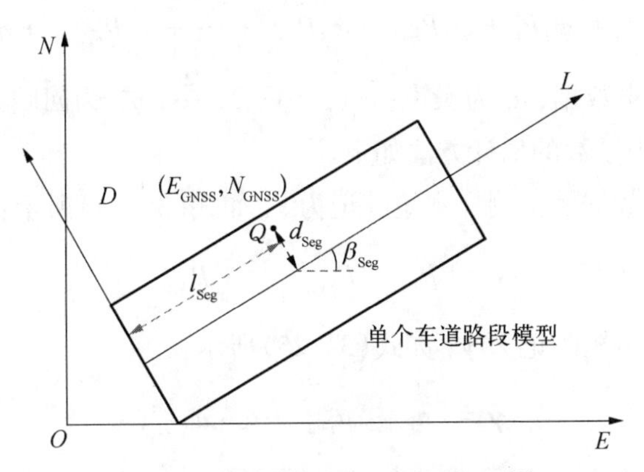


**图 3.9　定义的单个车道路段模型**[8]

下面介绍了基于 PF－AR 的融合算法的主要步骤。

1）初始化

PF 初始化的参数可表示为

$$\boldsymbol{x}_t^i(t = 0, \cdots, n; i = 1, \cdots, n) \tag{3-22}$$

式中，$\boldsymbol{x}_t^i$ 为状态向量式（3－21）中第 $i$ 个粒子在第 $t$ 个历元下的初始化参数。

滤波从初始化车辆状态向量中的粒子 $E_{\mathrm{GNSS}0}^{\;i}$、$N_{\mathrm{GNSS}0}^{\;i}$ 开始。粒子的初始坐标 $E_{\mathrm{GNSS}0}^{\;i}$、$N_{\mathrm{GNSS}0}^{\;i}$ 服从高斯分布，这里将首个可接受的 GNSS 估计值作为平

均值,与后验解统计量有标准差。假定车辆在开始时是静止的,则初始速度 $v_{\mathrm{GNSS}\,0}^{\;i}=0$。假定初始航向是沿着车辆所在的路段的中心线方向,则 $\theta_{\mathrm{Compass}\,0}^{\;i}$ 的值应设为相应的 $\beta_{\mathrm{Seg}}$。分配给状态向量 $\boldsymbol{x}$ 中参数的 PF 权重记为 $D_{\omega}(x)$,由 PDF 确定,见式(3-41)。

2)滤波器预测

滤波器预测阶段需要车辆运动模型来预测车辆的实时状态。考虑到车辆行驶时可能进行的各种操作,恒定运动模型的假设并不总是有效,因此,从定义上来看,传统的 CV 和 CA 模型无法很好地适应车辆运动的变化,这可能会导致车辆的状态估计出现较大误差。

本书提出了一种基于 AR 的自适应运动模型来预测车辆运动。AR 模型是一种线性预测模型。与传统的运动模型仅使用最新历元的信息不同,基于 AR 的模型使用当前和历史数据能够更好地预测未来特定历元的值,如历元 $N$。其中,AR 模型可表示为

$$P_{t+1}=\varphi_1P_t+\varphi_2P_{t-1}+\varphi_3P_{t-2}+\cdots+\varphi_pP_{t-p+1}+a_t \tag{3-23}$$

式中,$P_t$ 为历史数据;$a_t$ 为噪声;$\varphi_j(j=1,2,\cdots,p)$ 为回归系数。

AR 模型中系数的估计方法如下。

基于历史数据的预测样本矩阵记为 $\boldsymbol{s}$,如式(3-24)所示:

$$\boldsymbol{s}=\begin{bmatrix}P_{t+1} & P_{t+2} & \cdots & P_N\end{bmatrix}^{\mathrm{T}} \tag{3-24}$$

模型的噪声矩阵记为 $\boldsymbol{\gamma}$,如式(3-25)所示:

$$\boldsymbol{\gamma}=\begin{bmatrix}a_{t+1} & a_{t+2} & \cdots & a_N\end{bmatrix}^{\mathrm{T}} \tag{3-25}$$

回归系数矩阵记为 $\boldsymbol{\varphi}$,如式(3-26)所示:

$$\boldsymbol{\varphi}=\begin{bmatrix}\varphi_1 & \varphi_2 & \cdots & \varphi_p\end{bmatrix}^{\mathrm{T}} \tag{3-26}$$

转移矩阵 $\boldsymbol{A}$ 可表示为

$$\boldsymbol{A}=\begin{bmatrix}P_t & P_{t-1} & \cdots & P_{t-p+1}\\ P_{t+1} & P_t & \cdots & P_{t-p+2}\\ \vdots & \vdots & \ddots & \vdots\\ P_{N-1} & P_{N-2} & \cdots & P_{N-p}\end{bmatrix} \tag{3-27}$$

因此,AR 模型可表示为

$$\boldsymbol{s} = \boldsymbol{A}\boldsymbol{\varphi} + \boldsymbol{\gamma} \tag{3-28}$$

将回归系数矩阵 $\boldsymbol{\varphi}$ 的最小二乘解记为 $\hat{\boldsymbol{\varphi}}$，计算如下：

$$\hat{\boldsymbol{\varphi}} = (\boldsymbol{A}^{\mathrm{T}}\boldsymbol{A})^{-1}\boldsymbol{A}^{\mathrm{T}}\boldsymbol{s} \tag{3-29}$$

在模型中，向量 $\boldsymbol{s}$ 的预测步骤如式(3-30)~式(3-33)所示。研究表明，通过考虑计算量和估计精度，$t = 50$ 时，历史数据的数量最合适（即输入前50个历元的历史数据进行AR模型运算）。因此，在仿真和实地测试中将AR运算的参数 $t$ 设置为50。

$$\boldsymbol{s}_{t+1}^{i} = \begin{bmatrix} E_{\mathrm{GNSS}\,t+1}^{\ \ i} \\ N_{\mathrm{GNSS}\,t+1}^{\ \ i} \\ v_{\mathrm{GNSS}\,t+1}^{\ \ i} \\ \theta_{\mathrm{Compass}\,t+1}^{\ \ i} \end{bmatrix} = \boldsymbol{A}_t^i\boldsymbol{\varphi}_t + \boldsymbol{a}_t \tag{3-30}$$

$$\boldsymbol{A}_t^i = \begin{bmatrix} E_{\mathrm{GNSS}\,t}^{\ \ i} & E_{\mathrm{GNSS}\,t-1}^{\ \ i} & \cdots & E_{\mathrm{GNSS}\,t-p+1}^{\ \ i} \\ N_{\mathrm{GNSS}\,t}^{\ \ i} & N_{\mathrm{GNSS}\,t-1}^{\ \ i} & \cdots & N_{\mathrm{GNSS}\,t-p+1}^{\ \ i} \\ v_{\mathrm{GNSS}\,t}^{\ \ i} & v_{\mathrm{GNSS}\,t-1}^{\ \ i} & \cdots & v_{\mathrm{GNSS}\,t-p+1}^{\ \ i} \\ \theta_{\mathrm{Compass}\,t}^{\ \ i} & \theta_{\mathrm{Compass}\,t-1}^{\ \ i} & \cdots & \theta_{\mathrm{Compass}\,t-p+1}^{\ \ i} \end{bmatrix} \tag{3-31}$$

式中，$\boldsymbol{A}_t^i$ 是从 $(t-p+1)$ 历元到 $t$ 的状态转移矩阵。

$$\boldsymbol{\varphi}_t = [\boldsymbol{\varphi}_{X_t} \quad \boldsymbol{\varphi}_{Y_t} \quad \boldsymbol{\varphi}_{v_t} \quad \boldsymbol{\varphi}_{\theta_t}]^{\mathrm{T}} \tag{3-32}$$

式中，$\boldsymbol{\varphi}_{X_t}$、$\boldsymbol{\varphi}_{Y_t}$、$\boldsymbol{\varphi}_{v_t}$ 和 $\boldsymbol{\varphi}_{\theta_t}$ 是 $E_{\mathrm{GNSS}\,t}^{\ \ i}$、$N_{\mathrm{GNSS}\,t}^{\ \ i}$、$v_{\mathrm{GNSS}\,t}^{\ \ i}$ 和 $\theta_{\mathrm{Compass}\,t}^{\ \ i}$ 的回归系数。

$$\boldsymbol{a}_t = [a_{X_t} \quad a_{Y_t} \quad a_{v_t} \quad a_{\theta_t}]^{\mathrm{T}} \tag{3-33}$$

式中，$a_{X_t}$、$a_{Y_t}$、$a_{v_t}$、$a_{\theta_t}$ 是历元 $t$ 中 $E_{\mathrm{GNSS}\,t}^{\ \ i}$、$N_{\mathrm{GNSS}\,t}^{\ \ i}$、$v_{\mathrm{GNSS}\,t}^{\ \ i}$ 和 $\theta_{\mathrm{Compass}\,t}^{\ \ i}$ 的随机噪声。

$(t+1)$ 历元和 $t$ 历元之间的状态差为

$$\boldsymbol{\Delta}_{s_t}^i = [\Delta_{X_{\mathrm{GNSS}_t}}^i \quad \Delta_{Y_{\mathrm{GNSS}_t}}^i \quad \Delta_{v_{\mathrm{GNSS}_t}}^i \quad \Delta_{\theta_{\mathrm{GNSS}_t}}^i]^{\mathrm{T}} = \boldsymbol{s}_{t+1}^i - \boldsymbol{s}_t^i \tag{3-34}$$

因此，车道路段坐标系相关参数的预测可表示为

$$l_{\mathrm{Seg}\,t+1}^{\ \ i} = l_{\mathrm{Seg}\,t}^{\ \ i} + \cos(\beta_{\mathrm{Seg}\,t}^{\ \ i})\Delta_{X_{\mathrm{GNSS}_t}}^i + \sin(\beta_{\mathrm{Seg}\,t}^{\ \ i})\Delta_{Y_{\mathrm{GNSS}_t}}^i \tag{3-35}$$

$$d_{\mathrm{Seg}\,t+1}^{\ \ i} = d_{\mathrm{Seg}\,t}^{\ \ i} + \sin(\beta_{\mathrm{Seg}\,t}^{\ \ i})\Delta_{X_{\mathrm{GNSS}_t}}^{i} - \cos(\beta_{\mathrm{Seg}\,t}^{\ \ i})\Delta_{Y_{\mathrm{GNSS}_t}}^{i} \tag{3-36}$$

$$\beta_{\mathrm{Seg}\,t+1}^{\ \ i} \approx \beta_{\mathrm{Seg}\,t}^{\ \ i} \tag{3-37}$$

3）权重与滤波器更新

有效预测仅基于有效的当前粒子。因此，有效性检查仅适用于当前粒子。为了充分利用所构造的路段信息的约束条件，在这里，我们用式（3－38）检查 $l_{\mathrm{Seg}\,t+1}^{\ \ i}$ 和 $d_{\mathrm{Seg}\,t+1}^{\ \ i}$ 的有效性，判断给定时间间隔内车辆是否在同一车道路段内。

$$|\, l_{\mathrm{Seg}\,t+1}^{\ \ i} \,| < L,\ |\, d_{\mathrm{Seg}\,t+1}^{\ \ i} \,| < \mathrm{HD} \tag{3-38}$$

式中，$L$ 是车道路段的长度；HD 是车道路段宽度的一半。

若满足式（3－38），则接受式（3－35）和式（3－36）中的预测，且路段号与上一个相同。若不满足式（3－38），则可能为以下两种情况：① 车辆从当前路段移动到下一个路段；② 车辆不在任何车道路段内。若为前者，则为车道路段更新，若为后者，则粒子将被视为无效并被加权为 0，这也意味着上个历元的粒子无效。

至此，我们已经完成了一次车道路段参数的加权更新，随后是传感器测量参数的加权更新。首先基于接收机自主完好性监测（RAIM）检查 GNSS 位置估计的有效性，若有效，将其用于调整所预测的粒子。

$$\boldsymbol{e}_x^i = \boldsymbol{m}_{x_{t+1}} - \boldsymbol{x}_{t+1}^i \tag{3-39}$$

式中，$\boldsymbol{e}_x^i$ 是传感器测量参数的实时测量向量 $\boldsymbol{m}_{x_{t+1}}$ 与参数为（$t$+1）历元时的状态向量的预测粒子之间的差。实时测量向量的参数由相关传感器生成，而路段参数则根据传感器读数进行计算，并从本地坐标系转换为车道路段坐标系。

众所周知，正态分布的两大参数为均值和方差，分别用 $\mu$ 和 $\sigma^2$ 表示，从而给出了如下的密度族[16]：

$$f(x;\mu,\sigma^2) = \frac{1}{\sqrt{2\pi}\,\sigma}\exp\left[-\frac{(x-\mu)^2}{2\sigma^2}\right] \tag{3-40}$$

将 $D_w(x_{t+1}^i)$ 定义为（$t$+1）历元下状态向量 $\boldsymbol{x}$ 中粒子 $i$ 的权重分布，$\sigma$ 为估计量的标准偏差。将式（3－39）代入式（3－40）中可得

$$w_t^i = D_w(\boldsymbol{x}_{t+1}^i)\frac{1}{\sqrt{2\pi}\,\sigma}\exp\left(-\frac{\sum {e_x^i}^2}{2\sigma^2}\right) \tag{3-41}$$

最后,由滤波器估计所得的粒子平均值得出预测的状态向量 $\boldsymbol{x}$。

在接下来的迭代中,将基于权重分布 $D_w(\boldsymbol{x}_{t+1}^i)$ 修改粒子的权重,并将基于归一化和序贯重要性重采样(SIR)进行重采样处理[13]。

### 3.3.2.4　碰撞预测

如文献[14]所述,可以根据附近车辆的状态来预测潜在的碰撞。因此,将3.3.2.3节中PF－AR算法估计的车辆状态作为碰撞预测模型的输入。本节将判定危险情况最常用的指标之一——碰撞时间(TTC)。

TTC的定义为两辆车发生碰撞所需的时间,基于两辆车当前的相对速度和前进方向所得。计算两车之间的TTC的程序在文献[15]中已经给出。车辆状态由其已知的位置、速度和方向表示(图3.10)。两车交点(预期的碰撞点)计算如下:

$$p_+ = \frac{(q_2 - q_1) - (p_2\tan\phi_2 - p_1\tan\phi_1)}{\tan\phi_1 - \tan\phi_2} \tag{3-42}$$

$$q_+ = \frac{(p_2 - p_1) - (q_2\tan\phi_2 - q_1\tan\phi_1)}{\cot\phi_1 - \cot\phi_2} \tag{3-43}$$

两车的位置分别为 $(p_1, q_1)$ 和 $(p_2, q_2)$,速度和方向分别为 $v_1$、$v_2$ 和 $\phi_1$、$\phi_2$。两车交点为 $(p_+, q_+)$。实际上,车辆并不是一个点,因此车辆将在预期的碰撞点之前发生碰撞。这里需要注意两点,首先,车辆状态针对的是

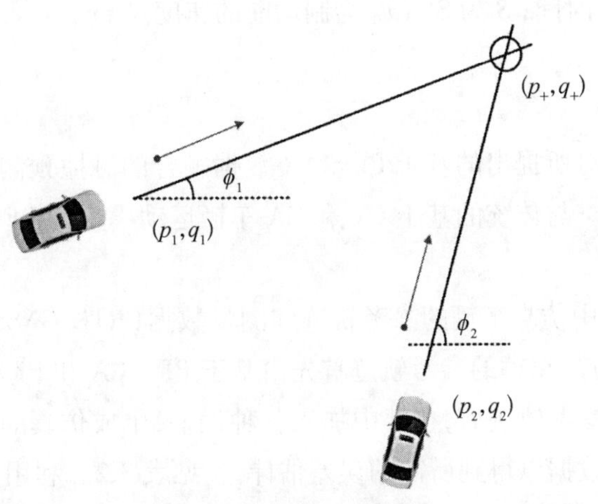


**图3.10　碰撞预测举例**[10]

每辆车上的一个点(需要同时考虑车辆的大小和碰撞类型),其次,假定在这种情况下没有误差。这些都需要在更复杂的模型中说明。

计算出交点后,就可以通过距离和速度计算出每辆车到达交点的时间,若两时间相等则得到 TTC[15]。考虑到车辆尺寸和状态估计误差,在 TTC 中引入了一个缓冲值 $\varepsilon$。若车辆尺寸或状态估计误差较大,则需要设置较大的 $\varepsilon$ 值。$\varepsilon$ 的值越大,该算法将越保守。但若过于保守,则会产生负面影响,如让司机感到厌烦和麻木。因此,需要调整 $\varepsilon$ 以获得最佳的驾驶体验。TTC 包含的成分有警报时间(TTA)即碰撞检测后警告驾驶员即将发生的碰撞的最大时间、驾驶员反应时间(DRT)和停车时间(ST)[即停车距离(SD)的时间维度,与车辆的响应时间和路况有关]。考虑到先前的调查案例,DRT 通常在 1.5~2 s[16]。

为了安全地检测碰撞,以上几个参数需要满足以下条件:

$$\mathrm{TTA} + \mathrm{DRT} + \mathrm{ST} + \varepsilon \leqslant \mathrm{TTC} \tag{3-44}$$

车辆停止的距离和时间对于确定刹车后车辆停止的时间至关重要。这与制动车辆的型号、实时速度和路况有关。在大多数实际系统中,为简单起见,通常计算 SD 而不是 ST[17]。因此,本书采用 SD,假设制动时速度线性下降,停车距离与时间的关系如式(3-45)所示:

$$t = \frac{2S}{v_0} \tag{3-45}$$

式中,$t$ 为停车时间;$S$ 为 SD;$v_0$ 为制动前的速度。

### 3.3.3 仿真

通过仿真对所提出的基于 PF-AR 数据融合的碰撞预测算法性能进行了初步的评估。与传统的基于 CV 和 CA 车辆运动模型的 PF 数据融合算法进行了比较。

在 Matlab 中仿真车辆的参考轨迹和测量数据(RTK GNSS 位置、电子罗盘和路段数据)。车辆的参考轨迹首先由基于 PF-CA 和 PF-CV 的运动模型生成。生成参考轨迹后,在其中加入各种误差,生成仿真的 RTK GNSS 数据和电子罗盘数据以得到所需的误差估计,参见表 3.2。利用 Matlab 生成路段数据,网格精度为 0.05~0.1 m。

表 3.2　模拟轨迹和相关额外噪声[8]

| 模拟数据 | | 误差噪声及分布 | 噪声范围 |
|---|---|---|---|
| RTK GNSS 输出 | $E$，$N$ 轴坐标 | 高斯白噪声 ~ $N(0, 0.5^2)$ | −1.679 3 ~ 1.372 8 m |
| | | 均匀分布噪声 ~ $U(-0.25, 0.25)$ | −0.248 8 ~ 0.250 0 m |
| | 速度 | 高斯白噪声 ~ $N(0, 0.2^2)$ | −0.522 8 ~ 0.554 6 m/s |
| | | 均匀分布噪声 ~ $U(-0.1, 0.1)$ | −0.099 8 ~ 0.099 9 m/s |
| 电子罗盘 | 航向数据 | 高斯白噪声 ~ $N(0, 0.1^2)$ | −0.315 4 ~ 0.265 8 rad |
| | | 均匀分布噪声 ~ $U(-0.05, 0.05)$ | −0.049 7 ~ 0.049 8 rad |

表 3.3 列出了三个城市环境的测试案例数据。根据先前在城市环境中收集的数据来看，GNSS 中断的通常时长为 1 ~ 7 s[18]。因此，每个测试案例都会产生 7 s 的中断，以考察所设计算法的性能能否满足 GNSS 中断期间防撞功能所需的精度要求。每个测试案例分别仿真 1 500 次碰撞，由于所有仿真案例都涉及碰撞，因此，仿真的重点在于考察所提出算法碰撞检测的能力，而不是误差检测的能力。此外，对于每种类型的碰撞，都设置了许多速度场景。以追尾为例，分别考虑了两种情况，第一种情况是前车 A 匀速行驶与前车 B 突然减速发生碰撞；第二种情况是前车 A 突然减速而后车 B 突然加速发生碰撞。考虑到一般汽车的尺寸，假设发生碰撞时两车之间的距离为 4.5 m。

表 3.3　仿真测试案例[8]

| 测试案例(TC) | 数据率 | 每辆车的样本数 | | 碰撞类型 | 间隔时间 | 碰撞次数 |
|---|---|---|---|---|---|---|
| | | A 车 | B 车 | | | |
| TC1 | 10 Hz | 667 | 667 | 正面碰撞 | 7 s | 1 500 |
| TC2 | 10 Hz | 666 | 666 | 相交垂直碰撞 | 7 s | 1 500 |
| TC3 | 10 Hz | 692 | 692 | 追尾碰撞 | 7 s | 1 500 |

将基于 PF − AR 的融合算法和传统的基于 PF − CV 和 PF − CA 的算法分别得到的两车的水平定位精度与参考轨迹进行对比，以确定算法是否能够满足 0.5 ~ 1 m(95%分位点误差)的精度要求。表 3.4 罗列了 PF − AR、PF − CV 和 PF − CA 的定位结果。仿真结果表明，与基于 PF − CV 和 PF − CA 的方案相比，PF − AR 的预测结果显著提高了定位精度。在正面碰撞测试案例中，PF − AR 算法的 95%分位点的定位精度为 0.31 m，基于 PF − CV 和 PF − CA 的方案，定位精度分别为 1.18 m(95%)和 1.09 m(95%)。在相交垂直碰撞的测试案例中，PF − AR 算法的定位精度为 0.30 m(95%)，PF − CV 的定位精度为 1.21 m

(95%),PF－CA 的定位精度为 1.04 m(95%)。在追尾碰撞测试案例中,PF－AR 算法的定位精度为 0.28 m(95%),PF－CV 的定位精度为 1.13 m(95%),PF－CA 的定位精度为 0.92 m(95%)。总的来说,与其他基于传统运动模型的算法相比,PF－AR 算法大大提高了定位精度。

表 3.4 不同运动模型的定位精度[8]

| 准确率(95%) | 运动模型 | | |
|---|---|---|---|
| | PF－CV | PF－CA | PF－AR |
| TC1 | 1.18 | 1.09 | 0.31 |
| TC2 | 1.21 | 1.04 | 0.30 |
| TC3 | 1.13 | 0.92 | 0.28 |

图 3.11～图 3.13 所示为融合模型与测量结果的比较。显然,融合的模型能够弥补三个测试案例之间的差距,并且与其他的基于 PF－CV 和 PF－CA 传统运动模型的融合方法相比,所提出的基于 PF－AR 模型的融合方法具有最高的精度。此外,在 GPS 中断期间,基于 PF－AR 的融合仍具有较高的精度,而基于 PF－CV 和 PF－CA 的融合模型却会产生差异。

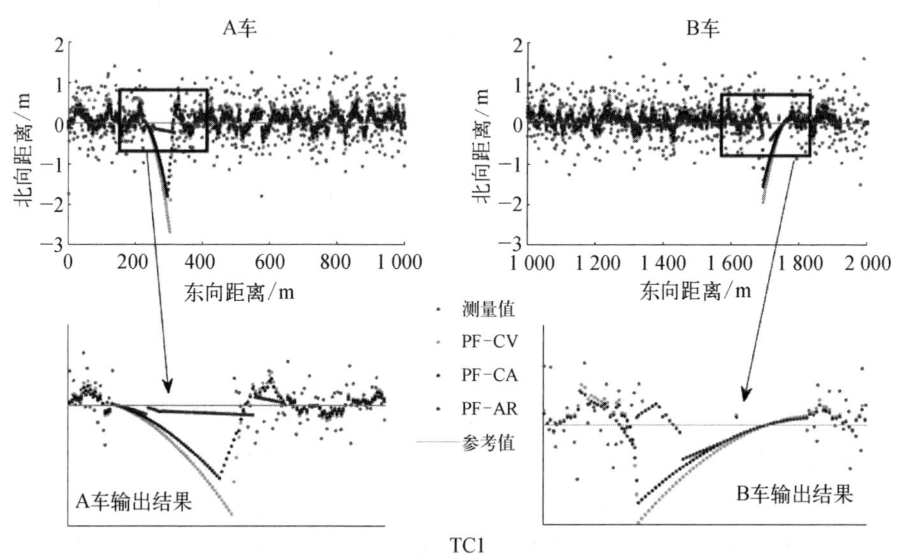

图 3.11 融合模型预测结果示例(TC1 正面碰撞类型)[8]

基于不同定位算法的预测精度仿真结果如图 3.14 所示。正确预测碰撞的百分比显示为碰撞前时间的函数。可以看出,与基于 PF－CV 和 PF－CA 的融合模型相比,基于 PF－AR 的模型大大提高了碰撞预测性能。值得一提

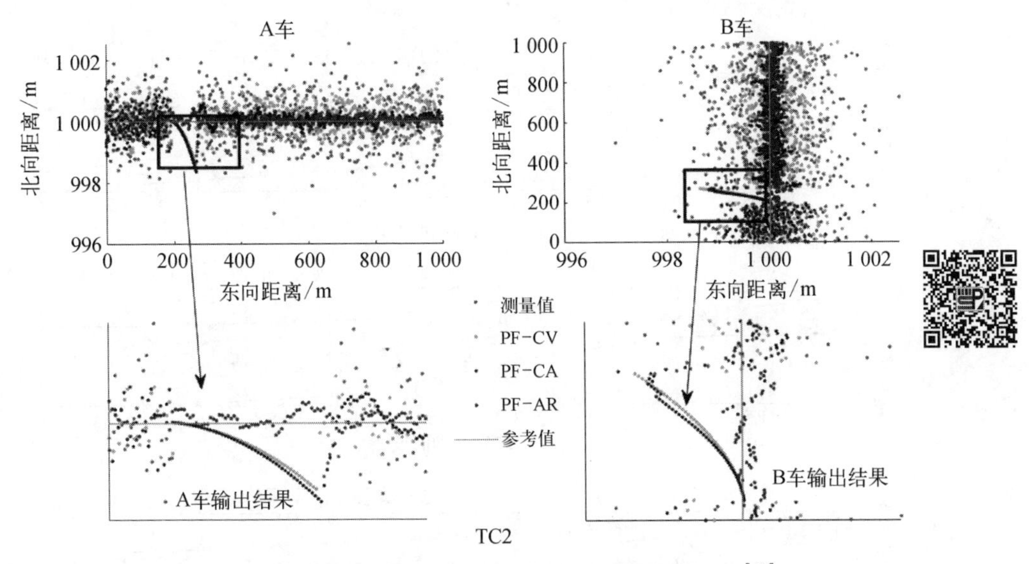


**图 3.12　融合模型预测结果示例(TC2 相交垂直碰撞类型)**[10]

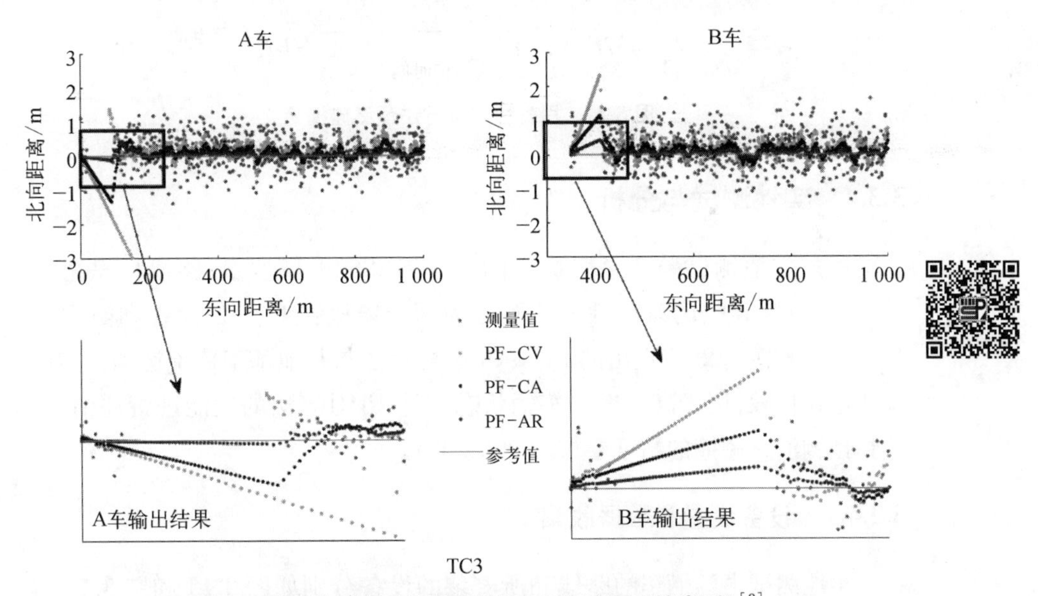


**图 3.13　融合模型预测结果示例(TC3 相追尾碰撞类型)**[8]

的是,基于 PF - AR 的方法是唯一一种满足精度要求 0.5 m(95%)的方法。基于 PF - AR 的算法定位精度高,历史信息利用充分,可实现较高且稳定的碰撞预测精度,范围从 80%(碰撞前 6 s)到 100%(碰撞前 1 s)。需要注意的是,此方法可以按任何 TTC 进行碰撞预测,因此需要设置阈值。根据分配给 TTA 和 DRT 的值以及 ST 和 $\varepsilon$ 的计算值可以使用式(3 - 44)来确定此阈值。

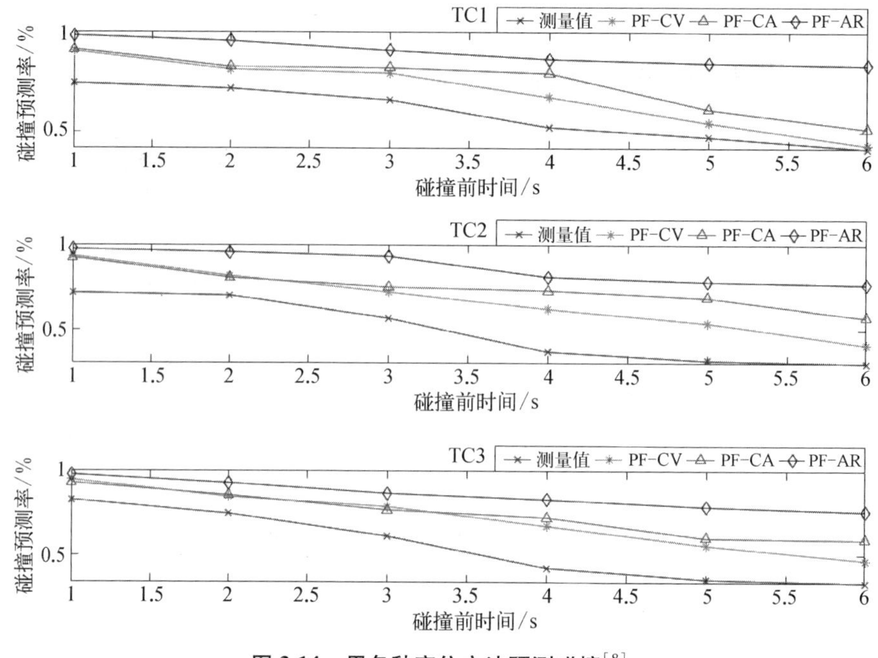


**图 3.14 用各种定位方法预测碰撞[8]**

## 3.3.4 实地测试与分析

通过实地测试验证了所提出的基于 GNSS/电子罗盘/路段信息融合的 V2V 防撞算法的有效性。实验分为两个阶段：① 设备设置和数据收集(3.3.4.1 节)；② 将提出的 PF－AR 融合算法与其他基于传统运动模型的算法进行比较,用于高精度的车辆状态估计,并对算法的性能进行评估,以达到预测潜在碰撞的精度要求(3.3.4.2 节)。

### 3.3.4.1 设备设置和数据收集

实地测试中两辆车的路线和所安装的设备分别如图 3.15 和图 3.16 所示。GNSS 和电子罗盘数据是在北京时间的 15: 15 到 16: 10 捕获的,分别为追尾、相交垂直碰撞和正面碰撞情况。这三种情况如图 3.17 所示,在表 3.5 中对它们进行了定义。对于防撞应用方面,测试车辆以 20~40 km/h 的速度行驶,并以 10 Hz 的频率收集数据。实验得到的数据如下。

(1) 两车的参考状态(位置,速度和航向)数据,是通过后处理由车载 RTKGNSS、高级 IMU 集成块(来自 I－MarRT－200)以及驾驶点和碰撞点的视频记录的信息得到的。

（2）两车的 RTK GNSS 定位与速度数据来自 ComNav GNSS RTK 网络，两车的航向数据由 Hemisphere 的电子罗盘获得。

（3）道路中心线数据，由驾驶装有集成 GNSS RTK 和高级 IMU 的车辆沿道路中心线收集。对采集到的数据进行后处理，提取参考中心线。在道路中心线的基础上，定义车道中心线和车道段信息。

**图 3.15　两车的测试轨迹**[8]

**图 3.16　车辆设备安装［测试车辆 1（左）和测试车辆 2（右）］**

图 3.17 测试场景：追尾碰撞（上左）、相交垂直碰撞（上右）、正面碰撞（下）[8]

表 3.5 场景定义[8]

| 场景 | 开始时间（北京时间） | 结束时间（北京时间） | 碰撞类型 | 碰撞次数 |
| --- | --- | --- | --- | --- |
| 1 | 15: 19: 45 | 15: 26: 35 | 追尾碰撞 | 5 |
| 2 | 16: 10: 40 | 16: 15: 45 | 相交垂直碰撞 | 5 |
| 3 | 16: 35: 42 | 16: 40: 00 | 正面碰撞 | 4 |

为了确保实验过程中的安全性，假设碰撞在两车最近距离为 5 m 以内时发生，如图 3.18 所示。

#### 3.3.4.2 结果分析

图 3.19 分别展示了仅使用 GNSS 测量值、基于 AR、基于 CV 和 CA 的数据融合 PF 算法引起的位置误差。对于 PF－AR 算法，该路线的 95%分位点误差为 0.48 m，对于 PF－CA 算法，该误差为 0.89 m，PF－CV 误差为 1.12 m，而仅使用 GNSS 观测值误差为 1.48 m。总体而言，实地测试结果从仿真中证实了 PF－AR 算法可提供最佳精度的解决方案且满足防撞要求。

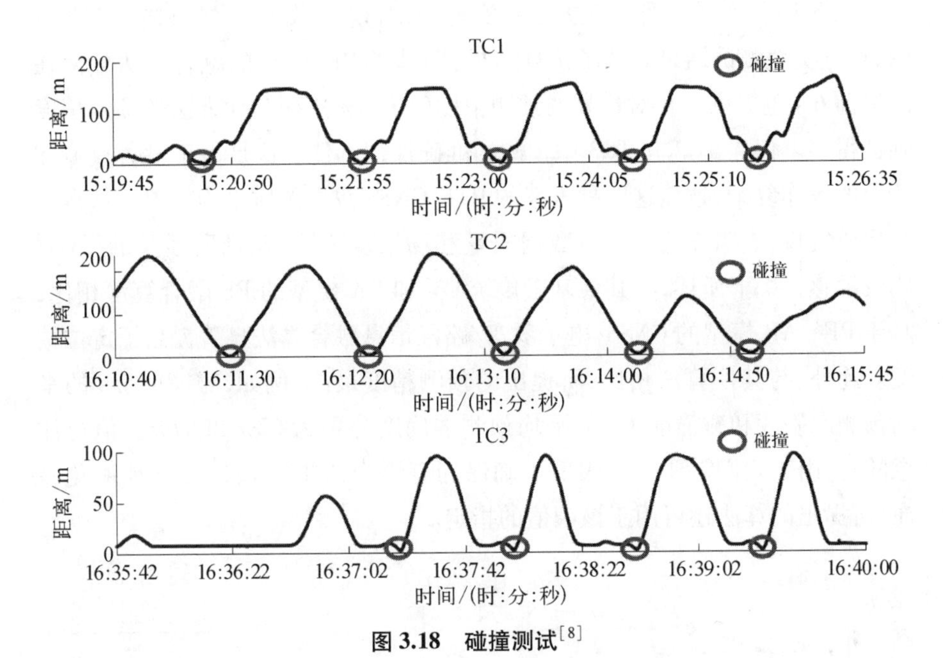


**图 3.18　碰撞测试**[8]

**图 3.19　实地测试的定位结果**[8]

图3.20展示了每种导航方法在实地测试过程中如何预测碰撞。在TC1中,通过实地测试结果验证了仿真结果,即基于PF－AR的融合算法即使在碰撞前6 s也提供了相对最高的预测精度(如80%),而其他方法的预测精度则低得多。但在TC2和TC3中预测的准确性却不佳。这是由于设备故障和涉及的操作复杂,致使这两种方案的RTK GNSS数据的质量均较差。这是一个重要发现,表明算法性能对数据质量和场景复杂性(包括所涉及的操作)比较敏感。综上所述,与其他基于传统CV和CA模型的PF融合算法相比,基于PF－AR模型的GNSS/电子罗盘/路段信息融合算法显著提高了定位精度。此外,与其他算法相比,所提出的预测精度最高,例如,碰撞前2 s的平均预测准确度和碰撞前1 s的平均预测准确度分别为62%和87%。值得注意的是,由于我们需要一个阈值来确保拥有恰当的TTC值以更好地避免碰撞,所提出的算法还可用于该阈值的指定。

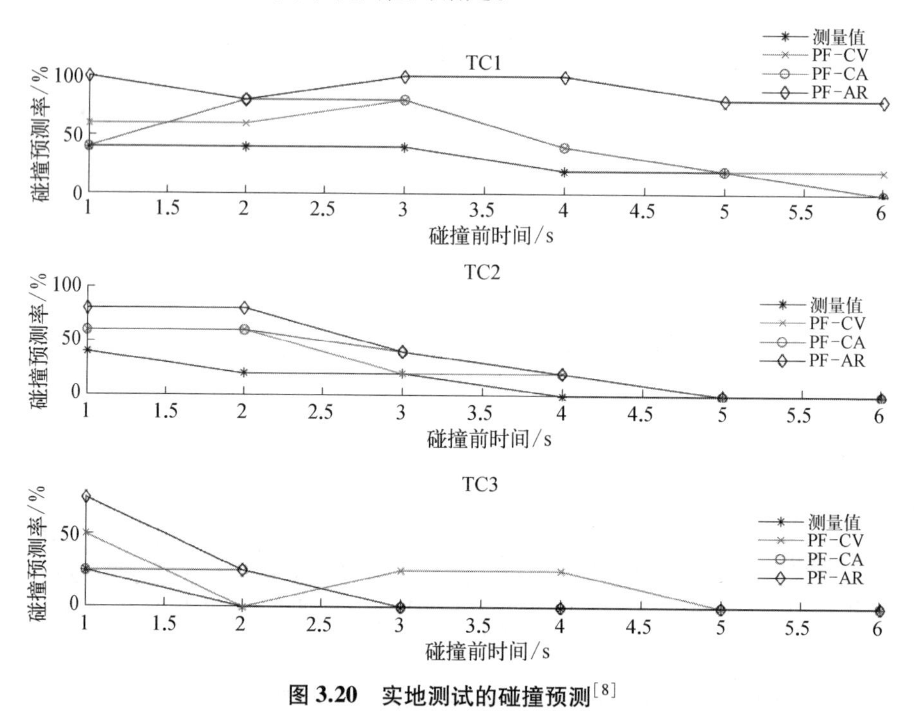


**图3.20 实地测试的碰撞预测**[8]

本节提出了一种新颖的基于新型粒子滤波(PF)自回归(AR)模型的GPS/电子罗盘/路段数据融合算法,用于车辆防撞系统。仿真和实地测试结果证明了这种方法在高精度定位中的潜力(包括在典型的GNSS中断的情况下)。与目前采用PF－CV和PF－CA模型的算法相比,所提出的PF－AR

模型能够满足防撞应用95%分位点的水平定位精度要求。

实验结果表明,该算法不仅提高了定位精度和可用性,还提高了车辆防撞性能。仿真实验对预测精度关于时间的函数进行了分析,结果表明状态估计精度和碰撞预测精度都得到了显著提高。通过实地测试验证了 TC1 的仿真结果。但对于更复杂的 TC2 和 TC3 来说,低质量的 RTK GNSS 数据(由于设备故障和操作的复杂性)将会导致算法性能下降,这说明算法对此类问题的敏感程度较高。未来的工作将主要面向获取和处理现场数据(高密度城市地区)以研究这些敏感性来完善 PF - AR 模型。此外,将遵循统一的防撞系统标准,对其他 RNP 参数(完好性、连续性和可用性)进行研究。另外,在未来的研究中还将考虑复杂城市中车辆与车辆 3D 导航性能之间的通信链接问题。

## 3.4 基于定向仪辅助的 GNSS/IMU/车道信息融合的定位技术

### 3.4.1 技术简介

追尾碰撞是道路上最常见的事故类型之一。据美国高速公路安全管理局(NHTSA)统计,此类事故约占所有交通事故的三分之一[19]。30%的追尾事故会导致人员受伤,即使只有 1%会导致死亡,但这种事故的普遍程度也意味着相应的社会与经济成本是巨大的,如财产损失和交通拥堵等[20]。通常,追尾事故是由纵向驾驶作业的人为过失引起的,即在所谓的车辆跟驰状态下,驾驶员未能保持适当的速度和与前方车辆的安全距离所致。如果可以提前采取适当措施,例如,碰撞预警,则可大大降低事故发生的可能性。智能交通系统(ITS)技术能够使用先进的传感器和通信技术对车辆跟驰状态进行实时评估,这将是对防撞系统的有益补充。全球卫星导航系统(GNSS)以其灵活性和具有较高成本效益的优势,在追尾防撞系统(CAS)中具有巨大的应用潜力。

然而,当前车辆追尾 CAS 主要需要解决以下两方面问题。

(1) 以足够高的精度实现车辆的相对定位和动态参数的获取。

(2) 以可靠方法从此类信息中提取车辆跟驰状态。

本节针对以上情况,介绍了一种新型的追尾碰撞检测融合算法。将

GNSS、电子罗盘及车道信息与容积卡尔曼滤波(CKF)融合可实现高精度定位。应用自适应神经模糊推理系统(ANFIS),可实现对车辆跟驰状态的判断。

## 3.4.2 基于 GNSS 融合的追尾防撞系统

### 3.4.2.1 算法概述

基于 CKF 的 GNSS/电子罗盘融合的车对车(V2V)追尾防撞系统流程如图 3.21 所示。系统的两个阶段描述如下:第一阶段与车辆位置和动态状态估计有关。两辆车的顶部都装有一个 GNSS 接收机和一个电子罗盘,用于收集实时位置、速度和姿态数据。将基于 CKF 的融合模型应用于车辆状态估计;第二阶段是根据第一阶段(位置和动态状态)的估计状态来识别车辆跟驰状态。总的来说,第一阶段所得的相对距离(RD)、相对速度(RV)和相对航向(RH)是用于 ANFIS 预测跟驰状态的输入变量。模糊规则是从先前收集的标记数据中利用 ANFIS 训练提取的。最后,获取测试数据的 ANFIS 输出以预测碰撞状态。

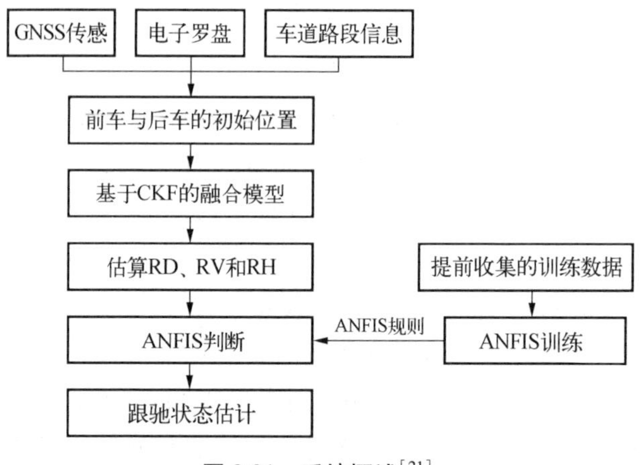


图 3.21 系统概述[21]

### 3.4.2.2 基于 CKF 的 GNSS/电子罗盘/车道信息融合算法

在空间、速度和时间上定位和跟踪车辆的能力是预测碰撞的基础。因此,必须选择一种合适的技术来确定车辆的相对位置和速度,并保证足够的准确性和可靠性,以确保高性能的碰撞预测。为了提高 GNSS 在防撞应用中的精度,本书采用了 GNSS/电子罗盘/车道信息融合技术。非线性滤波器,如扩展卡尔曼滤波器(EKF),将基于一阶泰勒级数展开的非线性系统线性化,已在 GNSS 融合中受到广泛应用。尽管,在许多 ITS 应用中,EKF 返回的结果尚处于可接受范围内,但是,由于泰勒线性化的缺点,EKF 无法准确估计车辆在急刹车或急转时的行驶状态。因此,近年来,为了提高计算精度及鲁棒性,人们开发了一些基于 EKF 的改进算法,如 UKF 和 CKF[11-12]。尤其是 CKF,能够以可接受的计算复杂度获得良好的估计精度,并且在许多应用中与 UKF 相比表现出卓越的性能。CKF 的原理是使用球面-径向规则获得基本的容积点和相对的权重[22]。系统状态的均值和方差通过一组容积点传播,而容积点的数量是状态向量维数的两倍。因此,CKF 的容积点和权重由状态向量的维数唯一确定,这在一定程度上降低了计算复杂性。

下面介绍了基于 CKF 的 GNSS /罗盘/车道信息融合的步骤。

步骤 1: 状态向量的定义。单个车辆状态向量的定义如式(3-46)所示,车道段模型中相关参数的几何关系如图 3.22 所示。

$$(E \quad N \quad v \quad \theta \quad l \quad d \quad \beta)^{\mathrm{T}} \tag{3-46}$$

式中,$E$, $N$ 为本地坐标系下车辆几何中心的东向和北向坐标(以米为单位);

$L$, $D$ 为车道线段的纵向和横向坐标(以米为单位);

$v$ 为从 GNSS 传感器输出的车辆前进速度;

$\theta$ 为电子罗盘输出的车辆航向;

$l$ 为车辆在车道路段坐标中的纵向位移;

$d$ 为车辆在车道路段坐标中的横向位移;

$\beta$ 为切线角,是车道中心线的切线与东向轴之间的角度。

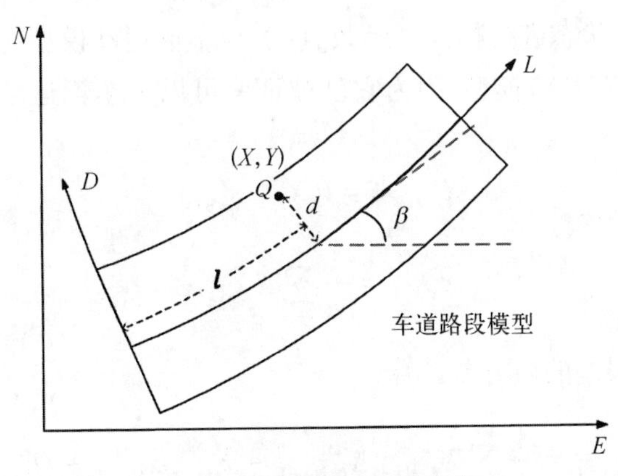


**图 3.22　车道路段模型**[21]

步骤 2：球面-径向规则。CKF 使用球面-径向规则来确定容积点和权重。当随机变量的维数为 $n$ 时，三阶球面-径向规则共需要 $2n$ 个容积点。容积点 $\xi_i$ 及其相应的权重 $\omega_i$ 可以表示为

$$\xi_i = \sqrt{\frac{m}{2}}[1]_i$$

$$\omega_i = \frac{1}{m}\ (i = 1,\ 2,\ \cdots,\ m = 2n) \tag{3-47}$$

式中，$m$ 是基本容积点的数量；$[1]_i$ 为点群中的第 $i$ 个元素。例如，当 $n = 2$ 时，点群为 $\left\{\begin{bmatrix}1\\0\end{bmatrix},\begin{bmatrix}0\\1\end{bmatrix},\begin{bmatrix}-1\\0\end{bmatrix},\begin{bmatrix}0\\-1\end{bmatrix}\right\}$。

步骤 3：容积卡尔曼滤波计算。在对每个时间步长进行时间更新和量测更新的迭代前，应据步骤 2 计算容积点集 $\{\xi_i,\ \omega_i\}$。CKF 的详细步骤如下所示。

1）时间更新

（1）假设 $k$ 时刻的后验密度函数（PDF）已知，将其分解为

$$\boldsymbol{P}_{i,\ k-1|k-1} = S_{k-1|k-1}(S_{k-1|k-1})^{\mathrm{T}} \tag{3-48}$$

这里使用了 Cholesky 分解法来分解协方差 $\boldsymbol{P}_{k-1|k-1}$，记为 $S_{k-1|k-1} = \mathrm{chol}(\boldsymbol{P}_{k-1|k-1})$。

（2）评估容积点 $(i = 1,\ 2,\ \cdots,\ m = 2n)$：

$$X_{i,\ k-1|k-1} = S_{k-1|k-1}\xi_i + \hat{\boldsymbol{x}}_{k-1|k-1} \tag{3-49}$$

（3）根据状态更新函数（3-50）传播容积点 $(i = 1,\ 2,\ \cdots,\ m)$，通过式（3-51）对预测状态进行估计。函数 $f(\cdot)$ 与车辆运动模型有关。这里使用的是恒定加速度（CA）模型，因为它已被证明可以为车辆运动提供快速而合理的估计[23]。

$$X^*_{i,\ k|k-1} = f(X_{i,\ k-1|k-1}) \tag{3-50}$$

$$\hat{\boldsymbol{x}}_{k|k-1} = \frac{1}{m}\sum_{i=1}^{m} X^*_{i,\ k|k-1} \tag{3-51}$$

（4）预测误差的协方差计算：

$$\boldsymbol{P}_{k|k-1} = \frac{1}{m}\sum_{i=1}^{m} X^*_{i,\ k|k-1}X^{*\mathrm{T}}_{i,\ k|k-1} - \hat{\boldsymbol{x}}_{k|k-1}\hat{\boldsymbol{x}}_{k|k-1} + \boldsymbol{Q}_{k-1} \tag{3-52}$$

2）量测更新

（1）分解：

$$\boldsymbol{P}_{k|k-1}=\boldsymbol{S}_{k|k-1}(\boldsymbol{S}_{k|k-1})^{\mathrm{T}} \tag{3-53}$$

（2）评估容积点（$i=1,2,\cdots,m$）和传播的容积点：

$$\boldsymbol{X}_{i,k|k-1}=\boldsymbol{S}_{k|k-1}\xi_i+\hat{\boldsymbol{x}}_{k|k-1}$$

$$\boldsymbol{Z}_{i,k|k-1}=h(X_{i,k|k-1}) \tag{3-54}$$

（3）输出向量更新。分别根据式(3-55)与式(3-56)进行量测预测与协方差矩阵更新：

$$\hat{\boldsymbol{z}}_{k|k-1}=\frac{1}{m}\sum_{i=1}^{m}\boldsymbol{Z}_{i,k|k-1} \tag{3-55}$$

$$\boldsymbol{P}_{zz,k|k-1}=\frac{1}{m}\sum_{i=1}^{m}\boldsymbol{Z}_{i,k|k-1}\boldsymbol{Z}_{i,k|k-1}^{\mathrm{T}}-\hat{\boldsymbol{z}}_{k|k-1}\hat{\boldsymbol{z}}_{k|k-1}^{\mathrm{T}}+\boldsymbol{R}_k \tag{3-56}$$

（4）计算互协方差矩阵和容积卡尔曼增益。根据式(3-57)和式(3-58)分别计算互协方差矩阵和容积卡尔曼增益向量：

$$\boldsymbol{P}_{xz,k|k-1}=\frac{1}{m}\sum_{i=1}^{m}\boldsymbol{Z}_{i,k|k-1}\boldsymbol{Z}_{i,k|k-1}^{\mathrm{T}}-\hat{\boldsymbol{x}}_{k|k-1}\hat{\boldsymbol{z}}_{k|k-1}^{\mathrm{T}} \tag{3-57}$$

$$\boldsymbol{W}_k=\boldsymbol{P}_{xz,k|k-1}\boldsymbol{P}_{zz,k|k-1}^{-1} \tag{3-58}$$

（5）更新状态和相应的误差协方差。基于一般卡尔曼滤波的状态估计与协方差的计算：

$$\hat{\boldsymbol{X}}_{k|k}=\hat{\boldsymbol{X}}_{k|k-1}+\boldsymbol{W}_k(z_k-\hat{\boldsymbol{z}}_{k|k-1})$$

$$\boldsymbol{P}_{k|k}=\boldsymbol{P}_{k|k-1}-\boldsymbol{W}_k\boldsymbol{P}_{zz,k|k-1}\boldsymbol{W}_k^{\mathrm{T}} \tag{3-59}$$

CKF 算法中使用的变量如下所示。

$S_k$：基于 Cholesky 分解从协方差 $P_k$ 中分解的参数。

$\hat{\boldsymbol{x}}_k$：估计第 $k$ 步的状态向量。

$\hat{z}_k$：估计第 $k$ 步的量测向量。

$\boldsymbol{Z}_k$：步骤 $k$ 的量测向量。

$X_k^*$：步骤 $k$ 传播的容积点。

$\boldsymbol{P}_k$：步骤 $k$ 处状态向量协方差矩阵。

$\boldsymbol{P}_{zz,k}$: 步骤 $k$ 处量测向量协方差矩阵。

$\boldsymbol{P}_{xz,k}$: 状态向量和量测向量在步骤 $k$ 处的互协方差矩阵。

$\xi_i$: 矩阵第 $i$ 列的容积点。

$\omega_i$: 矩阵第 $i$ 列的容积点权重。

$\boldsymbol{Q}_k$: 步骤 $k$ 处过程噪声协方差矩阵。

$\boldsymbol{R}_k$: 步骤 $k$ 处测量噪声协方差矩阵。

$\boldsymbol{W}_k$: 容积卡尔曼增益向量。

#### 3.4.2.3 基于 ANFIS 的防撞系统

模糊推理系统(FIS)可以将非线性现象与基于模糊逻辑规则的相关变量联系起来,因为使用常规数学模型很难对其建模。与传统的二进制逻辑理论不同,模糊逻辑变量将系统的真值定义为部分真或假,取值为 0 到 1。FIS 由于具有传统逻辑无法比拟的优点,近年来已被广泛用于车辆碰撞预警系统中[24-25]。为了保证性能,基于 FIS 的防撞系统需要解决两个问题。一是将经验数据转换为 FIS 规则训练的方法,二是有效调整隶属函数以提高系统性能,即在虚警率和正确检出率之间取得平衡。自适应神经模糊推理系统(ANFIS)能够基于神经网络训练自适应地从经验输入数据中提取模糊规则,并将训练后的规则应用于 Sugeno 型的模糊决策系统,从而能够结合 FIS 的传统优势(即透明性和专家系统知识在其结构中的应用)与神经网络的优点(即快速学习能力)[26]。在设计的追尾碰撞检测系统中,将后车与前车的相对距离(RD)、相对速度(RV)和相对航向(RH)定义为 FIS 的输入变量。因此,基于 ANFIS 的防撞系统的最终结构共五层,如图 3.23 所示。

对于一阶 Sugeno 模糊模型,一般规则如下。

如果 $x$ 为 $A_1$, $y$ 为 $B_1$, $z$ 为 $C_1$ 时, 则对应的规则 1 如式(3-60)所示,其余规则同理:

$$f_1 = p_1 \cdot x + q_1 \cdot y + r_1 \cdot z + s_1 \tag{3-60}$$

式中,定义 $A_1$, $B_1$ 和 $C_1$ 隶属函数的参数及 $p_1$, $q_1$, $r_1$ 和 $s_1$ 的值会在训练期间改变。对 ANFIS 中每层的说明如下。

第 1 层。假定该层中的每个节点 $i$ 都是一个具有节点函数的正方形节点:

$$O_i^1 = \mu A_i(x) \tag{3-61}$$

式中, $x$ 是节点 $i$ 的输入; $A_i$ 是节点 $i$ 的语言标签(如: 小、中、大); $O_i^1$ 是 $A_i$ 的

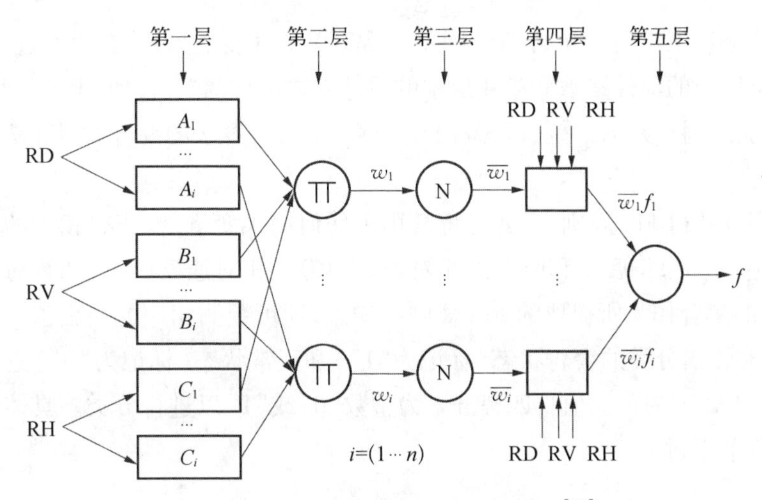


**图 3.23　基于 ANFIS 的防撞系统结构**[21]

隶属函数。在例子中,基于输入信息的特征,输入变量的初始隶属函数将设置为高斯函数:

$$\text{Gaussian}(x;\sigma,c)=\mathrm{e}^{-(x-c)^2/2\sigma^2} \tag{3-62}$$

式中,$c$ 是确定隶属函数中心的参数;$\sigma$ 是确定曲线宽度的参数。该层的参数为前件参数。

第 2 层。该层中的每个节点通过乘法计算每个规则的触发强度。例子中使用了 AND T-范数算子,由式(3-63)所得

$$O_i^2=w_i=\mu A_i(x)\cdot\mu B_i(y)\cdot\mu C_i(z),\quad i=1,2,3 \tag{3-63}$$

第 3 层。该层的第 $i$ 个节点计算第 $i$ 条规则的触发强度与所有规则的触发强度之和的比率:

$$O_i^3=w_i=\frac{w_1}{w_1+w_2+w_3},\quad i=1,2,3 \tag{3-64}$$

第 4 层。对第 3 层和第 1 层的输入作乘法:

$$O_i^4=\overline{w}_i f_i=\overline{w}_i(p_i\cdot x+q_i\cdot y+r_i\cdot z+s_i),\quad i=1,2,3 \tag{3-65}$$

式中,$\overline{w_i}$ 是第 3 层的输出;$\{p_i,q_i,r_i\}$ 是参数集。该层中的参数称为后件参数。

第 5 层。计算所有输入信号的总和为总输出:

$$\sum_i \overline{w}_i f_i=\frac{\sum_i w_i\cdot f_i}{\sum_i w_i} \tag{3-66}$$

将减法聚类用于初始 FIS 生成,以提高计算速度。另外,在学习过程中,将第 1 层中的前件参数和第 4 层中的后件参数进行调整,直到 FIS 达到期望响应为止。将最小二乘法(LSM)和反向传播(BP)算法的混合学习算法用于此训练。

训练获得 FIS 规则后,就可将其用于任何输入变量,以获得相应的输出值。例如,如果将后车和前车的相对距离(RD)、相对速度(RV)和相对方向(RH)的集合作为所提取的 FIS 规则的输入,即可预测相应的输出值。在本书中,对输出分类的警告状态(标记为“1”)和正常状态(标记为“0”)进行了定义。ANFIS 的预测值将四舍五入为整数“0”或“1”以进行分类。具体将在 3.4.3.3 节中讨论。

### 3.4.3 实地测试与分析

本节将讨论为避免车辆追尾碰撞而设计的基于 CKF 的 GNSS/罗盘/车道信息融合算法的性能。实验设置和数据收集将在 3.4.3.1 节中介绍;基于 CKF 的融合算法的性能评估以及信息融合将在 3.4.3.2 节中讨论;3.4.3.3 节将讨论基于 GNSS 融合和基于 ANFIS 的车辆跟驰状态识别系统的性能。

#### 3.4.3.1 实验设置和数据收集

车辆实测的数据是在中国舟山市临城工业园区附近收集的。实验中使用的数据包括训练数据和测试数据。预先收集了训练数据,记录并标记了数据的危险状态。为了确保实验的安全性,在整个实验过程中使用的都是模拟与实际非常接近的跟驰情况,而不是真的碰撞。这些数据是通过 GNSS/惯性导航系统(INS)高级集成传感器收集和记录的。车辆的不同动作是由人工执行并记录的。对于危险驾驶行为,后车的驾驶员进行激进的操作,包括以不同的速度和方向进行突然加速和减速,使后车与前车快速聚拢。对于正常数据,我们仅做平稳行驶并保持两辆车之间的距离大于 5 m(此处使用的距离是两车天线之间的距离)。我们尽力模拟了实际驾驶中代表不同危险状态类型的驾驶情况,在协调世界时(UTC)的 07:15:00 到 07:26:00 采集了追尾碰撞测试数据,共有五次模拟碰撞。在测试中,别克为后车,尼桑为前车。测试车辆和车载传感器如图 3.24 所示。

对这两辆车收集了两种类型的数据用于实地测试:① 参考数据,即由

**图 3.24 追尾碰撞测试案例(左)及机载设备展示(右)**

GNSS/INS 集成传感器输出的后处理数据,并有视频记录和标记的碰撞情况;② 实验阶段中两车都采集了 RTK GNSS 和电子罗盘数据,采集频率均为 10 Hz。

为了实时获得相关车道路段中车辆的横向位移和曲率角,我们采用了装配有高级集成传感器的车辆预先收集了实验区域的车道中心线坐标。随后对这些数据进行后处理,将其作为车道中心线的位置。在中心线上找到与车辆最接近的两个测量点,然后计算车辆到包含这两个点的线段的垂直距离,即可计算出车辆的横向位移。

### 3.4.3.2 基于 CKF 的 GNSS/电子罗盘/车道信息融合分析

本节讨论了基于 CKF 的 GNSS /电子罗盘/车道信息融合算法,用于估计前车和后车的定位和动态参数。据表 3.6 可知,所提出算法的定位结果与仅基于 RTK GNSS 的结果相比,后车与前车的精度与可靠性均得到了提升。图 3.25 是尼桑汽车(即前车)基于 CKF 融合方案的结果示例。结果表明,融合算法不仅弥补了 GNSS 定位结果的不足,而且还提高了车辆导航的精度与可靠性。此外,基于融合算法的速度和航向估计也得到了改进,这对车辆跟驰状态的识别至关重要。

**表 3.6 前车与后车的导航性能比较[21]**

| 定位方法 | 后车导航性能(别克) | | |
|---|---|---|---|
| | 位置 RMSE/m | 速度 RMSE/(m/s) | 可靠性 |
| 仅基于 RTK GNSS | 0.447 3 | 2.869 2 | 97.58% |
| 基于 CKF 融合结果 | 0.302 5 | 2.152 4 | 100% |

(续表)

| 定位方法 | 前车导航性能(尼桑) | | |
|---|---|---|---|
| | 位置 RMSE/m | 速度 RMSE/(m/s) | 可靠性 |
| 仅基于 RTK GNSS | 0.360 9 | 2.682 0 | 98.94% |
| 基于 CKF 融合结果 | 0.205 6 | 2.102 7 | 100% |

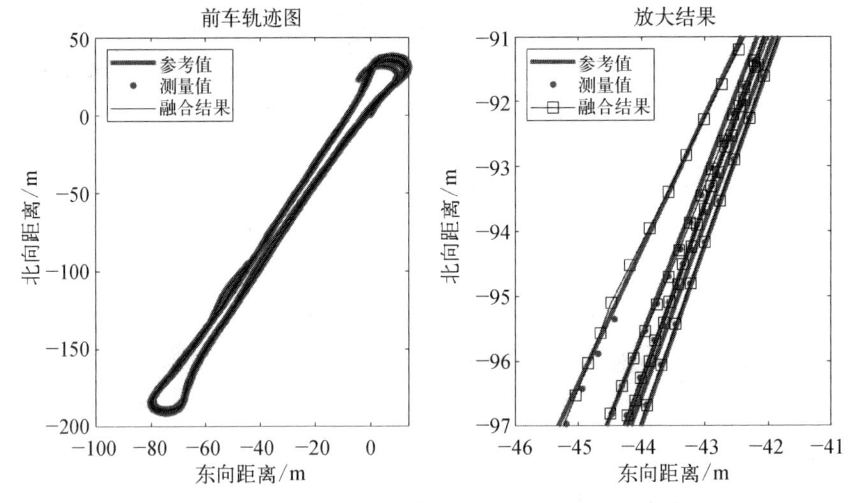


**图 3.25 分析前车运动轨迹并与实验结果比较**[21]

### 3.4.3.3 基于信息融合与 ANFIS 的车辆跟驰状态识别算法分析

用于 ANFIS 规则提取的训练数据共包含 18 151 个样本,其中 865 个样本为碰撞警告状态(标记为“1”),17 286 个样本为正常状态(标记为“0”)的样本。测试数据包含 1 809 个样本,其中有 76 个样本为碰撞警告状态,其余 1 733 个样本为正常状态。经过 100 步数据自适应训练迭代后,可以获得输入参数 RV、RD、RH 与输出状态之间的规则。图 3.26 是提取的 RV、RD 和相应输出水平的示例。结果表明,每对 RV、RD 具有对应的输出水平值。训练之前和训练之后的 RV、RD 和 RH 的隶属函数如图 3.27 所示。在高斯函数的基础上,初步定义了输入变量的初始隶属函数训练后,自适应地改变了前件隶属函数,尤其是输入变量 RH。从变量 RH 中可以看出,隶属函数的初始水平相互之间非常接近(如水平 1、2 和 4 彼此非常接近),但经过神经网络训练后,它们之间的差距增大。

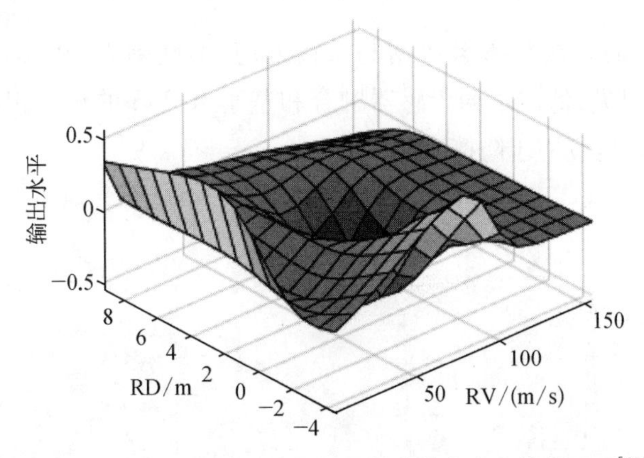


**图 3.26　RV 和 RD 的训练规则及相应输出水平的曲面图**[21]

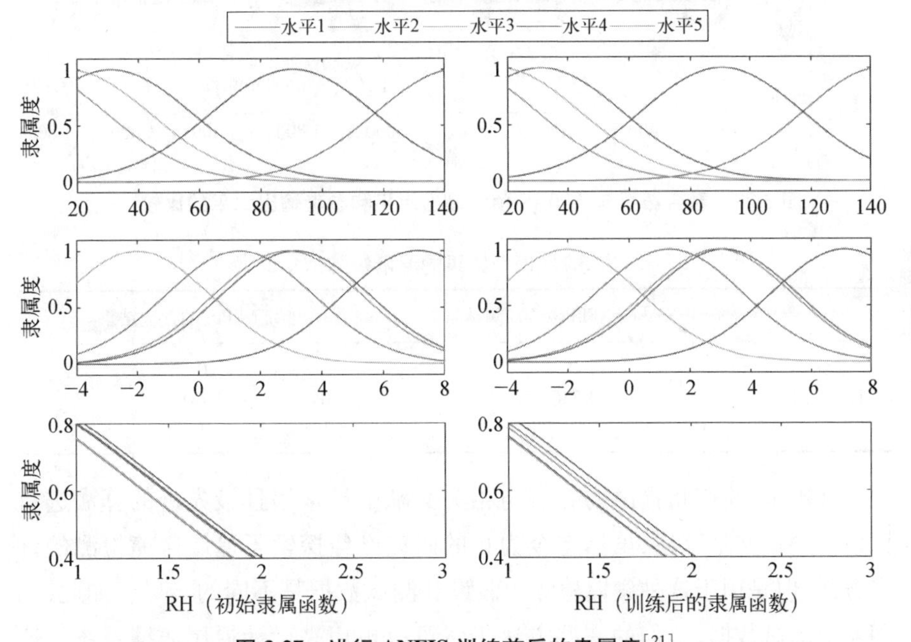

**图 3.27　进行 ANFIS 训练前后的隶属度**[21]

图 3.28 显示了融合结果与 ANFIS 预测输出水平和参考输出水平之间的比较。显然，碰撞警告状态的识别成功率很高。表 3.7 列出了使用 ANFIS 的参考数据识别结果的混淆矩阵，以及使用 GNSS/电子罗盘/车道信息融合的混淆矩阵，并进行了比较。将预测值四舍五入为整数“0”或“1”。准确率的计算方法是：检测正确的活动数与已知活动总数的比值（百分比），虚警率为检测是假阳性的活动数（实际为 0 但检测到 1）与故障总数的比值。结果表明，GNSS 与 ANFIS 融合的预测结果准确率为 99.61%，而虚警率为 5.26%。

因此,所设计的算法与参考数据非常接近,其准确率为 99.78%,虚警率为 3.9%。由此可见,低成本的传感器融合和基于 ANFIS 的车辆跟驰状态识别算法可以有效地应用于防撞系统。

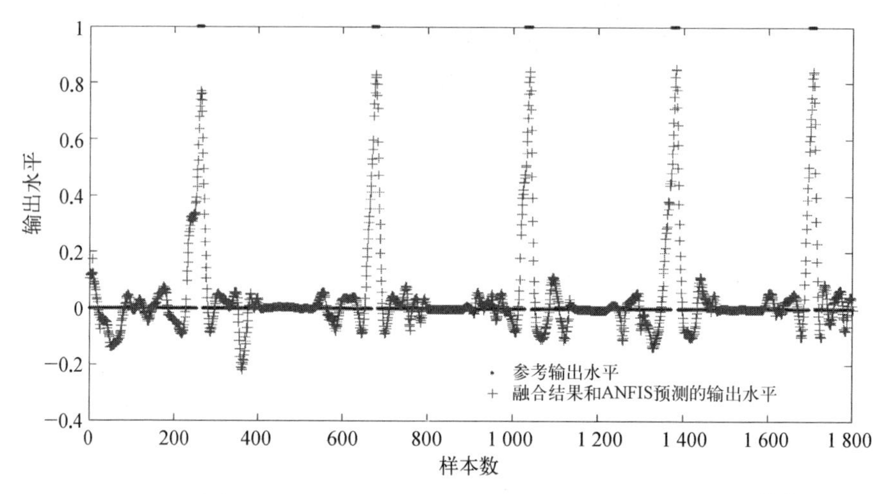

**图 3.28 融合结果与 ANFIS 预测输出水平和参考输出水平的比较[21]**

**表 3.7 识别结果的混淆矩阵[21]**

| | GNSS 与 ANFIS 融合预测结果 | | | 参考 ANFIS 的预测结果 | | |
|---|---|---|---|---|---|---|
| | | 0 | 1 | | 0 | 1 |
| 标记结果 | 0 | 1 730 | 4 | 0 | 1 731 | 3 |
| | 1 | 3 | 72 | 1 | 1 | 74 |

在本节,我们将提出的算法与相关文献中最常用且最先进的算法进行比较。根据文献综述,虽然迄今为止的研究已经探索了追尾碰撞检测的许多方面,但是用于这种碰撞检测的假设和测试数据是不同的。尽管如此,利用实地测试数据,他们的一些方法仍然可以被用来设计追尾防撞系统。这些典型方法包括在文献[27]中传统的基于模糊逻辑和碰撞时间(TTC)与时间间隔(TG)的防撞系统,在文献[28]中使用的基于 V2V 距离的防撞算法。这些系统的碰撞检测结果在准确率和虚警率方面的性能如表 3.8 所示。

**表 3.8 识 别 结 果[23]**

| 性 能 | 所提算法 | 基于模糊逻辑的算法[29] | 基于距离的算法[30] |
|---|---|---|---|
| 准确率 | 99.61% | 98.34% | 97.18% |
| 虚警率 | 5.26% | 26.32% | 39.29% |

可以看出，所提算法优于表3.8中的其他两种算法。尽管所提算法的准确率（即99.61%）仅略高于文献[27]中的算法（即98.34%）和文献[28]中的基于距离的算法（即97.18%），但所提算法的虚警率最低，为5.26%，相比之下另外两种算法的虚警率分别为26.32%和39.29%。这两种最新算法虚警率较高的可能原因是，文献[27]中基于模糊逻辑的算法仅使用传统的模糊逻辑算法，该算法手动定义规则而没有将隶属函数调整至最佳值，因此导致了较高的误报率。同时，文献[28]中的基于距离的算法只考虑了简单的基于距离的因素，而没有考虑到速度和航向，然而，这些因素也是追尾碰撞检测的重要方面，从而再次导致较高的虚警率出现。

### 3.4.4　小结

本节通过结合基于CKF的GNSS/电子罗盘/车道段融合与ANFIS决策系统，提出了一种新颖的追尾碰撞检测算法。现场测试已通过使用具有成本效益的传感器和相关的地图信息证明了该方法的实用性。结果表明，所提算法不仅提高了车辆导航的定位精度和可用性，而且在10 Hz的数据输出率下，可以实现较高的追尾碰撞检测精度（99.61%）和较低的虚警率（5.26%）。

## 参考文献


[1] NCSA. 2015 Motor vehicle crashes: overview[EB/OL]. https://crashstats.nhtsa.dot.gov/Api/Public/ViewPublication/812318[2020-05-27].

[2] Araki H, Yamada K, Hiroshima Y, et al. Development of rear-end collision avoidance system[C]. IEEE Intelligent Vehicles Symposium, Tokyo, 1996.

[3] Araki H, Yamada K, Hiroshima Y, et al. Development of rear-end collision avoidance system[J]. JSAE Review, 1997, 18(3): 224-229.

[4] Ueki J, Tasaka S, Hatta Y, et al. Vehicular-Collision avoidance support system (VCASS) by Inter-Vehicle communications for advanced ITS[J]. IEICE Transactions on Fundamentals of Electronics Communications and Computer Sciences, 2005, E88-A(7): 1816-1823.

[5] Ong R, Lachapelle G. Use of GNSS for vehicle-pedestrian and vehicle-cyclist crash avoidance[J]. International Journal of Vehicle Safety, 2011, 5(2): 137.

[6] GENESI Project. GNSS evolution next enhancement of system infrastructures, task 1-technical note, forecast of mid and long term users' needs[Z]. Paris: ESA, 2007.

[ 7 ] Peyret F, Gilliéron P Y, Ruotsalainen L, et al. COST TU1302 - SaPPART White Paper: better use of global navigation satellite systems for safer and greener transport [M]. Lyon: Ifsttar, 2015.

[ 8 ] Sun R, Cheng Q, Xue D, et al. GNSS/electronic compass/road segment information fusion for vehicle-to-vehicle collision avoidance application [J]. Sensors, 2017, 17(12): 2724.

[ 9 ] Rekleitis I M, Dudek G, Milios E E. Multi-robot cooperative localization: a study of trade-offs between efficiency and accuracy[C]. IEEE/RSJ International Conference on Intelligent Robots & Systems, Lausanne, 2002.

[10] Selloum A, Betaille D, Carpentier E L, et al. Lane level positioning using Particle Filtering[C]. International IEEE Conference on Intelligent Transportation Systems, St. Louis, 2009.

[11] Selloum A, Betaille D, Carpentier E L, et al. Robustification of a map aided location process using road direction[C]. In Proceedings of the 2010 13th International IEEE Annual Conference on Intelligent Transportation Systems, Madeira Island, 2010.

[12] Betaille D, Toledo-Moreo R. Creating enhanced maps for lane-level vehicle navigation [J]. Intelligent Transportation Systems IEEE Transactions on, 2010, 11(4): 786 - 798.

[13] Speekenbrink, Maarten. A tutorial on particle filters [J]. Journal of Mathematical Psychology, 2016, 73: 140 - 152.

[14] Huang J, Tan H S. Error analysis and performance evaluation of a future-trajectory-based cooperative collision warning system [J]. IEEE Transactions on Intelligent Transportation Systems, 2009, 10(1): 175 - 180.

[15] Ronald M, Qingfeng Huang. An adaptive peer-to-peer collision warning system[C]. Vehicular Technology Conference. IEEE 55th Vehicular Technology Conference, Birmingham, 2002.

[16] Green, Marc. "How long does it take to stop?" methodological analysis of driver perception-brake times[J]. Transportation Human Factors, 2000, 2(3): 195 - 216.

[17] Delaigue P, Eskandarian A. A comprehensive vehicle braking model for predictions of stopping distances[J]. Proceedings of the Institution of Mechanical Engineers Part D Journal of Automobile Engineering, 2004, 218(12): 1409 - 1417.

[18] Zhou J, Traugott J, Scherzinger B, et al. A new integration method for MEMS based GNSS/INS multi-sensor systems [C]. The Proceeding of the 28th International Technical Meeting of the ION Satellite Division, Tampa, 2015.

[19] Van Houten R, Malenfant L, Huitema B, et al. Effects of high-visibility enforcement on driver compliance with pedestrian yield right-of-way laws [J]. Transportation Research Record Journal of the Transportation Research Board, 2013, 2393: 41 - 49.

[20] Nekovee M, Bie J. Rear-end collision: causes and avoidance techniques[M]. New York: Springer, 2013.

[21] Sun R, Xie F, Xue D, et al. A novel rear-end collision detection algorithm based on GNSS fusion and ANFIS[J]. Journal of Advanced Transportation, 2017, 2017: 1-10.

[22] Arasaratnam I, Haykin S. Cubature Kalman Filters [J]. IEEE Transactions on Automatic Control, 2009, 54(6): 1254-1269.

[23] Sun R, Ochieng W Y, Feng S. An integrated solution for lane level irregular driving detection on highways[J]. Transportation Research Part C Emerging Technologies, 2015, 56: 61-79.

[24] Cheng F, Zhu D, Xu Z. The study of vehicle's anti-collision early warning system based on fuzzy control[C]. 2010 International Conference on Computer, Changchun, 2010.

[25] Man-Ho, Kim, Suk, et al. Implementation of a fuzzy-inference-based, low-speed, close-range collision-warning system for urban areas[J]. Proceedings of the Institution of Mechanical Engineers Part D Journal of Automobile Engineering, 2013, 227(2): 234-245.

[26] Jang J.-S. R. ANFIS: adaptive-network-based fuzzy inference system [J]. IEEE Transactions on Systems Man and Cybernetics, 1993,23(3): 665-685.

[27] Milanes V, Perez J, Godoy J, et al. A fuzzy aid rear-end collision warning/avoidance system[J]. Expert Systems with Applications, 2012, 39(10): 9097-9107.

[28] Ong R, Lachapelle G. Use of GNSS for vehicle-pedestrian and vehicle-cyclist crash avoidance[J]. International Journal of Vehicle Safety, 2011, 5(2): 137.

# 第四章　基于空间环境信息辅助的城市环境定位技术

## 4.1　GNSS 信号接收类型分类及定位

近年来,机器学习因其具有快速准确处理各种类型特征的特点,被用于提高 GNSS 定位和信号接收分类的准确性。大量研究表明,机器学习是 GPS 信号接收分类的潜在有效的方法。随着输入特征数的增加,很难在高分类精度和低计算成本之间取得平衡,因此这种潜力仍有待开发。

GPS 原始观测量的已知特征主要包括 $C/N_0$、HDOP、VDOP、卫星仰角、方位角、伪距残差、伪距率和可见卫星数。本节介绍了一种基于梯度提升决策树(GBDT)算法的信号接收分类器,该分类器将 $C/N_0$、伪距残差和卫星仰角作为三个变量。选择这三个特征为变量的原因是 $C/N_0$、伪距残差和卫星仰角与信号接收类型强相关,并且先前的研究已经证明了它们区分信号接收类型的能力[1-10]。对于其他特征,如 HDOP、VDOP 和 GDOP,它们仅仅表现单个时间段内可见卫星的几何分布,而与信号接收类型没有直接关系。伪距速率仅表示信号的瞬时变化,与信号接收类型弱相关。

### 4.1.1　算法设计

本算法的框架(4.1.1.1 节)由数据标记(4.1.1.2 节)、特征选择(4.1.1.3 节)和基于 GBDT 的信号分类算法(4.1.1.4 节)三个部分组成。

#### 4.1.1.1　算法框架

图 4.1 给出了基于机器学习的 LOS/多路径/NLOS 分类算法的过程,包括离线和在线部分。对于离线过程,数据集包含大量用于训练的 LOS、NLOS 和多路径信号。LOS 信号被标记并从位于开阔地区的 GPS 参考站获得。借

助3D城市模型，通过使用射线追踪算法，将从城市峡谷采集的GPS观测量分类并标记为多路径或NLOS。五个候选机器学习算法分别用于已标记的训练数据集的训练，以提取出分类规则。然后，将提取的规则用于在线过程中新采集的未标记GPS观测值的分类。

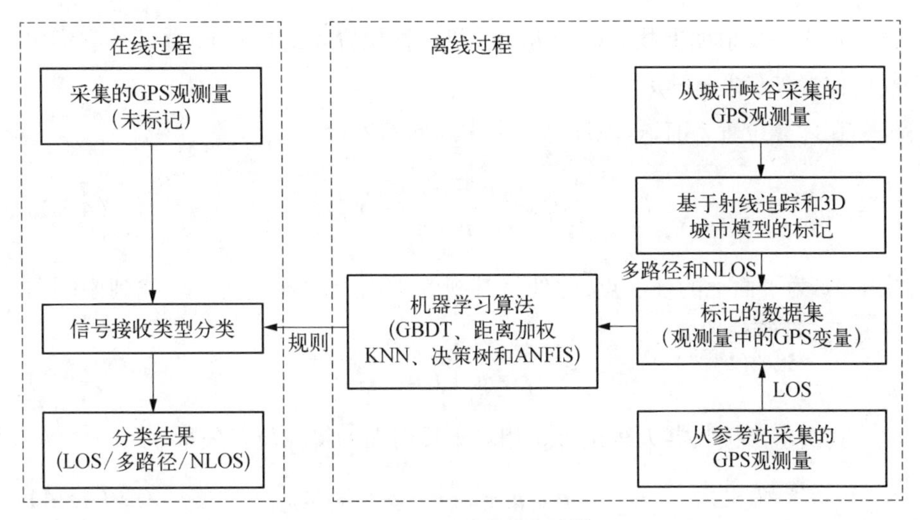


**图4.1　分类算法框架**[10]

### 4.1.1.2　基于3D城市模型和射线追踪的数据标记

3D城市模型是该算法的重要信息源。在本节中，3D城市模型的水平坐标来自香港特区的地形图，分辨率为20厘米。3D城市模型的高度由Google地图加上设备的高度确定。

利用3D城市模型中的建筑物拐角坐标，射线追踪法被应用于区分从城市峡谷收集的多路径和NLOS测量值。射线追踪法使用已知的卫星、反射源和接收机的几何分布来跟踪直射路径和反射路径[11]。卫星位置是从广播星历获得的。反射源的位置源自3D城市模型。射线追踪技术的原理如图4.2所示。假设A、B、C和D是建筑物的四个顶点，相应的位置矢量分别是$\boldsymbol{a}$、$\boldsymbol{b}$、$\boldsymbol{c}$和$\boldsymbol{d}$。图4.2是反射器的侧视

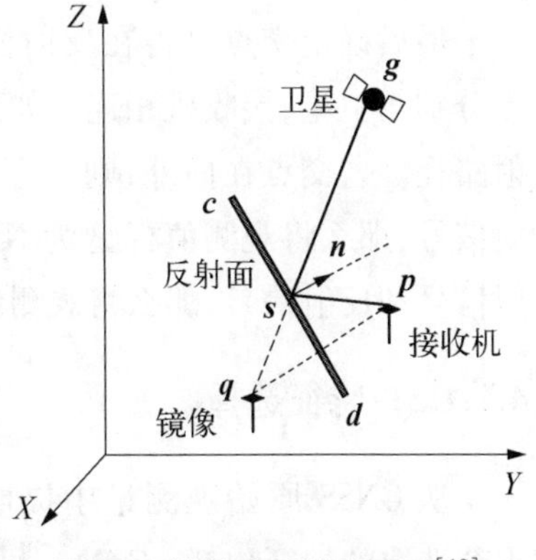


**图4.2　射线追踪技术原理**[10]

图,仅标出 $\boldsymbol{c}$ 和 $\boldsymbol{d}$。对表面顶点构成的两个非平行向量进行叉积,得到表面的法线向量 $\boldsymbol{n}$。例如,使用顶点 A、B 和 C,可以用式(4-1)计算 $\boldsymbol{n}$:

$$\boldsymbol{n}=(\boldsymbol{b}-\boldsymbol{a})\times(\boldsymbol{c}-\boldsymbol{a}) \tag{4-1}$$

射线追踪的步骤如下。

首先在反射面上找到最接近接收机天线位置 $\boldsymbol{p}$ 的位置 $\boldsymbol{r}$,并计算它们之间的位置矢量差 $\boldsymbol{r}-\boldsymbol{p}$。

在计算位置 $\boldsymbol{r}$ 前,首先计算一个中间向量 $\boldsymbol{t}_0$:

$$\boldsymbol{t}_0=\frac{(\boldsymbol{c}-\boldsymbol{p})\cdot\boldsymbol{n}}{\boldsymbol{n}\cdot\boldsymbol{n}} \tag{4-2}$$

式中,$\boldsymbol{c}$ 为平面上的任一点,此处将其视为平面上的顶点之一。找到中间向量 $\boldsymbol{t}_0$ 后,计算位置 $\boldsymbol{r}$:

$$\boldsymbol{r}=\boldsymbol{p}+\boldsymbol{t}_0\boldsymbol{n} \tag{4-3}$$

其次求出接收器天线位置 $\boldsymbol{p}$ 相对于反射面的镜像位置矢量 $\boldsymbol{q}$:

$$\boldsymbol{q}=\boldsymbol{p}+2(\boldsymbol{r}-\boldsymbol{p}) \tag{4-4}$$

将卫星位置 $\boldsymbol{g}$ 连接到天线的镜像 $\boldsymbol{q}$,并找到线段与包含反射面在内的平面的交点 $\boldsymbol{s}$:

$$\boldsymbol{s}=\boldsymbol{g}+\boldsymbol{t}(\boldsymbol{q}-\boldsymbol{g}) \tag{4-5}$$

式中,$\boldsymbol{t}$ 是一个中间量,表示为

$$\boldsymbol{t}=\frac{(\boldsymbol{c}-\boldsymbol{g})\cdot\boldsymbol{n}}{(\boldsymbol{q}-\boldsymbol{g})\cdot\boldsymbol{n}} \tag{4-6}$$

最后确定交点是否在反射面上。若交点在外表面上,则用线段将反射点分别与卫星、接收机相连。如果两条线段均未被遮挡,那么将它们视为反射路径。若交点在面外,则不存在反射路径。如果接收机仅从卫星接收反射信号,那么将观测值标记为 NLOS;如果接收机同时接收到来自卫星的直射信号和反射信号,那么将观测值标记为多路径。

#### 4.1.1.3 特征选择

从 GNSS 原始观测量中提取的特征大多数可以从 GNSS 设备中获得。本节选取的特征包括: $C/N_0$、伪距残差和卫星仰角。

(1) $C/N_0$：信号强度以 $C/N_0$ 表示，$C/N_0$ 是每单位带宽的载波功率与噪声功率之比，以分贝(dB)为单位。通常，NLOS 信号的 $C/N_0$ 小于 LOS 信号的 $C/N_0$。因此，这是最常用的特征。但是，由于反射面材料的不同，城市峡谷中的 NLOS 可能同时出现低和高的 $C/N_0$ 值，因此仅基于 $C/N_0$ 进行分类并不可靠，因此需要考虑其他特征。

(2) 伪距残差 $\boldsymbol{\eta}$：伪距 $\rho$ 为从卫星发射的信号到接收机中信号检测到的时间 $\Delta T$ 乘光速 $c$ 再加上时钟同步误差 $t$ 乘光速 $c$，表示为

$$\rho = \Delta T \cdot c + t \cdot c \tag{4-7}$$

从广播星历表中解出卫星位置，利用最小二乘法求解伪距方程来得出定位解：

$$\boldsymbol{r} = (\boldsymbol{G}^{\mathrm{T}}\boldsymbol{G})^{-1}\boldsymbol{G}^{\mathrm{T}}\rho \tag{4-8}$$

式中，$\boldsymbol{r}$ 是接收机状态量，包括三维位置和接收器时钟偏差。$\boldsymbol{G}$ 是由卫星和接收机之间的单位 LOS 矢量 ($u_N^{(i)}$，$u_E^{(i)}$，$u_D^{(i)}$) 构成的矩阵，表示为

$$\boldsymbol{G} = \begin{bmatrix} u_N^{(1)} & u_E^{(1)} & u_D^{(1)} & -1 \\ u_N^{(2)} & u_E^{(2)} & u_D^{(2)} & -1 \\ \vdots & \vdots & \vdots & \vdots \\ u_N^{(i)} & u_E^{(i)} & u_D^{(i)} & -1 \end{bmatrix} \tag{4-9}$$

一旦计算出定位解，就可以获得接收机和卫星之间的距离。伪距残差 $\boldsymbol{\eta}$ 为该距离与伪距的差：

$$\boldsymbol{\eta} = \rho - \boldsymbol{G} \cdot \boldsymbol{r} \tag{4-10}$$

伪距残差对 LOS/多路径/NLOS 信号接收分类至关重要。从理论上讲，伪距残差的绝对值与 NLOS 的概率呈正相关[12]。当只有一小部分信号为 NLOS 时，这种现象会变得更加明显[13]。Hsu 等的研究表明，如果测量次数足够，则伪距残差可以作为信号接收类型分类的指标[5]。

(3) 卫星仰角 $\theta$：卫星仰角与 LOS 的概率之间存在显著的正相关。通常，来自具有较高仰角的卫星的信号不太可能被建筑物阻挡或反射。但是，仰角越低，建筑物和其他障碍物遮挡信号的可能性越大。因此，仰角可以用作信号接收分类的特征。

$$\theta^{(i)} = -\arcsin[u_D^{(i)}] \tag{4-11}$$

#### 4.1.1.4 基于 GBDT 的信号分类算法

GBDT 是一种监督学习算法[14]，也称为梯度提升回归树(GBRT)和多重附加回归树(MART)。它将梯度提升技术和回归树相结合，广泛应用于信用风险评估[15]、运输事故预测[16]和电子电路故障预测[17]等领域。利用最小二乘函数最小化来代替复杂函数最小化问题，然后仅基于原始准则进行单一参数优化，这一优势有助于实现高精度 GPS 信号接收类型分类[14]。

设计的基于 GBDT 的算法中，训练集中的每个样本都表示为 $\boldsymbol{x}_i = (C/N_{0_i}, \eta_i, \theta_i)$，其中，$i = 1, 2, 3, \cdots, N$ 表示样本的序列号，$N$ 是样本数。标记的训练数据集表示为 $T = \{(\boldsymbol{x}_1, y_1), (\boldsymbol{x}_2, y_2), (\boldsymbol{x}_3, y_3), \cdots, (\boldsymbol{x}_N, y_N)\}$，其中，$y_i \in \{-1, 0, 1\}$ 是每个样本的标签，-1、0、1 分别代表 NLOS、多路径和 LOS 信号。GBDT 通过迭代创建指向最陡下降方向(即负梯度方向)的弱学习器 $h_t(\boldsymbol{x}_i; \boldsymbol{a})$，实现损失函数 $L[y_i, f(\boldsymbol{x}_i)]$ 的期望值最小化。弱学习器 $h_t(\boldsymbol{x}_i; \boldsymbol{a})$ 是分类树，参数 $\boldsymbol{a}$ 是单个树的分裂变量、分裂位置和终端节点的均值。使用平方损失函数：

$$L[y_i, f(\boldsymbol{x}_i)] = \frac{1}{2}[y_i - f(\boldsymbol{x}_i)]^2 \tag{4-12}$$

GBDT 的输入量是标记了的训练数据集 $T$，其中，$M$ 为迭代次数。基于 GBDT 的 GPS 信号接收分类算法流程如下。

(1) 为训练数据初始化一个弱学习器 $f_0(\boldsymbol{x})$：

$$f_0(\boldsymbol{x}) = \arg\min_{\gamma} \sum_{i=1}^{N} L(y_i, \gamma) \tag{4-13}$$

$f_0(\boldsymbol{x})$ 是仅由一个根节点组成的回归树。选择 $L$ 作为平方损失函数，$f_0(x)$ 可以写成

$$f_0(\boldsymbol{x}) = \bar{y} \tag{4-14}$$

(2) 对于 $m = 1$ 到 $M$，执行下列操作。

① 计算负梯度：

$$\tilde{y}_i = -\left\{\frac{\partial L[y_i, f(\boldsymbol{x}_i)]}{\partial f(\boldsymbol{x}_i)}\right\}_{f(\boldsymbol{x}) = f_{m-1}(\boldsymbol{x})} \tag{4-15}$$

② 将训练数据集的标记 $y_i$ 替换为 $\tilde{y}_i$ 以获取新数据集 $T_m = \{(\boldsymbol{x}_1, \tilde{y}_1), (\boldsymbol{x}_2, \tilde{y}_2), (\boldsymbol{x}_3, \tilde{y}_3), \cdots, (\boldsymbol{x}_N, \tilde{y}_N)\}$，并通过训练新数据集 $T_m$ 创建新的回归树 $h_m(\boldsymbol{x}_i; a_m)$：

$$\boldsymbol{a}_t = \arg\min_{\boldsymbol{a}} \sum_{i=1}^{N} [\tilde{y}_i - h_m(\boldsymbol{x}_i; \boldsymbol{a})]^2 \tag{4-16}$$

③ 更新强学习器：

$$f_m(\boldsymbol{x}) = f_{m-1}(\boldsymbol{x}) + \rho h_m(\boldsymbol{x}; \boldsymbol{a}_m) \tag{4-17}$$

式中，$\rho$ 为学习率，通常在 0 到 1 之间选择以防止过拟合。

(3) 迭代终止后，输出 $f_M(\boldsymbol{x})$ 作为最终分类值：

$$f_M(\boldsymbol{x}) = f_0(\boldsymbol{x}) + \sum_{m=1}^{M} \rho h_m(\boldsymbol{x}; \boldsymbol{a}_m) \tag{4-18}$$

(4) $f_M(\boldsymbol{x})$ 用于从测试数据集中预测新收集的未标记样本 $x = (C/N_0, \eta, \theta)$ 的信号接收类型。预测值需要四舍五入为最接近的值 1、0 或 -1。

### 4.1.2　场景测试和结果分析

将提出的基于 GBDT 的 GPS 信号接收分类算法与当前的分类算法进行比较，包括决策树、距离加权 $k$ 近邻（KNN）和基于自适应神经网络的模糊推理系统（ANFIS）。决策树学习使用决策树作为预测模型，从对项目的观察到对项目目标值的结论；距离加权 KNN 是对 KNN 的改进，根据距离的远近，对近邻赋予更大的权重来实现；ANFIS 将神经网络（NN）与模糊推理系统（FIS）有机结合，采用人类专家的语言规则，使用输入输出数据进行自适应以取得更好的训练效果[2,18,19]。第 4.1.2.1 节为实验过程，第 4.1.2.2 节为结果分析。

#### 4.1.2.1　实验过程

如图 4.3 所示，从四个不同的位置采集了五个数据集。在香港的 HKSC 参考站（位置 R）以 30 s 的间隔捕获了静态 GPS 数据，持续 24 h。从位置 R 收集的数据标记为 LOS。此外，使用商用 GPS 接收机 u-blox NEO-M8T 在 Hung Hom（位置 A）的建筑区域内以相同的间隔在 24 h 内捕获了静态 GPS 数据，如图 4.4 所示。位置 A 的数据集主要包含多路径和 NLOS 测量值。从不同的城市峡谷环境(位置 B 和位置 C)采集了其他静态 GPS 数据。由于位置 B 和 C 都在城市峡谷中,因此假定仅存在 NLOS 和多路径信号。使用 3D 城市模型和射线追踪,也可以获取标记的 NLOS 和多路径信号。然而,由于与射线追踪技术一起使用的 3D 城市模型具有局限性,标记的数据很难被获得。

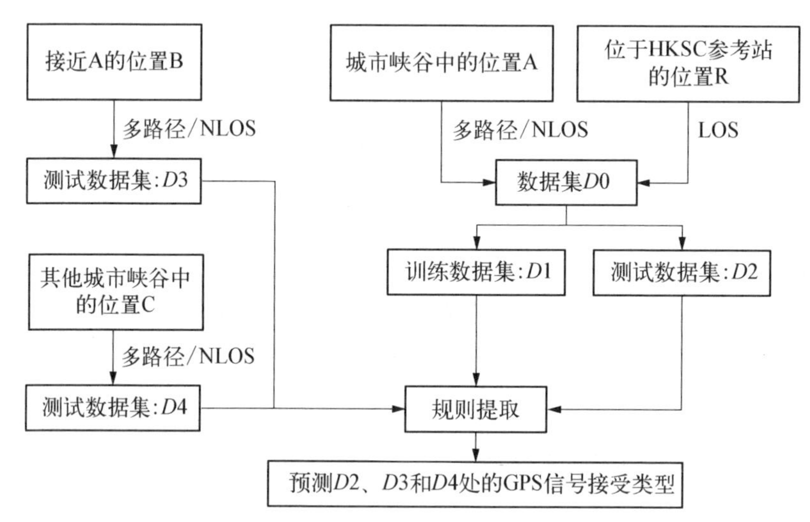


**图 4.3 数据采集和信号接收分类过程**[10]

**图 4.4 建筑区域内的 GPS 数据采集环境**[10]

通过组合从位置 A 和位置 R 采集的数据来创建数据集 *D*0,再用 *D*0 生成两个数据集：训练集 *D*1 和测试集 *D*2。为防止样本分布不均导致训练结果出现偏差,从 *D*0 中随机选择等量的 LOS、NLOS 和多路径样本构成训练数据集 *D*1,其中包含 24 000 个样本。因此,在 *D*1 中,标记的 LOS、NLOS 和多路径三种信号各占三分之一。在 96 992 个样本中仅选择了 24 000 个样本进行训练,以减少计算量,防止过拟合。*D*0 中有 18 164 个多路径样本,训练数据集中使用了 8 000 个。因此,从 *D*0 的其余部分(即除 *D*1 外)中随机选择 8 000 个样本,形成测试数据集 *D*2,以便将三种类型的样本均匀地分布在数据集中。因此,对于 LOS、NLOS 和多路径中的每一个,*D*2 的标记分布也为三分之一,但除去了标记。*D*1 和 *D*2 中的每个观测量都包含以下三个相关特征：$C/N_0$、伪距残差和卫星仰角。尽管某些特征可以随时间推移进行关联,但在本节中,应用 GBDT 算法时不考虑数据的时间依赖性。

将四种机器学习算法分别应用于训练数据集 *D*1 并确定分类规则,然后利用机器学习算法各自提取的分类规则对 *D*2 中的样本进行分类,将这些分类结果与每个样本的带有参考标记的分类结果(即事先删除的标记)进行比较,来评估算法的分类准确性。为验证提取的规则的有效性,使用从其他位置采集的另外两个测试数据集来提供规则。测试数据集 *D*3 是从靠近城市峡谷中位置 A 的位置 B 采集的,而另外的测试数据集 *D*4 是从距离城市峡谷中位置 A 约三个街区的位置 C 采集的。表 4.1 是对数据集的汇总。

**表 4.1　数据集汇总**[10]

| 数据集 | *D*0 | *D*1 | *D*2 | *D*3 | *D*4 |
|---|---|---|---|---|---|
| 总样本 | 96 992 | 24 000 | 24 000 | 11 615 | 25 039 |
| LOS(标记为 1) | 25 987 | 8 000 | 8 000 | 0 | 0 |
| 多路径(标记为 0) | 18 164 | 8 000 | 8 000 | 3 114 | 8 831 |
| NLOS(标记为-1) | 52 841 | 8 000 | 8 000 | 8 501 | 16 208 |

#### 4.1.2.2　结果与分析

首先将 GBDT 算法应用于训练数据集 *D*1 来提取分类规则,再对测试数据集进行分类以确定分类准确性。将分类结果与其他三种机器学习算法的结果进行比较。候选机器学习算法可以与单个或多个信号特征一起使用。为确定附加特征的好处,比较仅使用 $C/N_0$ 分类与使用多特征($C/N_0$、伪距残差和卫星仰角)分类。

表4.2比较了使用测试数据集 *D*2 的基于单一特征（$C/N_0$）的不同算法的LOS、多路径和NLOS（1、0和−1）分类结果的混淆矩阵。其中，准确率代表正确分类的样本数量与数据集中样本总数的比（百分比），每个类别的准确率是指该类别中正确分类的样本数量与已知样本总数的比（百分比）。例如，NLOS的检测准确率是由正确分类的NLOS的样本数与已知NLOS样本总数的比（百分比）计算出来的。对于基于单特征（$C/N_0$）的分类，针对多路径和NLOS的四种算法的分类准确率始终低于80%（范围从29%到79.7%），而LOS信号的分类准确率较高，为95.1%到99.9%。

**表4.2 基于单个特征（$C/N_0$）的不同算法对测试数据集 *D*2 的LOS（注为1）、多路径（0）和NLOS（−1）分类结果的混淆矩阵**[10]

| 算法 | | GBDT | | | 决策树 | | |
|---|---|---|---|---|---|---|---|
| 标记ID | | −1 | 0 | 1 | −1 | 0 | 1 |
| 样本数量 | −1 | 6 365 | 1 635 | 0 | 3 729 | 4 018 | 253 |
| | 0 | 4 197 | 3 803 | 0 | 1 836 | 4 611 | 1 553 |
| | 1 | 0 | 391 | 7 609 | 0 | 182 | 7 818 |
| 准确率/% | | 74.1 | | | 67.3 | | |
| 分类准确率/% | | 79.7 | 47.5 | 95.1 | 46.6 | 57.6 | 97.7 |
| 算法 | | 距离加权KNN | | | ANFIS | | |
| 标记ID | | −1 | 0 | 1 | −1 | 0 | 1 |
| 样本数量 | −1 | 15 | 7 735 | 250 | 6 054 | 1 691 | 255 |
| | 0 | 0 | 6 170 | 1 830 | 3 934 | 2 329 | 1 737 |
| | 1 | 0 | 22 | 7 978 | 0 | 365 | 7 635 |
| 准确率/% | | 59 | | | 66.7 | | |
| 分类准确率/% | | 69.4 | 29 | 99.9 | 75.7 | 29.1 | 95.4 |

因此，加入其他特征的分类准确性相比使用传统单一特征（基于$C/N_0$）的分类准确性高，所以可以使用其他特征来提高传统单一特征（基于$C/N_0$的分类）的准确性。图4.5中的散点图显示了数据集 *D*0 中输入特征（即$C/N_0$、卫星仰角和伪距残差）与其对应的标记信号接收类型之间的关系。代表LOS信号的绿点集中在高$C/N_0$区域，而NLOS和多路径样本主要分布在中低$C/N_0$区域。大的重叠使得仅通过使用$C/N_0$很难将NLOS与多路径信号区分开。

图4.6反映了特征（$C/N_0$和卫星仰角）与数据集 *D*0 中的相应标记信号接收类型之间的关系。可见，低仰角主要由NLOS信号决定，其$C/N_0$值大多

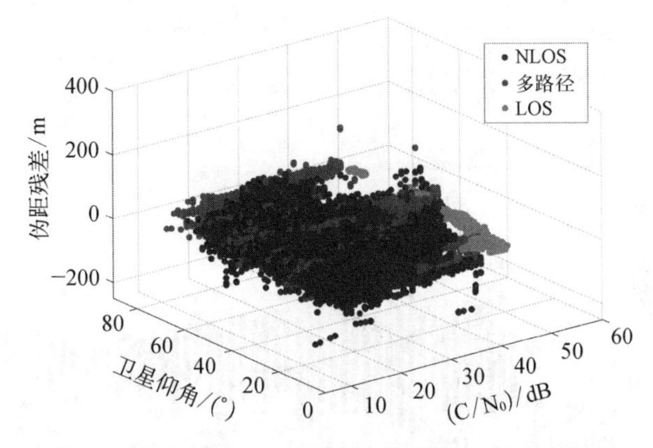


图 4.5　特征($C/N_0$、卫星仰角和伪距残差)与 *D*0 中相应标记信号接收类型之间的关系[10]

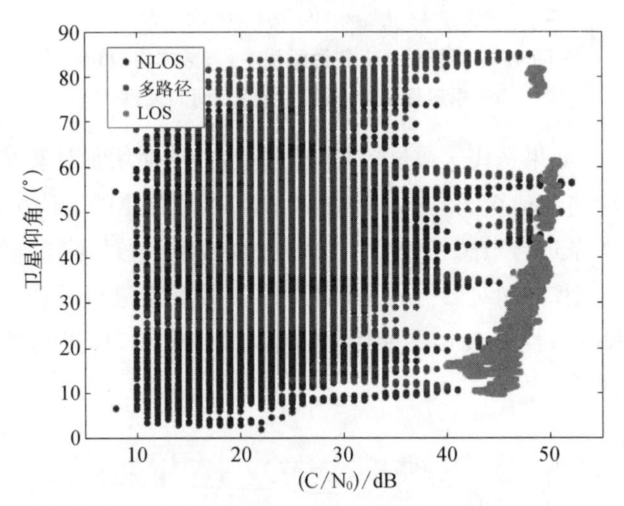

图 4.6　特征($C/N_0$和卫星仰角)与 *D*0 中相应标记信号接收类型之间的关系[10]

数小于 45 dB。在仰角大于 25°的样本中,多路径占大多数。

图 4.7 反映了特征($C/N_0$和伪距残差)与数据集 *D*0 中的相应的标记信号接收类型之间的关系。LOS 信号的伪距残差范围为-2~2 m,平均值接近 0 m。多路径信号的伪距残差范围从-100~100 m,而 NLOS 信号的残差始终超过 100 m。

从特征及其对应的标记信号接收类型的分析中,考虑其他特征(卫星仰角和伪距残差)提高 GPS 信号接收分类准确率的可能。

选择合适的迭代次数(即回归树的数目)对于 GBDT 算法非常重要。如果迭代次数太少,经过训练的分类规则无法完全确定输入特征与信号接收类

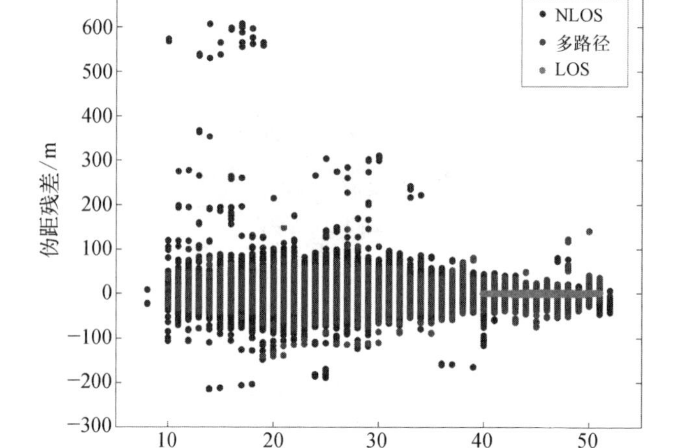


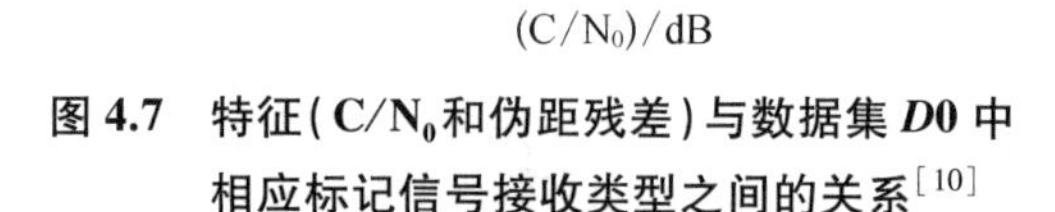

**图 4.7 特征($C/N_0$和伪距残差)与数据集 *D*0 中相应标记信号接收类型之间的关系**[10]

型之间的关系;如果迭代次数过多,容易过拟合,从而增加计算量。因此,本书在将 GBDT 与其他算法进行比较之前,对每个数据集的迭代次数与分类准确率之间的关系进行敏感性分析。用训练数据集 *D*1 的不同训练迭代次数确定的分类规则,分别对数据集 *D*1 的信号接收类型进行分类,从而进行内部验证(自我一致性检查),并使用测试集 *D*2、*D*3 和 *D*4 进行外部验证(测试),如图 4.8 所示。

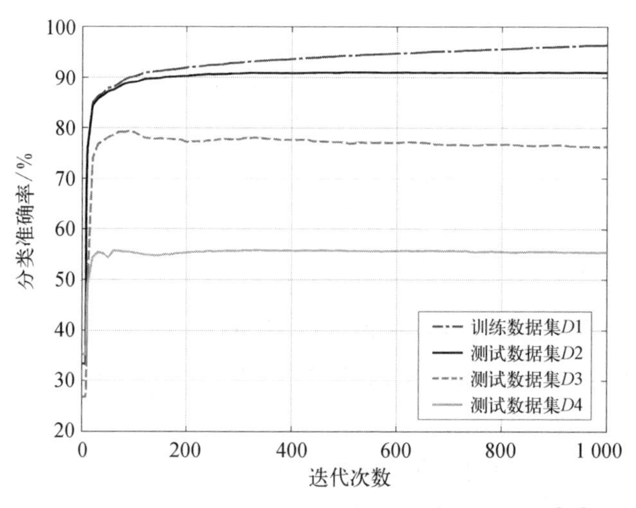


**图 4.8 迭代次数与 GBDT 分类准确率之间的关系**[10]

总体而言,分类准确率随迭代次数的增加而增加。由于数据源与 *D*1 数据集相同,从 *D*1 获得的大量迭代的分类规则适用于 *D*2, *D*2 的分类准确率大大提高。对于来自不同于 *D*1 的位置的测试数据集 *D*3 和 *D*4,分类准确度最初随着迭代次数的增加而增加,但是当迭代次数达到某个值(即 100)时,由于算法过拟合,分类准确率开始下降。尽管迭代次数越多,提取的规则对训练数据集的拟合越好,但它会影响其他数据集的分类准确度的自适应性。因此,为了在不过拟合的情况下保持较高的分类精度,本节将迭代次数设置为 100。此外,数据集 *D*3 和 *D*4 的 GBDT 分类精度始终低于 *D*1 和 *D*2,反映了分类规则对不同位置的敏感性不同。

表 4.3 给出了基于测试数据集 *D*2 使用 $C/N_0$、伪距残差和卫星仰角的不同算法的分类结果的比较。这些算法的分类准确率和训练时间如图 4.9 和图 4.10 所示。比较表 4.2 和表 4.3,基于多个特征的算法的分类准确率显然高于基于单个特征($C/N_0$)的算法。另外,表 4.3 显示,使用三个特征的 GBDT 算法的总体分类准确率为 89%,优于决策树和 ANFIS,略高于距离

**表 4.3　基于多特征($C/N_0$、伪距残差和卫星仰角)的不同算法对测试数据集 *D*2 的 LOS(1)、多路径(0)和 NLOS(−1)分类结果的混淆矩阵[10]**

| 算　法 | | GBDT | | | 决 策 树 | | |
|---|---|---|---|---|---|---|---|
| 标记 ID | | −1 | 0 | 1 | −1 | 0 | 1 |
| 样本数量 | −1 | 6 858 | 1 134 | 8 | 7 583 | 395 | 22 |
| | 0 | 1 322 | 6 522 | 156 | 5 006 | 2 795 | 199 |
| | 1 | 0 | 14 | 7 986 | 133 | 5 | 7 862 |
| 准确率/% | | 89 | | | 76 | | |
| 训练时间/s | | 47.6 | | | 3.1 | | |
| 分类准确率/% | | 85.7 | 81.5 | 99.8 | 94.8 | 34.9 | 98.3 |
| 算　法 | | 距离加权 KNN | | | ANFIS | | |
| 标记 ID | | −1 | 0 | 1 | −1 | 0 | 1 |
| 样本数量 | −1 | 6 521 | 1 472 | 7 | 6 256 | 1 716 | 28 |
| | 0 | 1 266 | 6 724 | 10 | 2 237 | 5 634 | 129 |
| | 1 | 0 | 1 | 7 999 | 0 | 47 | 7 953 |
| 准确率/% | | 88.5 | | | 82.7 | | |
| 训练时间/s | | 1.2 | | | 105 | | |
| 分类准确率/% | | 81.5 | 84.1 | 100 | 64.9 | 70.4 | 99.4 |

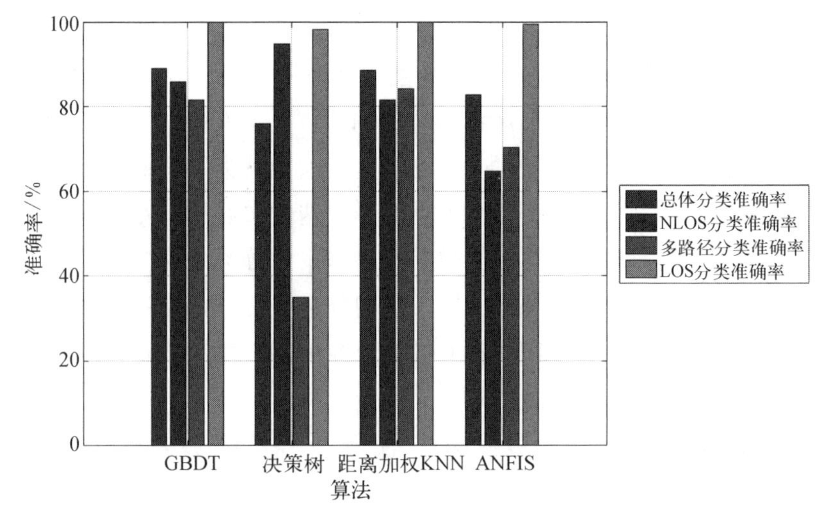


**图 4.9　使用测试数据集 *D*2 的多个特征($C/N_0$、伪距残差和卫星仰角)的不同算法的分类准确率**[10]

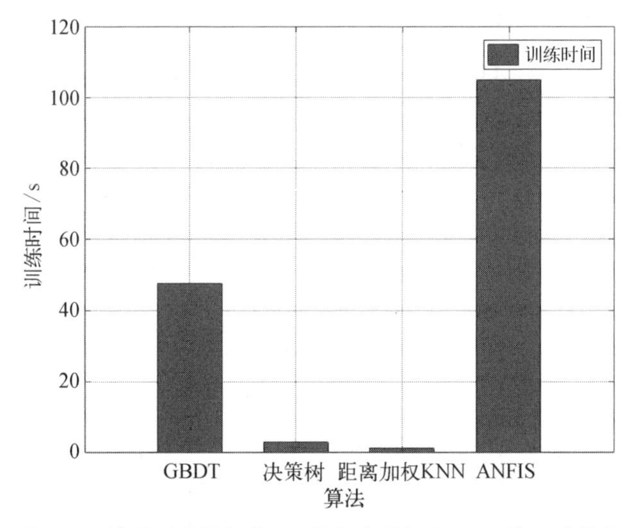


**图 4.10　使用测试数据集 *D*2 的多个特征($C/N_0$、伪距残差和卫星仰角)的不同算法的训练时间**[10]

加权 KNN。尽管 GBDT 算法的 NLOS 分类准确率低于传统决策树,但后者的漏检次数更多,更容易将多路径信号标记为 NLOS 信号。在迭代过程中,GBDT 侧重于训练残差较大的样本(即难以分类的样本)。最终的学习算法是在每次迭代中创建的多个回归树的融合,基于学习率来设置每个回归树的权重,在一定程度上缓解过拟合。决策树通过增加叶节点的数量来更好地拟合训练数据集。然而,树的结构越复杂,越容易发生过拟合,误分类越多。因此,由多个回归树组成的 GBDT 算法优于单个复杂决策树。尽管距离加权 KNN 的分类准确率接近 GBDT,且训练时间消耗较低,但是来自距离加权 KNN 算法的分类规则对其他数据集的适应性较差。ANFIS 算法的分类准确率超过 80%,但在多路径和 NLOS 观测量之间存在较高的误分类率。在所有候选算法中,基于 ANFIS 的算法训练时间最长。

数据集 *D*3 和 *D*4 分别采集自不同城市峡谷地区的位置 B 和位置 C,被用来验证提取的分类规则的有效性。表 4.4 和表 4.5 比较了测试数据集 *D*3 和 *D*4 的分类准确度。

**表 4.4　基于多特征($C/N_0$、伪距残差和卫星仰角)的不同算法对测试数据集 *D*3 的 LOS(1)、多路径(0)和 NLOS(−1)分类结果的混淆矩阵**[10]

| 算法 | | GBDT | | | 决策树 | | |
|---|---|---|---|---|---|---|---|
| 标记 ID | | −1 | 0 | 1 | −1 | 0 | 1 |
| 样本数量 | −1 | 6 239 | 2 262 | 0 | 8 320 | 168 | 13 |
| | 0 | 299 | 2 726 | 89 | 1 321 | 1 681 | 112 |
| | 1 | 0 | 0 | 0 | 0 | 0 | 0 |
| 准确率/% | | 77.2 | | | 86.1 | | |
| 分类准确率/% | | 73.4 | 87.5 | | 97.9 | 54 | |
| 算法 | | 距离加权 KNN | | | ANFIS | | |
| 标记 ID | | −1 | 0 | 1 | −1 | 0 | 1 |
| 样本数量 | −1 | 6 217 | 2 284 | 0 | 7 047 | 1 436 | 18 |
| | 0 | 1 024 | 1 687 | 403 | 868 | 1 252 | 994 |
| | 1 | 0 | 0 | 0 | 0 | 0 | 0 |
| 准确率/% | | 68 | | | 71.5 | | |
| 分类准确率/% | | 73.1 | 54.2 | | 82.9 | 40.2 | |

**表 4.5　基于多特征($C/N_0$、伪距残差和卫星仰角)的不同算法对测试数据集 *D*4 的 LOS(1)、多路径(0)和 NLOS(−1)分类结果的混淆矩阵**[10]

| 算法 | | GBDT | | | 决策树 | | |
|---|---|---|---|---|---|---|---|
| 标记 ID | | −1 | 0 | 1 | −1 | 0 | 1 |
| 样本数量 | −1 | 8 830 | 7 378 | 0 | 14 485 | 1 723 | 22 |
| | 0 | 3 694 | 5 025 | 112 | 7 782 | 851 | 198 |
| | 1 | 0 | 0 | 0 | 0 | 0 | 0 |

（续表）

| 算法 | | GBDT | | | 决策树 | | |
|---|---|---|---|---|---|---|---|
| 准确率/% | | 55.3 | | | 61.3 | | |
| 分类准确率/% | | 54.6 | 56.6 | | 89.4 | 9.6 | |
| 算法 | | 距离加权 KNN | | | ANFIS | | |
| 标记 ID | | −1 | 0 | 1 | −1 | 0 | 1 |
| 样本数量 | −1 | 9 217 | 6 991 | 0 | 9 385 | 6 663 | 160 |
| | 0 | 2 970 | 5 775 | 86 | 3 141 | 5 374 | 316 |
| | 1 | 0 | 0 | 0 | 0 | 0 | 0 |
| 准确率/% | | 60 | | | 59 | | |
| 分类准确率/% | | 56.9 | 65.4 | | 57.9 | 60.9 | |

表 4.4 给出了基于测试数据集 *D*3（来自相似的城市环境和训练数据）的分类准确度性能。基于 GBDT 算法的整体分类准确率为 77.2%，高于距离加权 KNN（68%）和 ANFIS（71.5%）。尽管基于决策树的算法具有相对较高的整体分类准确率（86.1%），但多路径的分类准确率却很低（54%）。使用决策树，更多的多路径信号被误分类为 NLOS 信号。

表 4.5 给出了基于测试数据集 *D*4（来自不同的城市环境和训练数据）的性能。所有候选算法（包括 GBDT）的总体分类准确率为 55%～62%，反映了机器学习算法的数据敏感性。

通过比较基于 $C/N_0$ 的 NLOS 去除算法和基于 GBDT 的多特征识别 NLOS 去除算法在不同位置的定位结果，来评估静态定位结果。此处，单个 $C/N_0$ 的阈值也由 GBDT 确定，与表 4.2 中的其他算法相比，其分类结果更好。表 4.6 中给出了来自位置 A、位置 B 和位置 C 的数据集 *D*2、*D*3 和 *D*4 的静态定位精度均方根误差（RMSE），三个位置的定位结果如图 4.11、图 4.12 和图 4.13 所示。

**表 4.6 位置 A、B 和 C 的 RMSE 比较**[10]

| RMSE/m | | *E* | *N* | *U* | 3D | 2D |
|---|---|---|---|---|---|---|
| 位置 A | 基于 $C/N_0$ 的 NLOS 去除算法 | 40.92 | 17.9 | 79.01 | 90.76 | 44.67 |
| | 基于 GBDT 的多特征识别 NLOS 去除算法 | 26.19 | 17.02 | 51.02 | 59.82 | 31.23 |
| | 提高率/% | 36.0 | 4.9 | 35.4 | 34.1 | 30.1 |

（续表）

| RMSE/m | | $E$ | $N$ | $U$ | 3D | 2D |
|---|---|---|---|---|---|---|
| 位置 B | 基于 $C/N_0$ 的 NLOS 去除算法 | 20.13 | 45.41 | 63.72 | 80.80 | 49.67 |
| | 基于 GBDT 的多特征识别 NLOS 去除算法 | 18.35 | 35.61 | 50.89 | 64.77 | 40.06 |
| | 提高率/% | 8.8 | 21.6 | 20.1 | 19.8 | 19.4 |
| 位置 C | 基于 $C/N_0$ 的 NLOS 去除算法 | 25.4 | 29.5 | 127.67 | 133.37 | 38.59 |
| | 基于 GBDT 的多特征识别 NLOS 去除算法 | 25.07 | 32.27 | 123.83 | 130.39 | 40.86 |
| | 提高率/% | 1.3 | −9.4 | 3.0 | 2.2 | −5.9 |

**图 4.11　基于 $C/N_0$ 的 NLOS 去除算法和基于 GBDT 的多特征识别 NLOS 去除算法在位置 A 的定位结果**[10]

在位置 A，基于 GBDT 的多特征识别 NLOS 去除算法的定位精度的 2D 和 3D RMSE 分别为 31.23 m 和 59.82 m，比基于单特征 $C/N_0$ 的 NLOS 去除算法分别高 30.1%和 34.1%。如图 4.11 所示，虽然这两种方法的定位结果均未能覆盖地面真值，但与基于单特征 $C/N_0$ 的 NLOS 去除算法相比，该算法的定位结果更加集中，更接近地面真值。对于邻近位置 A 的位置 B，基于 GBDT 的多特征识别 NLOS 去除算法的定位结果的 2D 和 3D RMSE 分别为 40.06 m 和 64.77 m，比基于单特征 $C/N_0$ 的 NLOS 去除算法分别高出 19.4%和 19.8%。

● 位置B的地面真值 ● 基于$C/N_0$的NLOS去除算法 ● 基于GBDT的多特征识别NLOS去除算法

**图 4.12 基于 $C/N_0$ 的 NLOS 去除算法和基于 GBDT 的多特征识别 NLOS 去除算法在位置 B 的定位结果**[10]

● 位置C的地面真值 ● 基于$C/N_0$的NLOS去除算法 ● 基于GBDT的多特征识别NLOS去除算法

**图 4.13 基于 $C/N_0$ 的 NLOS 去除算法和基于 GBDT 的多特征识别 NLOS 去除算法在位置 C 的定位结果**[10]

该算法的定位结果比图 4.12 所示的基于单特征 $C/N_0$的 NLOS 去除算法更接近地面真值。与位置 A 处于不同的城市峡谷环境中的位置 C,两种算法的定位结果相差不大。由于对信号接收类型的低分类性能(如多特征约占 55%,单特征约占 57%),与基于单特征 $C/N_0$的 NLOS 去除算法相比,2D 精度提高了 2.2%,而 3D 定位精度却降低了 5.9%。分析结果表明,对于位置 A 和位置 B,该算法可以有效地对信号接收类型进行分类,从而在去除检测到的 NLOS 信号后提高定位效果。对于位置 C,由于该算法的分类性能较差,因此无法提高定位精度。

需要注意的是,在相似的城市环境下,基于 GBDT 的多特征识别 NLOS 去除算法的定位精度相较基于 $C/N_0$ 的 NLOS 去除算法的定位精度提高 20%到 35%。通过校正在定位过程中使用的检测到的 NLOS 信号,有可能进一步改善定位结果。由 3D 地图的边界不准确引起的标记错误也是影响最终定位精度的原因。因此,利用改进的高清 3D 地图可以进一步提高定位精度。

总而言之,从 GBDT 算法中提取的分类规则适用于空间和材料特征基本相似的环境(即测试数据集 *D*2 和 *D*3),但对具有不同环境特征的数据集(即测试数据集 *D*4)的适应性较低。未来的工作是进一步探讨自适应性问题和实时在线训练算法。

### 4.1.3　小结

本节提出了一种以 $C/N_0$、伪距残差和卫星仰角为特征的 GBDT 算法,将 GPS 信号接收类型分为 LOS、多路径和 NLOS 三类,消除检测到的 NLOS,进行静态定位。测试数据集 *D*2(来自城市训练数据集相同的环境的位置 A)的信号接收分类结果表明,基于多特征的分类算法的整体准确率(静态数据为 89%)远高于基于单特征的 $C/N_0$分类算法(74.1%)。此外,对于信号在 NLOS 和多路径类别中的正确分类,分类准确率分别为 85.7%和 81.5%,优于决策树、距离加权 KNN 和 ANFIS 算法。对于测试数据集 *D*3(来自训练数据集相似的环境的位置 B),该算法的总体准确率为 77.2%。特别是 NLOS 和多路径的检测准确率分别为 73.4%和 87.5%,优于决策树、距离加权 KNN 和 ANFIS 算法。GBDT 的计算时间比决策树和距离加权 KNN 长,但是可以通过更高的计算处理能力解决。总的来说,考虑计算时间和分类准确率,GBDT 是研究 GPS 信号接收分类最好的算法。值得注意的是,对于某些具有与训练数据集不同特征的数据集(如来自位置 C 的 *D*4),由于从训练环境中提取的规则的不适用性,分类性能会降低。

基于具有多特征的 GBDT 的分类结果,去除检测到的 NLOS,从而进一步分析静态定位结果。与基于单特征 $C/N_0$的算法相比,位置 A 的定位精度提高了 34.1%(3D RMSE)。对于位置 B,基于多特征的 GBDT 算法的定位精度提高了 19.8%(3D RMSE),但低于位置 A。对于位置 C,由于空间和材料特性不同,基于多特征的 GBDT 算法无法提高定位精度。因此,环境敏感性是分类算法应用中的关键影响因素。在未来的工作中,可以通过开发时空动态算法、考虑更多信号相关特征及从多个不同位置训练数据来解决。

对于静态定位,本节提出的 GBDT 算法可用于检测 NLOS 和多路径信号,并用于数据预处理。实验结果表明,基于该算法消除 NLOS 可以在一定程度上提高定位精度。但是,简单的消除不能满足高精度定位的要求。该算法是对基于 3D 城市模型的现有定位算法(如阴影匹配)的补充。将来的研究中,我们将所提出的算法与 3D 地图相结合,以达到更好的静态定位精度,应用于土木工程,如建筑物维护和城市峡谷中的结构完整性/形变监测。对于动态定位,目前正在进行基于参考点网格框架的研究,从中获取数据进行训练。用户自动获取附近参考点的分类规则,对卫星信号接收类型进行准确分类,从而提高定位精度。此外,我们将开发配合 GBDT 算法使用的在线数据训练,从而实时应用于地面车辆、行人和无人机等。

## 4.2 基于机器学习和阴影匹配结合的城市峡谷定位技术

本节设计了一种基于 PSO - ANFIS/3D 城市模型的 GNSS 定位方法。将 $C/N_0$、伪距残差和卫星高度角三个特征输入到 PSO - ANFIS 中以对 GNSS 信号接收类型进行分类。基于 3D 城市模型,使用射线追踪预测每个候选位置的卫星可见性。类似于阴影匹配的方法,通过将每个候选位置的卫星可见性与 PSO - ANFIS 确定的信号接收类型进行匹配,确定用户的位置。本节将详细介绍这种基于 PSO - ANFIS/3D 城市模型的 GNSS 城市定位算法。

### 4.2.1 算法框架

图 4.14 给出了基于 PSO - ANFIS/3D 城市模型的 GNSS 定位算法的流

程,该算法包括离线和在线两部分。离线部分是在线部分的基础。在离线部分,利用 PSO－ANFIS 算法对包含大量 LOS、NLOS 和多路径信号的数据集进行训练,得到信号接收类型分类规则。然后,将该分类规则用于在线部分,对没有标记的 GNSS 观测数据进行信号接收类型分类。在线部分产生一系列的候选位置,对于每个候选位置,利用射线追踪法和 3D 城市模型预测每个卫星的可见性。通过比较预测的卫星可见性和 PSO－ANFIS 算法得出信号接收类型,计算每个候选位置的匹配度。筛选出匹配度大于阈值的候选位置,利用所设计的匹配机制进行平均计算,得出最终定位结果。

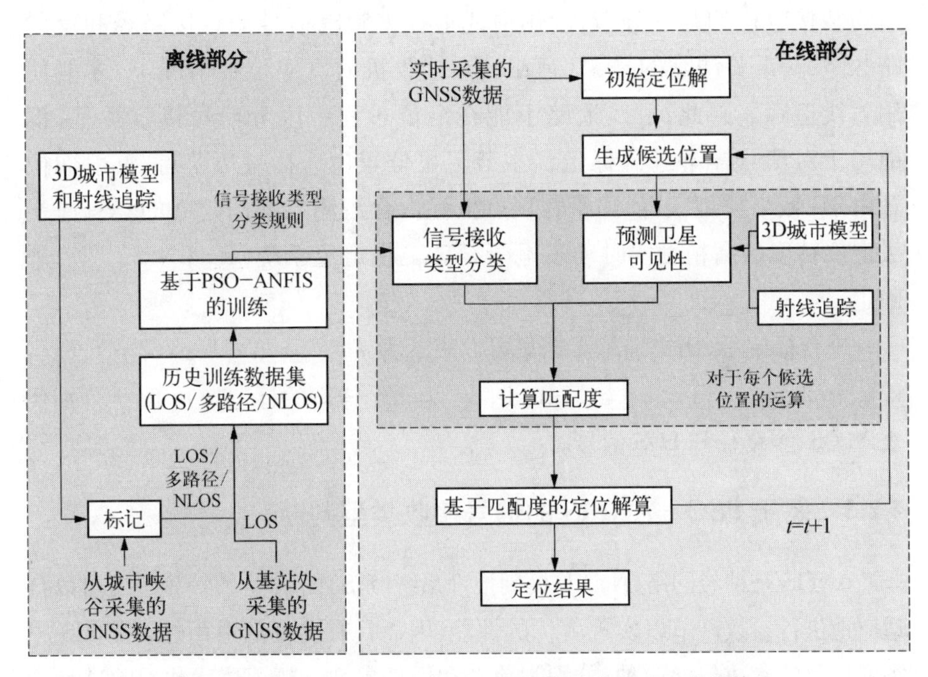


图 4.14　基于 PSO－ANFIS/3D 城市模型的 GNSS 定位算法

## 4.2.2　历史训练数据集的构建

1. 特征提取

本书从 GNSS 原始观测量中提取的特征可以从大多数 GNSS 设备中获得。从 GNSS 原始观测量中可提取的特征主要包括 $C/N_0$、HDOP、VDOP、卫星仰角、方位角、伪距残差、伪距率和可见卫星数。HDOP、VDOP 和 GDOP

表示单个历元可见卫星的几何分布，与信号接收类型无关。伪距率表示信号的瞬时变化，也与信号接收类型无关。因此，本章选取的特征与第三章的研究相一致，包括信号强度 $C/N_0$、伪距残差 $\eta$ 和卫星高度角 $\theta$。因此，历史训练数据集中每个样本都表示为 $\boldsymbol{x}_m = (C/N_{0_m}, \eta_m, \theta_m)$，$m = 1, 2, 3, \cdots, M$ 为样本序号，$M$ 为样本数。

2. 基于3D城市模型和射线追踪的数据样本标记

从位于开阔区域的基站处收集的数据集仅包含 LOS 信号，故将该部分数据均标记为 LOS。但是，从城市区域收集的数据集包含 LOS、NLOS 和多路径信号，必须进一步分类。为标记训练数据集，根据已知卫星、反射物和接收机的几何分布，应用射线追踪来跟踪信号的直接路径和反射路径[11]。需要注意的是，只有在已知接收机的真实位置情况下，才能使用射线追踪。因此，射线追踪不能在定位过程中区分信号接收类型，仅能用于对信号样本进行标记。本节卫星位置由广播星历获得，反射面位置由3D城市模型获得，建筑物顶点坐标由台湾测绘部门建立的具有厘米级定位精度的高精度实时动态电子全球卫星定位系统(e-GNSS)[20-21]来确定。

进行标记后，历史训练数据集可以表示为 $T = \{(\boldsymbol{x}_1, y_1), (\boldsymbol{x}_2, y_2), (\boldsymbol{x}_3, y_3), \cdots, (\boldsymbol{x}_M, y_M)\}$，$y_m \in \{-1, 0, 1\}$ 为每个样本的标记，-1、0、1 分别代表 NLOS、多路径和 LOS 信号。

### 4.2.3 基于 PSO-ANFIS 的信号接收类型判断

ANFIS 是神经网络(NN)与模糊推理系统(FIS)的结合[19]。该算法可以自适应地进行参数调节以实现更优的性能，因而具有良好的适用性。ANFIS 中需要优化的参数包含两种，分别为前件和后件参数。粒子群优化(PSO)是一种智能算法，最早由 Eberhart 和 Kennedy[22]提出，其灵感来源于鸟群和鱼群的社会行为。近年来，PSO 被用来进行 ANFIS 的参数优化[23]。PSO-ANFIS 是 PSO 和 ANFIS 的结合，被广泛应用于无线通信[24]、风能预测[25]和感应电动机控制[26]等领域。

本书使用的 PSO-ANFIS 系统包含三个输入和一个输出，输入特征为信号强度 $C/N_0$、伪距残差 $\eta$ 和卫星仰角 $\theta$，输出为 GNSS 信号接收类型。如图 4.15 所示，基于传统 ANFIS 的信号接收类型分类器由五层组成。

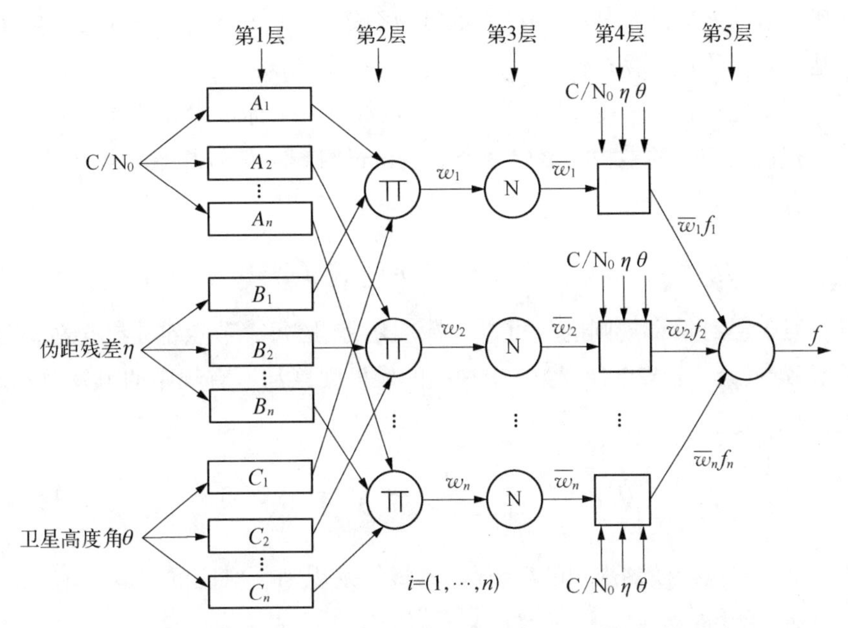


**图 4.15　基于传统 ANFIS 的五层信号接收类型分类器**

第 1 层执行模糊化的过程,该层每个节点均表示为长方形。以第一个输入 $C/N_0$ 为例,节点函数为

$$O_i^1 = \mu A_i(C/N_0) \qquad (4-19)$$

式中,$C/N_0$ 是节点 $i$ 的输入;$A_i$ 是与此节点函数相关的模糊集(如小、中、大、很大),$\mu A_i$ 是 $A_i$ 的隶属度函数;$O_i^1$ 是该隶属度,表示给定输入 $C/N_0$ 属于模糊集 $A_i$ 的程度。本书的初始隶属度函数设置为高斯函数:

$$Gaussian(C/N_0;\ \sigma,\ c) = e^{-\frac{(C/N_0-c)^2}{2\sigma^2}} \qquad (4-20)$$

式中,$c$ 确定隶属度函数的中心,$\sigma$ 确定曲线的宽度。第 1 层中的这些参数称为前件参数,高斯隶属度函数随着这些参数值的变化而变化,因此,模糊集 $A_i$ 的隶属度函数随着参数的变化有多种不同的形状。类似地,定义 $\eta$, $\theta$ 和对应的初始隶属度函数为 $\mu B_i(\eta)$ 和 $\mu C_i(\theta)$。接下来,基于一阶 Sugeno 模糊模型提取初始规则[27]。例如,$C/N_0$ 属于模糊子集 $A_1$, $\eta$ 属于模糊子集 $B_1$, $\theta$ 属于模糊子集 $C_1$, 该规则可以表示为

$$f_1 = p_1 \cdot C/N_0 + q_1 \cdot \eta + r_1 \cdot \theta + t_1 \qquad (4-21)$$

在接下来的 NN 训练中,隶属度函数将与参数 $p_1$、$q_1$、$r_1$ 和 $t_1$ 一起进行优化。$f_1$ 是第 $i$ 个规则的第 1 条。

第 2 层执行"与"运算,该层每个节点都是一个标记为 Π 的圆形节点,输出的是输入信号的乘积。该层每个节点通过将输入信号相乘计算每个规则的权重 $w_i$:

$$O_i^2 = w_i = \mu A_i(\mathrm{C/N_0}) \cdot \mu B_i(\eta) \cdot \mu C_i(\theta),\ i = 1,\ 2,\ 3 \tag{4-22}$$

第 3 层对每个规则的权重进行标准化,该层每个节点都是标记为 N 的圆形节点,第 $i$ 个节点计算第 $i$ 个规则的触发强度与所有规则的触发总和之比,用 $\bar{w}_i$ 表示:

$$O_i^3 = \bar{w}_i = \frac{w_i}{w_1 + w_2 + w_3},\ i = 1,\ 2,\ 3 \tag{4-23}$$

第 4 层执行模糊规则的后续部分,将每条规则与对应的权重相乘,由式(4-24)给出:

$$O_i^4 = \bar{w}_i f_i = \bar{w}_i(p_i \cdot \mathrm{C/N_0} + q_i \cdot \eta + r_i \cdot \theta + t_i) \tag{4-24}$$

式中,$\bar{w}_i$ 是第 3 层的输出,$p_i$、$q_i$、$r_i$、$t_i$ 是参数集。该层中的参数称为后件参数,在训练过程中进行调节。$f_i$ 是第 $i$ 条规则的输出。

第 5 层计算所有输入信号之和作为输出:

$$\sum_i \bar{w}_i f_i = \frac{\sum_i w_i \cdot f_i}{\sum_i w_i} \tag{4-25}$$

应用模糊 $c$ 均值(FCM)聚类来初始化 FIS 以降低计算复杂度[28]。此后,对 ANFIS 进行训练来调整模型参数,以进一步优化 FIS[26]。在学习过程中,调整第 1 层中的前件参数和第 4 层中的后件参数,直到实现所需的精度。文献[29]中,ANFIS 使用混合学习算法来调整 Sugeno 型 FIS 的参数。该学习算法的精度欠佳,仍需改进。PSO 由于计算量较小,实现简单,已被用于 ANFIS 的训练过程,提高 ANFIS 的准确性。PSO 算法通过修改和调整模糊规则的前件和后件参数重塑隶属度函数,从而增强系统性能。

在 PSO-ANFIS 中,每个粒子 p 代表一种候选模糊模型。确定初始 FIS

后，把参数 $c$（每个隶属度函数的中心），$\sigma$（每个隶属度函数的方差）和每个规则的相应值 $p$，$q$，$r$，$t$ 作为粒子，用 PSO 调整这些粒子，最终得到优化后的 ANFIS 模型。用 PSO 优化 ANFIS 参数的流程如下。

（1）先通过上述的学习方法生成初始 FIS，然后以初始 FIS 参数为中心，生成由前件参数和后件参数组成的一组随机粒子。第 $t$ 次迭代中第 $j$ 个粒子的位置表示为

$$\boldsymbol{x}_j(t)=\{\sigma_{A_1},\ c_{A_1},\ \cdots,\ \sigma_{A_n},\ c_{A_n},\ p_1,\ q_1,\ r_1,\ t_1,\ \cdots,\ p_n,\ q_n,\ r_n,\ t_n\} \tag{4-26}$$

（2）根据适应度函数评估每个粒子的适应度值 $F$：

$$F[\boldsymbol{x}_j(t)]=\sqrt{\frac{\sum_{m=1}^{M}(\hat{y}_m^j-y_m)^2}{M}} \tag{4-27}$$

式中，$m=1,\ 2,\ 3,\ \cdots,\ M$ 表示训练数据集中样本的序号，$M$ 为样本数；$y_m$ 为第 $m$ 个样本的标签；$\hat{y}_m^j$ 为基于第 $j$ 个粒子的参数的 FIS 预测结果，$F[\boldsymbol{x}_j(t)]$ 表示第 $j$ 个粒子的适应度值。

（3）将每个粒子的适应度与迄今为止的最佳适应度进行比较。如果 $F[\boldsymbol{x}_j(t)]<pbest_j$，那么：

$$pbest_j=F[\boldsymbol{x}_j(t)] \tag{4-28}$$

$$\boldsymbol{x}_{pbest}=\boldsymbol{x}_j(t) \tag{4-29}$$

式中，$pbest$ 表示个体最优；$\boldsymbol{x}_{pbest}$ 是到当前粒子在迭代中的最佳位置；$pbest_j$ 是粒子自身的最佳适应度值。

（4）将每个粒子的适应度与整体最优粒子进行比较。如果 $F[\boldsymbol{x}_j(t)]<gbest$，那么：

$$gbest=F[\boldsymbol{x}_j(t)] \tag{4-30}$$

$$\boldsymbol{x}_{gbest}=\boldsymbol{x}_j(t) \tag{4-31}$$

式中，$gbest$ 表示全局最优；$\boldsymbol{x}_{gbest}$ 是整个粒子群中最佳的粒子位置。

（5）更新每个粒子的速度：

$$v_j(t+1)=w\times v_j(t)+\rho_1[\boldsymbol{x}_{pbest}-\boldsymbol{x}_j(t)]+\rho_2[\boldsymbol{x}_{gbest}-\boldsymbol{x}_j(t)] \tag{4-32}$$

式中，$w$ 是惯性的加权因子；随机变量 $\rho_1$ 和 $\rho_2$ 分别定义为 $\rho_1 = C_1R_1$ 和 $\rho_2 = C_2R_2$，$C_1$ 和 $C_2$ 是个体认知分量和整体认知分量，$R_1$ 和 $R_2$ 是在(0, 1)范围内均匀分布的随机数。

(6) 将每个粒子移到新位置：

$$\boldsymbol{x}_j(t) = \boldsymbol{x}_j(t-1) + v_j(t) \tag{4-33}$$

(7) $t = t + 1$，转到(2)，重复直到 $t$ 达到预设的最大迭代次数。

(8) 选择粒子的最佳值作为最终参数集来创建优化的 FIS 模型，从而对接收信号进行分类。

最后获得的 FIS 可用于预测测试数据集中未标记样本 $\boldsymbol{x} = (\Delta C/N_0, \eta, \theta)$ 的信号接收类型，将预测值规整得以获取信号接收类型(-1, 0, 1)。

### 4.2.4 基于信号接收类型匹配的定位解算

在离线部分中获得的 GNSS 信号接收类型分类规则用于在在线部分中对未标记的信号进行分类。在线部分主要包含一种基于信号接收类型分类和 3D 城市模型的定位方法。下面描述图 4.14 中右侧的在线部分流程。

1. 初始定位

采用传统的基于最小二乘的伪距单点定位算法进行解算，获得接收机的初始位置。

2. 生成候选位置

利用高斯分布生成一组候选位置。在第一个历元，候选位置围绕初始位置分布。受多径效应和 NLOS 的影响，初始位置通常远离真值，从而导致覆盖真值的分布半径较大。为避免此问题，在随后的历元中，候选位置的分布中心为该历元的初始定位解与上一历元最终位置解连线的中点。

3. 计算每个候选位置的匹配度

对每个候选位置，利用 3D 城市模型和射线追踪预测每个卫星的可见性。卫星可见性和实际信号接收类型匹配程度越高，候选位置越接近真值。然而，定位过程中，真实位置是未知的，故实际信号接收类型也是未知的。因此，采用离线部分生成的 PSO - ANFIS 规则进行准确的分类，将每个候选位置上预测的卫星可见性和通过 PSO - ANFIS 分类得到的接收信号类型进行匹配。计算匹配度来对每个候选位置加权。匹配判断如表 4.7

所示,匹配率反映了候选位置与真值的接近程度,匹配率越高,候选位置越接近真值。

**表 4.7　卫星信号匹配判断表**

| | | 预测的卫星可见性 | | | |
|---|---|---|---|---|---|
| | | LOS 信号 | NLOS 信号 | 多路径 | 被遮挡信号 |
| 信号接收类型 | LOS 信号 | √ | × | × | × |
| | NLOS 信号 | × | √ | × | × |
| | 多路径 | × | × | √ | × |

需要注意的是,每个候选位置只有 3 种信号接收类型,但是有 4 种卫星可见性。因为信号接收类型是针对接收到的信号来说的,故只有 LOS、NLOS 和多路径三种,不含信号被遮挡的情况。由于待评估的候选位置不一定是真值,信号被遮挡就是指在候选位置接收不到某一卫星的信号。计算第 $i$ 个候选位置的匹配率:

$$P_i = \frac{N_{\text{match}}}{M_{\text{total}}} \times 100\% \tag{4-34}$$

式中,$M_{\text{total}}$ 是接收到信号的卫星个数;$N_{\text{match}}$ 是预测的卫星可见性和 PSO - ANFIS 规则确定的信号接收类型相匹配的卫星个数。

4. 利用候选位置的匹配率定位

计算每个候选位置的匹配率之后,根据经验选择阈值,选择匹配率大于阈值的候选位置,并将它们的平均值作为最终位置:

$$N_t = \frac{1}{l}\sum_{i=1}^{l} N_i \tag{4-35}$$

$$E_t = \frac{1}{l}\sum_{i=1}^{l} E_i \tag{4-36}$$

式中,$N_i$ 和 $E_i$ 分别是选定的第 $i$ 个候选位置的北向坐标和东向坐标;$N_t$ 和 $E_t$ 分别是第 $t$ 个历元最终定位解的北向坐标和东向坐标。注意:$l$ 取决于通过阈值选择了多少候选位置,随着历元的变化而变化。在此过程中,排除匹配率低于阈值的候选位置,是为降低远离真实位置的候选位置对定位结果的影响。考虑到 PSO - ANFIS 的可能误分类和 3D 城市模型的误差,即使候选位置与真值重合,计算出的匹配率也可能达不到 100%。因此,本书将阈值设为 70%,以筛选出具有绝大多数预测卫星可见性与信号接收类型相匹配的候选位置。然而,在某些历元,如果不存在匹配率大于 70% 的候选位置,则使阈值降至 50%,以确保有足够的候选位置用于最终定位解算。该历元的最终定位结果与下一历元的初始定位解一起,确定下一历元的分布中心。后续历元重复该过程。

### 4.2.5 实验设计

为验证所提出的算法,我们在台湾成功大学测量系大楼附近进行数据采集(图 4.16)。假设每个建筑物都由多个简单的垂直和水平平面组成,并且每个平面都由包含四个顶点的矩形表示。本书仅考虑两面对 GNSS 信号接收有影响的墙,并使用它们的顶点坐标来形成 3D 城市模型,如图 4.17 所示。QQ01 至 QQ04 代表东侧墙的四个顶点,而 QQ05 至 QQ08 代表南侧墙的四个顶点。由于图 4.17 的左图是平面图,因此仅显示了屋顶上的顶点。拐角处的两堵墙的高度因 QQ02 和 QQ05 的坐标不同而不同。建筑物和接收机的坐标是由台湾测绘部门建立的 e-GNSS 确定的。

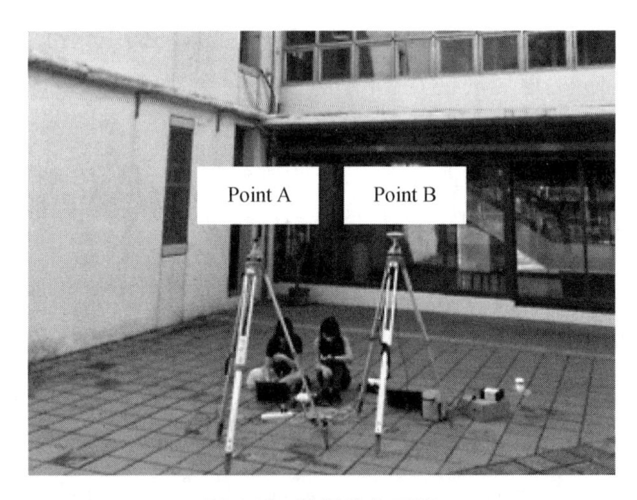


图 4.16 数据收集环境

实验过程如图 4.18 所示。2019 年 3 月 2 日,使用 Novatel 公司的测地型接收机 OEMV-3 在名为 CKSV 的静态参考站中以 1 秒的间隔采集了 2 个小时的数据。同日,使用商用 GNSS 接收机 UBLOX M8T 在台湾成功大学的 Point A 上以 0.2 秒的间隔采集了 30 分钟的数据。由于来自参考站的数据的

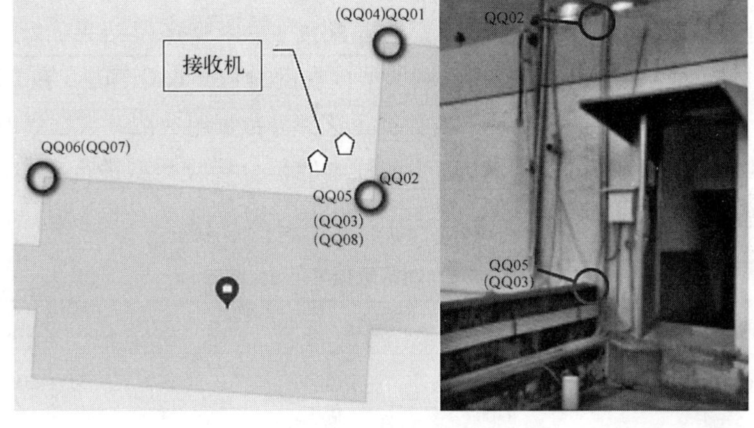

**图 4.17　墙的顶点**

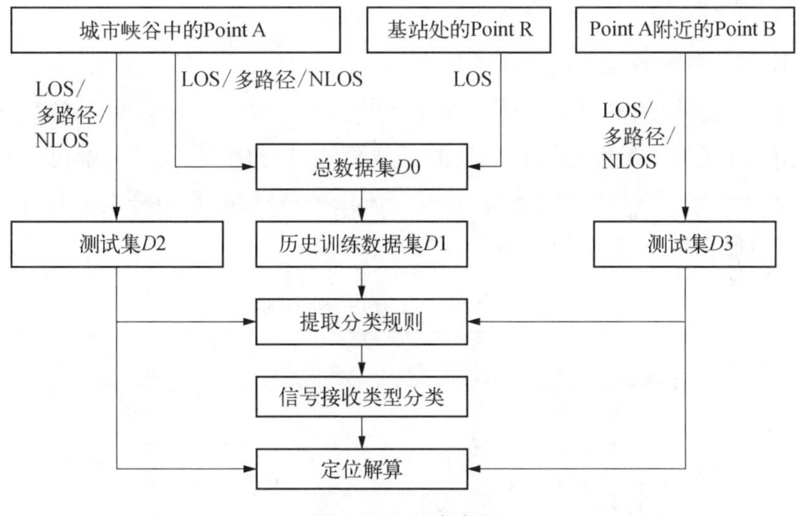


**图 4.18　实验流程**

采样率低于来自 Point A 的数据的采样率，因此，在参考站收集了更长的时间数据，以确保来自两个点的数据量相似。这两部分数据构成了总数据集 *D*0。为防止训练结果因样本分布不均而产生偏差，从 *D*0 中提取了等量的 LOS、NLOS 和多路径样本，以生成历史训练数据集 *D*1，如表 4.8 所示。*D*1 中的每个样本都包含 3 个特征：$C/N_0$、伪距残差和卫星仰角，以及由射线追踪和 3D 城市模型确定的标记。本书在应用 PSO－ANFIS 算法时，不考虑特征的时间相关性。通过对数据集 *D*1 进行训练提取信号分类规则，以对测试数

据集 $D2$ 的信号接收类型进行分类,$D2$ 包含在 Point A 收集的所有测量值。基于分类结果,评估每个候选位置的匹配度,并计算定位结果。此外,与 Point A 同时,使用 Novatel 公司的测地型接收机的 Propak OEM－6 在 Point B (Point A 附近)以 1Hz 的频率采集数据。这部分数据组成测试数据集 $D3$,利用从数据集 $D1$ 提取的规则对 $D3$ 中的样本的信号接收类型进行分类,并进行定位解算以验证算法的有效性。

**表 4.8　训练数据集汇总**

| 训练数据集 $D1$ | 城市峡谷 | | | 参考站 |
|---|---|---|---|---|
| 信号类型标记 | NLOS | 多路径 | LOS | LOS |
| 样本数量 | 6 000 | 6 000 | 3 000 | 3 000 |

### 4.2.6　结果分析

1. 信号接收类型分类结果

本节对所提出的基于 PSO－ANFIS 的 GNSS 信号接收类型分类器进行测试,并将其与用于信号接收分类的其他算法进行比较,包括决策树、GBDT 和常规 ANFIS。这些算法已被广泛用于 GPS 信号接收类型分类。表 4.9 中为与 PSO－ANFIS 算法相关的参数。

**表 4.9　PSO－ANFIS 参数设置**

| 参　数 | 数　值 |
|---|---|
| 最大迭代次数 | 1 000 |
| 粒子数 | 25 |
| 初始惯性权重 $w_{\min}$ | 1 |
| 惯性权重阻尼比 $w_{\text{damp}}$ | 0.99 |
| 认知加速度 $C_1$ | 1 |
| 社会加速度 $C_2$ | 2 |
| 每个输入的 MF 数 | 10 |

文献[30]关于变量对粒子轨迹影响的研究表明,选取 $C_1 + C_2 \leqslant 4$ 可保证粒子群算法的稳定性。因此,本书设置 $C_1 = 1$, $C_2 = 2$。将 $w_{\min}$ 设置为 1,将 $w_{\text{damp}}$ 设置为 0.99,以确保惯性权重随迭代次数增加而减小,这将使该算法在迭代的初始阶段具有较强全局收敛能力,在后续的迭代中具有较强局部收敛能力。此外,通过多次实验,将每个输入的最大迭代次数、粒子数和 MF

数分别设置为1 000、25和10,以平衡分类精度和计算负荷。实验结果表明,提出的PSO－ANFIS算法的整体分类精度为94.2%,并且对LOS、NLOS、多路径都具有较高的分类成功率。

2. 定位精度分析

图4.19中,不同的颜色表示不同的匹配度范围。紫色点的匹配率最高,大于0.9。红色、黄色、绿色和蓝色表示的匹配度范围分别为0.7~0.9、0.5~0.7、0.3~0.5和0~0.3。从图中可以看出,紫色和红色表示的具有较高匹配度的候选位置分布在真值附近,且与真实位置的距离越远,匹配度越低。因此,计算匹配度高于给定阈值的候选位置的加权平均值,得到的最终定位解可以非常接近真实位置。通常将阈值设为70%,当没有候选位置的权重大于70%时,将阈值降为50%。

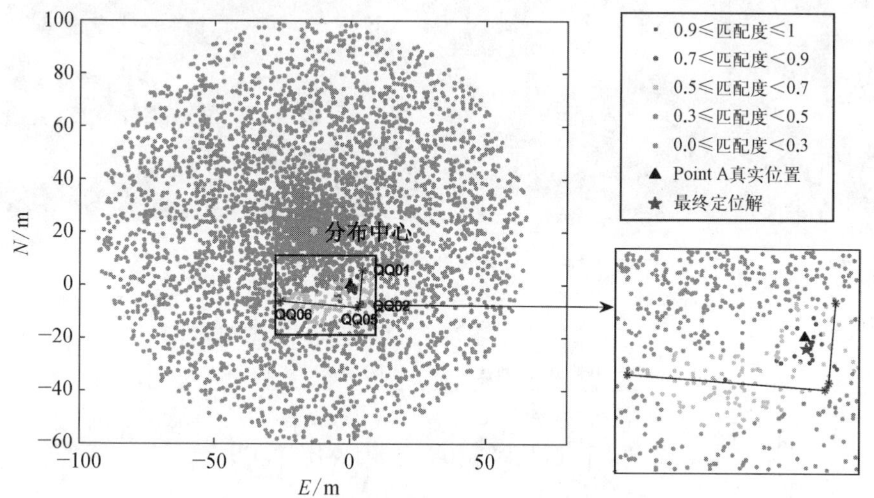

**图4.19　一个示例历元的每个候选位置的匹配度**

为验证基于PSO－ANFIS/3D城市模型综合决策的GNSS定位算法的定位精度,本书将基于PSO－ANFIS/3D城市模型综合决策的GNSS定位算法与传统定位算法、基于$C/N_0$的NLOS排除定位算法[1-2]和阴影匹配算法[31]做了比较。图4.20展示了在Point A处各算法的定位结果。从图中可以看出,所提出算法的定位结果比其他算法更接近真值。图4.21为各算法在东、西方向和二维平面上的定位误差曲线,从图中可以看出所提出算法的误差曲线相比其他算法更平稳且更接近0。表4.10比较了各算法的RMSE和95%分位点定位误差。所提出算法的二维RMSE为3.20 m,比传统定位算法提高了88%,也

优于基于 $C/N_0$的 NLOS 排除定位算法(15.03 m)和阴影匹配算法(6.12 m)。所提出算法的 95%分位点 2D 定位误差降至 5.61 m,比传统定位算法提高了 89%,同样优于基于 $C/N_0$的 NLOS 排除定位算法(29.54 m)和阴影匹配算法(10.71 m)。

图 4.20 各算法在 A 点的定位结果

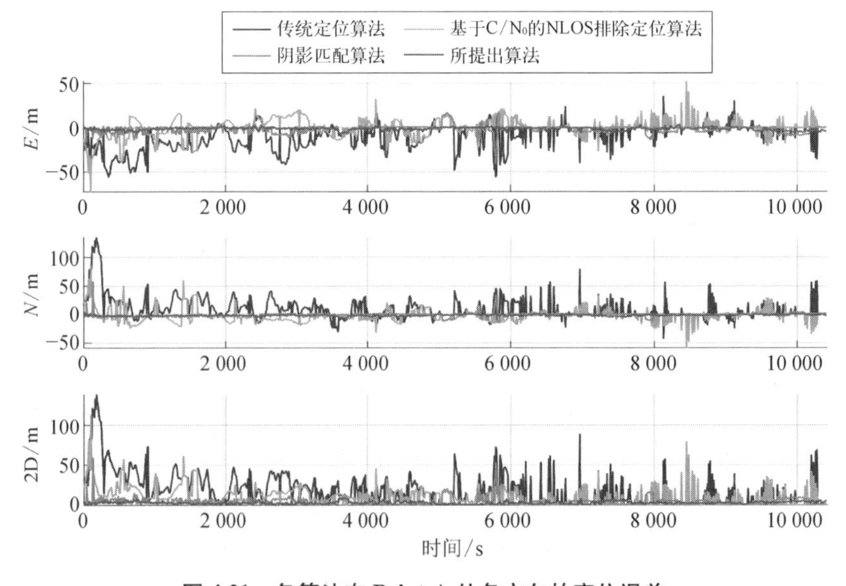


图 4.21 各算法在 Point A 处各方向的定位误差

**表 4.10　各算法在 Point A 的定位精度的比较**

| 定位算法 | RMSE/m | | | 95%分位点定位误差/m | | |
|---|---|---|---|---|---|---|
| | *E* | *N* | 2D | *E* | *N* | 2D |
| 传统定位算法 | 16.87 | 21.32 | 27.19 | 38.06 | 40.36 | 52.44 |
| 基于 $C/N_0$ 的 NLOS 排除定位算法 | 9.99 | 11.23 | 15.03 | 20.26 | 23.02 | 29.27 |
| 阴影匹配算法 | 4.78 | 3.82 | 6.12 | 9.27 | 5.28 | 10.71 |
| 所提出算法 | 2.00 | 2.50 | 3.20 | 4.29 | 4.46 | 5.61 |

为进一步验证所提出的算法，使用另一个接收机在 Point A 附近的 Point B 处同时采集数据。各算法在 Point B 点处的定位结果和误差曲线分别如图 4.22 和图 4.23 所示，在表 4.11 中比较它们的 RMSE 和 95%分位点定位误差。

**图 4.22　各算法在 Point B 的定位结果**

从图 4.22 和图 4.23 可看出所提出的算法的定位结果相比其他算法更接近真实位置。从表 4.11 可看出所提出方法的二维 RMSE 和 95%分位点定位误差分别为 1.88 m 和 3.55 m，极大地优于基于 $C/N_0$ 的 NLOS 排除定位算法(5.61 m 和 11.03 m)和阴影匹配算法(5.41 m 和 10.58 m)。值得注意的是，B 点使用的 Novatel Propak oem－6 是测地型接收机，比 A 点使用的商用接收器 UBLOX M8T 更为精确，这表明该算法在处理高精度 GNSS 接收机采集到的数据时仍然可以提高定位精度。

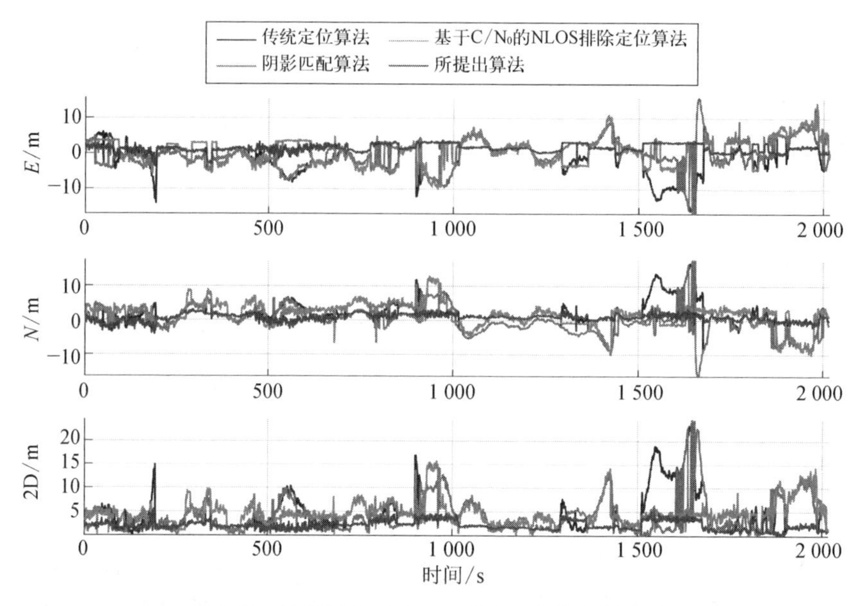


**图 4.23 各算法在 Point B 处各方向的定位误差**

**表 4.11 各算法在 Point B 的定位精度的比较**

| 定位算法 | RMSE/m | | | 95%分位点定位误差/m | | |
|---|---|---|---|---|---|---|
| | *E* | *N* | 2D | *E* | *N* | 2D |
| 传统定位算法 | 4.68 | 4.48 | 6.47 | 9.78 | 8.95 | 13.23 |
| 基于 $C/N_0$ 的 NLOS 排除定位算法 | 3.95 | 3.98 | 5.61 | 7.68 | 7.96 | 11.03 |
| 阴影匹配算法 | 3.81 | 3.83 | 5.41 | 7.62 | 7.72 | 10.58 |
| 所提出算法 | 1.52 | 1.11 | 1.88 | 3.13 | 2.28 | 3.55 |

## 4.3 基于机器学习和双极化天线的城市峡谷定位技术

本节设计了一种基于双极化天线的城市峡谷内卫星定位方法,实现了卫星可见性判断法则的可靠挖掘,解决了仅根据双极化天线采集信号的载噪比差值挖掘卫星可见性判断法则不可靠的技术问题。本方法在不同场景下,使用双极化天线采集数据生成历史训练数据集,并设计了梯度提升自适应神经模糊系统(GB - ANFIS)这种机器学习算法生成可靠的卫星可见性判断法则,使用该法则对新采集的数据进行判断,并排除 NLOS 信号。由于 NLOS 信号会造成较大的定位误差,且现有的接收机相关器技术不能有效处理NLOS信号，因此有效排除NLOS信号能够提高城市峡谷内定位精度。此外原有的卫星可见性判断方法大多仅考虑单一的载噪比进行判断，通过使用双极化天线，将双极化天线中（左极化和右极化输出的）载噪比差值与卫星仰角、伪距残差等变量相结合，使用GB－ANFIS算法训练出的卫星可见性判断法则可靠性较强，能够对城市峡谷内的卫星可见性进行可靠、准确的判断，从而提高城市峡谷的定位精度，见图4.24。

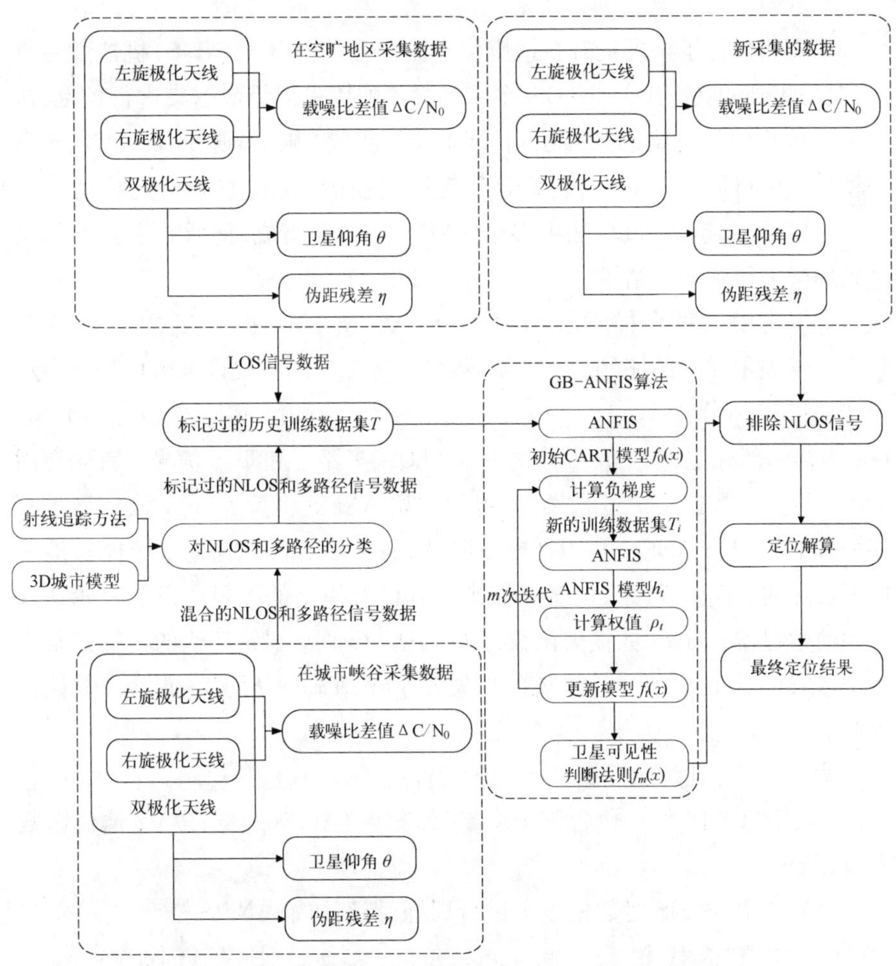


**图4.24 基于机器学习和双极化天线的城市峡谷定位算法**[6]

1. 建立历史训练数据集

分别在开阔区域、城市区域等不同场景，在已知位置使用双极化天线采集信号。对于每一个卫星信号，分别采集其在左旋极化天线和右旋极化天线端输出的载噪比,并将两者做差。使用该载噪比差值 $\Delta C/N_0$ 与伪距残差 $\eta$、卫星仰角 $\theta$ 数据组成历史训练数据集,数据集中每个样本均包含三个变量 $(\Delta C/N_0, \eta, \theta)$ 。将在空旷地区基站处采集的数据标记为 LOS;基于 3D 城市模型,通过射线追踪法将从城市区域中采集到的观测数据分类为多路径和 NLOS,并进行标记,以获得标记过的历史训练数据集。

2. 获取卫星可见性判断法则

本发明设计了梯度提升自适应神经模糊系统(GB - ANFIS)机器学习算法,对采集到的具有 LOS/NLOS/多路径标签的历史训练数据集进行挖掘,从而生成接收信号类型的判断法则,即卫星可见性判断法则。GB - ANFIS 是一种迭代的机器学习算法,它将自适应神经模糊系统(ANFIS)与梯度提升(GB)思想结合起来,该算法由多个 ANFIS 学习器组成,把所有学习器的结论累加起来得到最终结果。

训练集中的每个样本表示为 $x_i = (\Delta C/N_{0_i}, \eta_i, \theta_i)$ ,其中 $i = 1, 2, 3, \cdots, N$ 表示样本的序号,$N$ 为样本数量。标记过的历史训练数据集可表示为 $T = \{(x_1, y_1), (x_2, y_2), (x_3, y_3), \cdots, (x_N, y_N)\}$,其中 $y_i \in \{-1, 0, 1\}$,为样本的标记,-1、0、1 分别表示 NLOS、多路径和 LOS 信号。首先使用 ANFIS 算法对数据集 $T$ 进行训练,得到初始 ANFIS 模型 $f_0(x)$,该模型是不够准确的。GB - ANFIS 利用梯度下降法,每一步迭代都构建一个能够沿着梯度最陡的方向降低损失的学习器来弥补已有模型的不足。设前一轮迭代得到的学习器 $f_{t-1}(x)$ 的损失函数是 $L[y, f_{t-1}(x)]$,本轮迭代的目标是找到一个 ANFIS 模型 $h_t(x)$,让本轮的损失 $L[y, f_{t-1}(x) + h_t(x)]$ 最小。算法流程如下。

输入:历史训练数据集 $T = \{(x_1, y_1), (x_2, y_2), (x_3, y_3), \cdots, (x_N, y_N)\}$,其中每个样本 $x_i$ 包含三个变量,即 $x_i = (\Delta C/N_{0_i}, \eta_i, \theta_i)$ ;迭代次数为 $m$。

(1) 使用 ANFIS 对数据集 $T$ 进行训练,得到初始 ANFIS 模型 $f_0(x)$ 。

(2) 对于迭代轮数 $t = 1, 2, 3, \cdots, m$。计算负梯度:$\tilde{y}_i = -\left.\dfrac{\partial L[y_i, f(x_i)]}{\partial f(x_i)}\right|_{f(x)=f_{t-1}(x)}$,其中损失函数为

$$L[y_i, f(x_i)] = \frac{1}{2}[y_i - f(x_i)]^2 \tag{4-37}$$

用负梯度 $\tilde{y}_i$ 代替原历史训练数据集中样本的标记 $y_i$，用 ANFIS 对新的训练数据集 $T_t = \{(x_1, \tilde{y}_1), (x_2, \tilde{y}_2), (x_3, \tilde{y}_3), \cdots, (x_N, \tilde{y}_N)\}$ 进行训练，得到 ANFIS 模型 $h_t(x_i; a_t)$，可用式(4-38)表示：

$$a_t = \arg\min_a \sum_{i=1}^{N} [\tilde{y}_i - h_t(x_i; a)]^2 \tag{4-38}$$

式中，$a_t$ 是 ANFIS 的前件参数和后件参数。

计算 ANFIS 模型 $h_t(x_i; a_t)$ 的权值：

$$\rho_t = \arg\min_\rho \sum_{i=1}^{N} L[y_i, f_{t-1}(x_i) + \rho h_t(x_i; a_t)] \tag{4-39}$$

更新模型：

$$f_t(x) = f_{t-1}(x) + \rho_t h_t(x; a_t) \tag{4-40}$$

(3) 迭代终止后，输出 $f_m(x)$ 作为最终的卫星可见性判断法则，使用该法则可对新输入的样本 $x = (\Delta C/N_0, \eta, \theta)$ 进行判断，模型 $f_m(x)$ 输出的值不是整数，因此，判断时需要对结果进行规整。

3. 位置信息估算

使用上一步获取的卫星可见性判断法则，对新采集的卫星信号进行判断，将判断为 NLOS 的信号剔除，使用其余的测量值进行定位解算，以获得更精确的定位结果。

## 4.4 基于粒子滤波和 3D 城市模型辅助的城市峡谷定位技术

本节设计了一种基于 3D 城市模型辅助的城市峡谷内卫星定位方法，实现了卫星接收信号类型判断法则的可靠挖掘，解决了当前 3D 城市模型辅助的 GNSS 多路径误差修正算法中卫星信号接收类型状态判断算法的准确性不足、可靠性低，多路径信号修正模型的计算效率和定位性能有待提高等技术问题。基于 3D 城市模型辅助的城市峡谷内卫星定位方法的具体方案如图 4.25 所示，包括 6 个步骤。

1. 抽取接收信号类型的判断法则

在不同场景（空旷地带、城市峡谷）下采集数据构建历史训练数据集，即

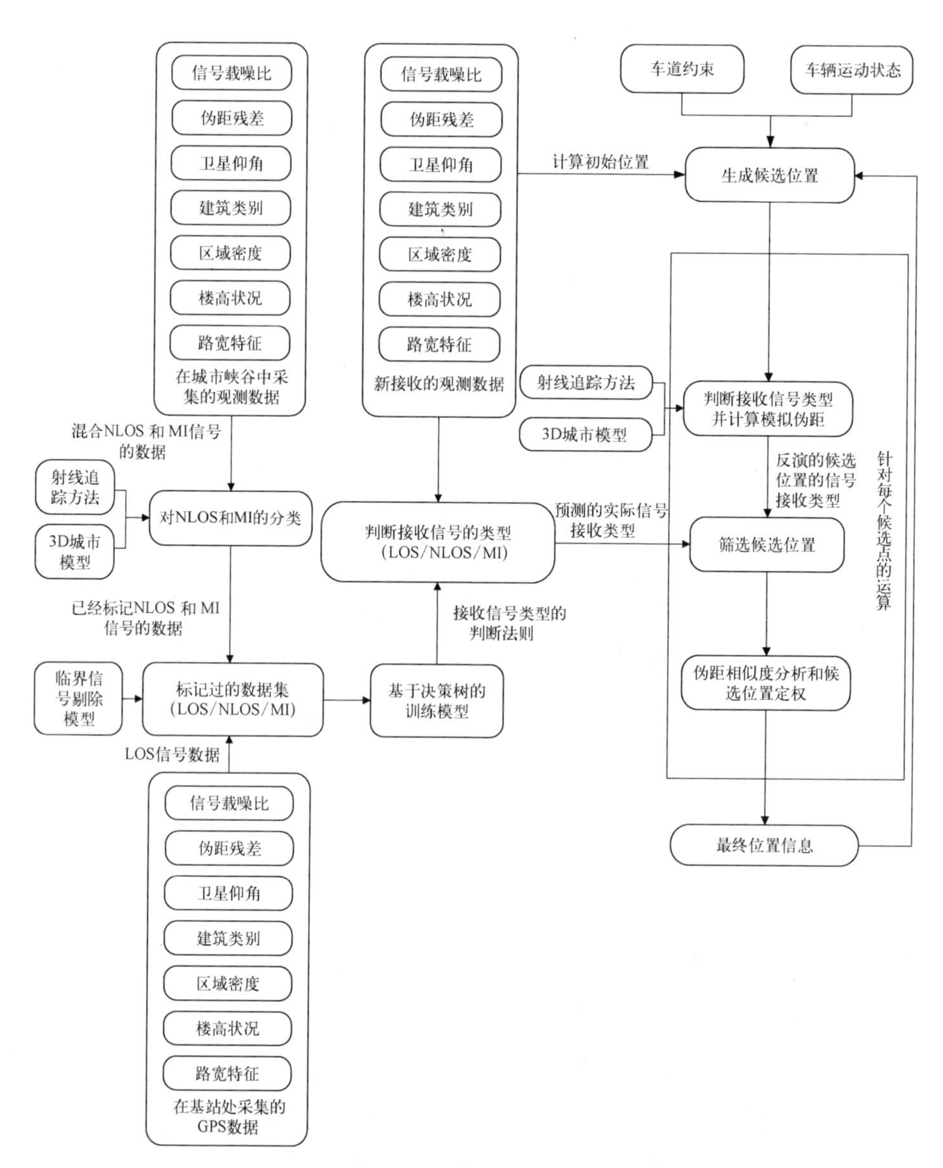


**图 4.25　基于粒子滤波和 3D 城市模型辅助的城市峡谷定位算法**[7]

由信号载噪比、伪距残差、卫星仰角及城市建筑类别、区域密度、楼高状况、路宽特征等综合信息评价指标构成历史训练数据集；将从位于空旷地带的基站处采集的数据标记为 LOS；对于在建筑密集的“城市峡谷”中采集的数据，通过 3D 城市模型和射线追踪判断卫星接收信号类型，并标记为 NLOS 或 MI；利用决策树模型对具有 LOS/NLOS/MI 标签的历史训练数据集进行挖掘生成接收信号类型的判断法则。然后对新接收到的观测数据,利用先前生成的判断法则进行判断,获取综合信息评价指标下接收到的每颗卫星可见状态的概率模型。对新接收的观测数据,采用抽取出的接收信号类型判断法则进行预测得到实际的接收信号类型。

2. 建立临界信号剔除模型

考虑到构建3D城市模型产生的误差导致临界信号接收类型误判,构建基于楼宇特性的动态3D城市模型,建立临界信号剔除模型对建筑边界划定阈值进而实现对临界信号的准确判断,在对历史训练数据集进行标记时,将检测为临界信号的数据剔除,该阈值需要通过试验确定,即运用本书的方法对一组已知位置的点进行定位,在分析处理过程中调整边界阈值并观察边界阈值对定位精度的影响,即通过多次实验不断调整边界阈值直到找到能使定位精度达到最高的边界阈值,之后在实际使用本书的定位方法时,可直接使用该边界阈值对3D城市模型进行修正。

3. 生成候选位置

根据接收机所接收的真实伪距信息计算出初始位置和接收机钟差,结合车道约束、车辆运动状态等综合约束并顾及计算效率和定位性能生成一定数量的候选位置,分别以初始位置和上一时刻的最终位置为中心在合理的半径范围内生成相同数量的候选位置,候选位置符合二维高斯分布,开始时刻仅以该时刻的初始位置为中心生成候选位置。

4. 反演候选位置的信号接收类型及模拟伪距

根据卫星观测信息计算每个候选位置到卫星的直线距离;结合3D城市模型并利用射线追踪法反演出候选位置的信号接收类型,并根据候选位置信号接收类型的反演结果计算出多径信号(包括MI和NLOS)造成的延迟;将每个候选位置到卫星的直线距离、多径信号(包括MI和NLOS)造成的延迟与步骤3获得的接收机钟差求和,并修正卫星钟差、电离层误差、对流层误差,以得到候选位置的模拟伪距。

5. 筛选候选位置

使用抽取的信号接收类型判断法则判断实际的信号接收类型,并与步骤4通过3D城市模型和射线追踪法反演的候选位置信号接收类型进行对比,剔除判断结果不同的候选位置。

6. 分析伪距相似度并计算最终位置

对于满足要求的每一个候选位置,计算其到每一颗卫星的模拟伪距和真实伪距之差并取平均值，利用该平均值构建似然函数并分析模拟伪距和真实伪距的相似度，根据相似度大小来为每一个候选位置分配权重，并根据这个权重对候选位置进行加权平均以得出最终位置信息。

综上，本节在不同场景下采集数据生成历史训练数据集，并消除临界信号，通过决策树生成可靠的卫星信号接收类型判断法则，通过比较候选位置接收信号类型的反演结果及判断法则预测的实际接收到的信号接收类型筛选候选位置，再通过基于伪距相似度的方法修正MI、NLOS信号造成的误差后确定最终定位结果，提高了城市峡谷中卫星定位的精度。

## 4.5 基于机器学习的伪距修正定位技术

本节提出了一种基于机器学习的城市多径环境下的定位算法，该算法不依赖额外的传感器或数据源，致力于以较低的成本来实现更好的定位精度。由于NLOS和多路径造成定位误差的原因都是它们会对伪距测量造成误差，因此本书将这二者归为一类，统称多路径/NLOS信号。本书算法使用GBDT对伪距误差进行预测，并基于预测结果提出了两种新型的定位算法：① 根据伪距误差预测值对每一颗卫星的伪距进行修正以得出更精确的定位结果；② 先通过将伪距误差预测值与阈值比较来对GPS信号接收类型进行分类，再根据PDOP值的变化情况选择性地剔除或修正判断出的多路径/NLOS信号，以提高定位精度。本节将详细地介绍所提出基于GBDT的城市多径环境GNSS定位算法的流程。

### 4.5.1 算法框架

图4.26为基于GBDT的城市多径环境GNSS定位算法框架。本算法包含离线和在线两部分。离线部分包含数据采集，历史训练数据集的建立和训练，并输出伪距误差的预测规则供在线部分使用；在线部分包含伪距误差预测和两种定位算法。

离线部分首先在城市峡谷区域和基站处采集数据。由于建筑密集，在城市峡谷中采集的数据主要为多路径/NLOS，也包含少量LOS信号；由于基站位于开阔区域，因此，基站处采集的GPS数据都是LOS信号。所选的基站位于城市峡谷数据采集处的附近，因此，两处信号的载噪比$C/N_0$、卫星高度

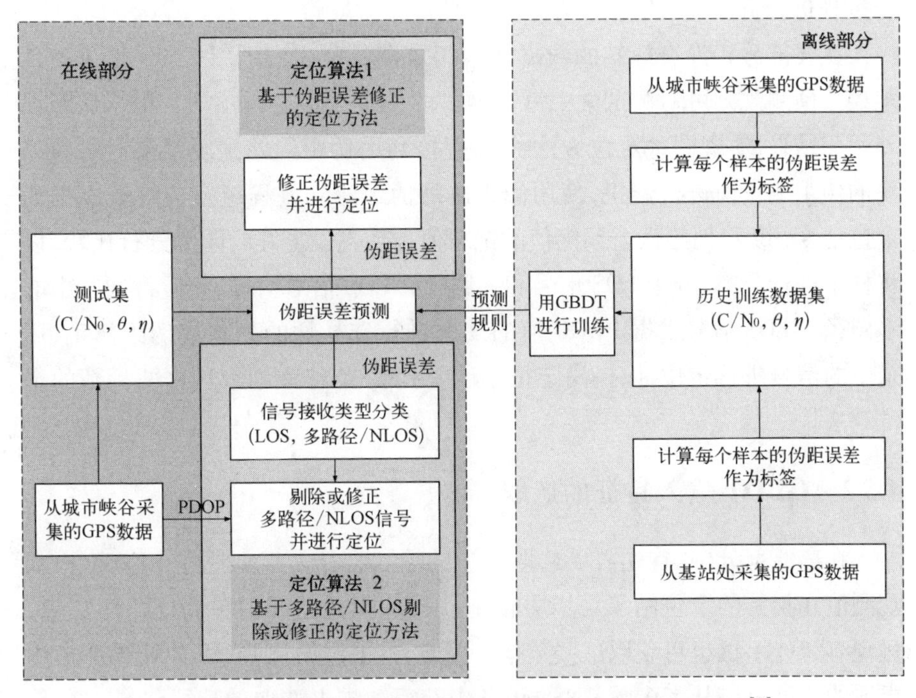


**图 4.26 基于 GBDT 的城市多径环境 GNSS 定位算法框架**[8]

角、伪距残差等变量特性相似。为了防止训练过程中由于城市峡谷数据集样本数量不均衡导致训练结果产生偏差,将附近基站处采集的 GPS 数据纳入历史训练数据集以补偿城市峡谷数据集中 LOS 信号的不足。因此,这两部分数据组成了历史训练数据集。为了保证样本的均衡,并不把所有样本都用于训练,而是抽取同样数量的 LOS 信号和多路径/NLOS 信号进行训练。历史训练数据集中每个样本都包含三个特征(信号强度 $C/N_0$、伪距残差 $\eta$ 和卫星高度角 $\theta$)并作为输入,以及一个标签(伪距误差)作为输出,4.5.2 节将对输入特征的选取进行介绍。需注意的是,在对数据集进行标签时,需已知数据采集点的真实位置,该真实位置仅用于标签过程,在生成拟合规则后,对算法进行测试时不需要真实位置。根据真实位置坐标和伪距方程可求得每个样本的伪距误差作为标记,4.5.3 节将对伪距误差计算和历史训练数据集的构建进行介绍。将带有标签的历史训练数据集输入到梯度提升决策树(GBDT)算法中进行训练,以对伪距误差进行拟合,生成伪距误差预测规则,供在线部分使用。为了测试 GBDT 算法的性能,本书同样也采取了几种其他数据拟合回归方法进行比较,4.5.4 节将对伪距误差拟合过程进行介绍。

在线部分将没有标签的数据样本组成测试集,使用离线部分生成的伪距误差预测规则可对测试集中每个样本的伪距误差进行预测。根据伪距误差预测结果,实现两种定位方法:① 直接利用伪距误差预测结果对每颗卫星的伪距测量值进行修正,使用修正后的伪距建立方程组定位解算以提高定位精度;② 将伪距误差预测值的绝对值与事先设定好的阈值进行比较,以将样本进行分类,分为 LOS 信号和多路径/NLOS 信号两种,此后将判断出的多路径/NLOS 信号根据 PDOP 值的变化进行选择性的剔除或伪距修正,用余下的信号进行定位,以提高定位精度。4.5.5 节将详细叙述这两种新的定位算法。

### 4.5.2 GBDT 输入特征的选取

在离线部分中,首先需要选取合适的输入特征。根据这些 RINEX 格式观测值和初始的定位结果可以方便地获得伪距残差和卫星高度角等信息,且现有智能手机也可获取这些数据。因此,本书假设从 GNSS 原始观测值中提取的特征可以从大多数 GNSS 设备中获得。本书选取的特征包括:① 信号强度 $C/N_0$;② 伪距残差 $\boldsymbol{\eta}$;③ 卫星高度角 $\theta$。

(1) 信号强度即载噪比,指 GPS 信号载波的功率与每单位带宽的噪声的功率的比值,通常以 $C/N_0$来表示,单位为分贝(dB)。在相同噪声功率下,GPS 的 NLOS 信号相比 LOS 信号会表现出明显的衰减,导致 $C/N_0$更小,这对于区分信号接收类型有重要的指示意义,因此,$C/N_0$是使用最普遍的,也是最为有效的特征。传统的 GPS 信号接收类型分类方法使用 $C/N_0$与阈值进行比较,将 $C/N_0$大的信号分类为 LOS,$C/N_0$小的信号分类为 NLOS。但是在城市峡谷中 LOS 的低 $C/N_0$值和 NLOS 的高 $C/N_0$值都存在,因此,仅通过 $C/N_0$进行分类是不够的,必须加入其他特征辅助分类。

(2) 伪距残差:2.1.2 节已介绍传统的伪距单点定位方法。根据传统伪距单点定位方法得出的位置解可以反推出该点到卫星的伪距。RINEX 文件中提供的伪距测量值与该伪距反推值的差值就是伪距残差,可由式(4-41)计算:

$$\boldsymbol{\eta} = \boldsymbol{\rho} - \boldsymbol{A} \cdot \boldsymbol{r} \tag{4-41}$$

式中,$\boldsymbol{\eta}$ 为包含了各卫星信号的伪距残差的列向量;$\boldsymbol{\rho}$ 为各伪距测量值组成的列向量;$\boldsymbol{r}$ 为伪距方程组的解,包含其在 ECEF 下的坐标和接收机钟差。

伪距残差对信号接收类型分类具有很大的价值[12]。NLOS 信号经反射后被用户接收,由于伪距是靠测量时间计算,所以信号经反射传播的时间越长,测出的伪距值越大。而 LOS 和多路径信号伪距值较小,但由于噪声的存在,它们的伪距可能会更大。理论上,伪距残差的绝对值大小与 NLOS 的概率成正比,更大的伪距残差意味着是 NLOS 的概率更大,当采集的数据中小部分信号是 NLOS 时这种情况更突出[32]。Hsu 等已经证明,如果有足够多的测量值,伪距残差可以作为一个特征来检测多路径和 NLOS 信号[5]。

(3) 卫星高度角:卫星的高度角与 LOS 的概率之间存在正相关关系。一般来说,从高度角更高的卫星上发射出的信号更不容易被建筑物遮挡,被建筑物多次反射的可能性更小,直线抵达用户的接收机的可能性更大。一个卫星在天顶时表现为 LOS,而随着高度角的降低,这个卫星可能被建筑物和其他人为障碍阻挡而被判断为 NLOS。因此,卫星高度角可用作参考特征之一。

### 4.5.3 历史训练数据集的构建

在离线部分中,确定好输入特征后,需要对样本进行标签,以构建历史训练数据集。本书对伪距误差进行预测,因此,选择伪距误差作为每个样本的标签,下面对伪距误差的计算方法进行介绍。

卫星信号经反射到达接收机的过程中会经过额外的路程,导致 NLOS 信号伪距增大,引起正的伪距误差。而多路径信号是直射信号与反射信号的叠加,经相关器处理后,会出现正或负的伪距误差。两者降低定位精度的原因都是伪距误差,因此,本书将二者归为一类。接收机到某卫星之间的伪距 $\rho$ 和几何距离 $R$ 为

$$\rho = \sqrt{(x_s - x_r)^2 + (y_s - y_r)^2 + (z_s - z_r)^2} + c(\delta t_s - \delta t_r) - I - T + \varepsilon \tag{4-42}$$

$$R = \sqrt{(x_s - x_r)^2 + (y_s - y_r)^2 + (z_s - z_r)^2} \tag{4-43}$$

式中,$(x_s, y_s, z_s)$为卫星在 ECEF 下的坐标;$(x_r, y_r, z_r)$为用户接收机位置在 ECEF 下的坐标;常数 $c$ 为真空中的光速;$\delta t_s$ 和 $\delta t_r$ 分别为卫星和接收机钟差;$I$ 和 $T$ 分别为电离层和对流层的钟差改正项。此处考虑了多路径/NLOS、接收机噪声等因素造成的误差 $\varepsilon$。这里考虑到噪声相对较小,可忽略

不计,主要误差为多路径/NLOS 造成的误差。如第二章所述,在对信号进行标签时,卫星位置和卫星钟差修正值可由星历获得,在此处为获得精确的卫星位置,采用了 IGS 精密星历;已知接收机位置,可计算卫星与接收机间的几何距离,接收机钟差修正值也可通过解算伪距方程组获得;电离层延迟可通过 Klobuchar 模型获得;对流层延迟改正可由 Saastamoinen 模型获得,忽略星历误差,经上述修正的伪距为

$$\rho^{c} = R + c(\Delta\delta t_{s} - \Delta\delta t_{r}) - \Delta I - \Delta T + \varepsilon \tag{4-44}$$

式中,$\rho^{c}$ 为用户接收机到卫星 $i$ 之间经过修正的伪距; $\Delta\delta t_{s}$ 和 $\Delta\delta t_{r}$ 分别代表接收机和卫星钟差的残差; $\Delta I$ 和 $\Delta T$ 分别为电离层和对流层延迟中未能被 Klobuchar 和 Saastamoinen 模型完全修正的残差部分。伪距误差可由下式计算:

$$\Delta\rho = \rho^{c} - R = c(\Delta\delta t_{s} - \Delta\delta t_{r}) - \Delta I - \Delta T + \varepsilon \tag{4-45}$$

即使伪距误差包含了上述残差,但在城市峡谷环境下,多路径/NLOS 造成的误差在总伪距误差中占主导地位。

从式(4-45)可看出多路径/NLOS 将具有较大的伪距误差,因此,根据伪距误差可以对信号接收类型进行分类。伪距误差除了包含多路径/NLOS 造成的误差,还包含上述各项残差,因此,需要预先设立阈值来避免这些残差对分类的影响,该阈值需要根据场景的特点通过经验设定。在建立样本集时,通过将城市区域采集的每个样本的伪距误差值的绝对值和预先设定的阈值相比较,可将伪距误差绝对值大于阈值的样本分类为多路径/NLOS 样本;反之则分类为 LOS 样本。而将基站处获取的样本都归类为 LOS 样本。此后将从城市区域和基站处采集的数据样本中抽取同样数量的 LOS 样本和多路径/NLOS 样本组成历史训练数据集:

$$\boldsymbol{T} = \{(\boldsymbol{x}_1, \Delta\rho_1), (\boldsymbol{x}_2, \Delta\rho_2), (\boldsymbol{x}_3, \Delta\rho_3), \cdots, (\boldsymbol{x}_N, \Delta\rho_N)\} \tag{4-46}$$

其中样本总数为 $N$。该数据集中每个样本 $\boldsymbol{x}$ 包含信号强度 $C/N_0$、伪距残差 $\boldsymbol{\eta}$、卫星高度角 $\theta$ 三个输入特征以及伪距误差 $\Delta\rho$ 作为其标签,即第 $n$ 个样本可表示为: $\boldsymbol{x}_n = (C/N_{0_n}, \eta_n, \theta_n)$,其标签为 $\Delta\rho_n$。

### 4.5.4 伪距误差的拟合方法

在离线部分中,构建好历史训练数据集之后,需要选择合适的算法来挖

掘信号强度 $C/N_0$、伪距残差 $\eta$、卫星高度角 $\theta$ 三个输入特征与作为标签的伪距误差 $\Delta\rho$ 之间的关系,构建伪距误差预测法则。GBDT 是一种监督式机器学习算法,其既可用于分类,也可用于回归,因其具有预测精度高、能有效处理多种不同类型的数据等优点而被多个领域广泛采用。因此,本书提出使用 GBDT 算法对伪距误差进行拟合,即通过对历史训练数据集进行训练来挖掘输入特征与伪距误差之间的关系,获取预测法则,并用该法则对测试集中每个样本的伪距误差进行预测。为证明所采用的 GBDT 算法的优越性,本书也选取了线性回归、多项式回归、回归树等传统方法与 GBDT 进行比较。本节将逐一对这些拟合方法进行介绍。

1. 线性回归算法

线性回归算法基于数理统计中的回归分析方法,来发掘输入和输出变量间存在的关系,其模型简单、解释性强,因此,运用十分广泛。本节使用线性回归方法来挖掘信号强度 $C/N_0$、伪距残差 $\eta$、卫星高度角 $\theta$ 三个输入特征与伪距误差 $\Delta\rho$ 之间的关系。线性回归的目的是找到一个尽可能符合数据分布的线性函数,从而可利用该函数对新输入样本的输出,即伪距误差 $\Delta\rho$ 进行预测。线性回归模型表示为

$$f(\boldsymbol{x}) = \omega_0 + \omega_1 C/N_0 + \omega_2\eta + \omega_3\theta \tag{4-47}$$

式中, $\boldsymbol{x} = (C/N_0,\ \eta,\ \theta)$ 表示样本,包含信号强度 $C/N_0$、伪距残差 $\eta$、卫星高度角 $\theta$ 三个输入特征; $f(\boldsymbol{x})$ 表示三个输入特征与伪距误差 $\Delta\rho$ 之间的函数关系; $\omega_0$、$\omega_1$、$\omega_2$、$\omega_3$ 为模型中需要求取的参数。将式(4-47)用矩阵表示为

$$f(\boldsymbol{x}) = \boldsymbol{XW} \tag{4-48}$$

$$\boldsymbol{X} = \begin{bmatrix} 1 & C/N_{0_1} & \eta_1 & \theta_1 \\ 1 & C/N_{0_2} & \eta_2 & \theta_2 \\ \vdots & \vdots & \vdots & \vdots \\ 1 & C/N_{0_N} & \eta_N & \theta_N \end{bmatrix} \tag{4-49}$$

$$\boldsymbol{W} = \begin{bmatrix} \omega_0 \\ \omega_1 \\ \omega_2 \\ \omega_3 \end{bmatrix} \tag{4-50}$$

式中，$\boldsymbol{X}$ 为历史训练数据集中 $N$ 个样本所包含的输入特征组成的矩阵，即每一行都表示一个样本，因为考虑常数项，所以第一列均为 1；$\boldsymbol{W}$ 为模型中要求取的一系列参数。数据集的标签表示为

$$\boldsymbol{Y}=\begin{bmatrix}\Delta\rho_1\\ \Delta\rho_2\\ \vdots\\ \Delta\rho_N\end{bmatrix} \tag{4-51}$$

在线性回归中，采用均方误差作为损失函数：

$$L[\boldsymbol{Y},f(\boldsymbol{x})]=\frac{1}{N}\sum_{n=1}^{N}[f(\boldsymbol{x}_n)-\Delta\rho_n]^2 \tag{4-52}$$

矩阵化如下：

$$L[\boldsymbol{Y},f(\boldsymbol{x})]=\frac{1}{N}(\boldsymbol{XW}-\boldsymbol{Y})^{\mathrm{T}}(\boldsymbol{XW}-\boldsymbol{Y}) \tag{4-53}$$

线性回归的目标就是找到最优的参数集 $\boldsymbol{W}$ 来使 $f(\boldsymbol{x})$ 尽可能贴近 $\boldsymbol{Y}$，即找到一组参数 $\boldsymbol{W}$，使得上述损失函数的值最小，可用式(4-54)表示：

$$\boldsymbol{W}^*=\arg\min_{W}L[\boldsymbol{Y},f(\boldsymbol{x})]=\arg\min_{W}\frac{1}{N}(\boldsymbol{XW}-\boldsymbol{Y})^{\mathrm{T}}(\boldsymbol{XW}-\boldsymbol{Y}) \tag{4-54}$$

式中，$\boldsymbol{W}^*$ 为要求得的最优参数。使用最小二乘法，求得 $\boldsymbol{W}^*$ 为

$$\boldsymbol{W}^*=(\boldsymbol{X}^{\mathrm{T}}\boldsymbol{X})^{-1}\boldsymbol{X}^{\mathrm{T}}\boldsymbol{Y} \tag{4-55}$$

将式(4-55)代入式(4-48)中就能够获得表达载噪比 $C/N_0$、伪距残差 $\eta$、卫星高度角 $\theta$ 三个输入特征与伪距误差 $\Delta\rho$ 之间关系最优的线性函数，使用该函数可对新输入样本的伪距误差进行预测。线性回归方法模型简单，但只能解决线性问题，且对异常值较敏感。

2. 多项式回归算法

线性回归的缺点是只能够用于输入和输出之间线性相关的情况。当处理非线性的关系时，可以采用多项式回归方法，它采用多项式模型来表示各变量之间的非线性关系。将式(4-47)从一次扩展到更高次，即可获得多项式的回归模型。以信号强度 $C/N_0$、伪距残差 $\eta$、卫星高度角 $\theta$ 为三个输入变

量，以伪距误差 $\Delta\rho$ 为输出变量的三元二次多项式回归模型为

$$f(\boldsymbol{x}) = \omega_0 + \omega_1 \mathrm{C/N_0} + \omega_2\eta + \omega_3\theta + \omega_4(\mathrm{C/N_0})^2 + \omega_5\eta^2 + \omega_6\theta^2 + \omega_7(\mathrm{C/N_0})\eta + \omega_8(\mathrm{C/N_0})\theta + \omega_9\eta\theta \tag{4-56}$$

此时令 $q_0 = 1$，$q_1 = \mathrm{C/N_0}$，$q_2 = \eta$，$q_3 = \theta$，$q_4 = (\mathrm{C/N_0})^2$，$q_5 = \eta^2$，$q_6 = \theta^2$，$q_7 = (\mathrm{C/N_0})\eta$，$q_8 = (\mathrm{C/N_0})\theta$，$q_9 = \eta\theta$，得到式(4-57)：

$$f(\boldsymbol{x}) = \omega_0 + \omega_1 q_1 + \omega_2 q_2 + \omega_3 q_3 + \omega_4 q_4 + \omega_5 q_5 + \omega_6 q_6 + \omega_7 q_7 + \omega_8 q_8 + \omega_9 q_9 \tag{4-57}$$

此时就将多项式回归转变成了线性回归，可以使用上一节的流程对各个参数求解。同理，还可以扩展到更高次，使模型变得更为复杂，可用相同方法求解参数，此处不再赘述。当添加高阶项时，模型变得更加复杂，拟合性能也更强大，但更容易造成过拟合。

3. 回归树算法

在机器学习算法中，决策树算法，又称分类与回归树(CART)，是最为经典的一种模型。CART模型简单、计算效率高、解释性强，在各个领域被广泛采用。CART可分为分类树与回归树两类，分别适用于解决分类和回归问题。本章使用回归树算法挖掘输入特征信号强度 $\mathrm{C/N_0}$、伪距残差 $\eta$、卫星高度角 $\theta$ 与输出变量伪距误差 $\Delta\rho$ 之间的关系。回归树使用树形结构模型解决回归问题，将样本集划分为许多片叶子，每一片叶子都输出一个预测值。在回归树中使用平方损失函数。回归树的构建流程如下。

步骤1：求解最优切分变量 $j$ 与切分点 $s$。

$$\min_{j,\, s}\left[\min_{c_1} \sum_{x_n \in R_1(j,\, s)} (\Delta\rho_n - c_1)^2 + \min_{c_2} \sum_{x_n \in R_2(j,\, s)} (\Delta\rho_n - c_2)^2\right] \tag{4-58}$$

式中，$R_1$ 和 $R_2$ 是切分变量 $j$ 与切分点 $s$ 划分的两个区域；$c_1$ 和 $c_2$ 分别对应这两个区域的输出值。在求解上式时，采取遍历的方式，先选定一个变量，再对切分点进行遍历，找到最佳划分，此后对每一个变量都如此进行，每个变量都有一个最佳划分，在这些划分中找到可令全局最优的组合，即令上式值最小的组合 $(j,\, s)$。

步骤2：用求得的最佳组合 $(j,\, s)$ 划分区域，并计算每个区域输出值。

$$\begin{cases} R_1(j,\, s) = \{\boldsymbol{x} \mid \boldsymbol{x}^{(j)} \leqslant s\} \\ R_2(j,\, s) = \{\boldsymbol{x} \mid \boldsymbol{x}^{(j)} > s\} \end{cases} \tag{4-59}$$

$$\hat{c}_m = \frac{1}{N_m} \sum_{\boldsymbol{x}_n \in R_m(j,\ s)} \Delta\rho_n \tag{4-60}$$

式中，$\boldsymbol{x}^{(j)}$ 表示该样本的输入变量 $j$ 的值；$\hat{c}_m$ 为划分的子区域 $m$ 对应的输出值，$m = 1, 2$ 为划分的子区域的编号。

步骤 3：继续对划分出的两个子集重复步骤 1 和步骤 2，直到无法继续划分。

步骤 4：最终把输入特征空间划分成了 $M$ 个子区域，用 $R_1, R_2, R_3, \cdots, R_M$ 表示。获得最终回归树模型：

$$f(\boldsymbol{x}) = \sum_{m=1}^{M} \hat{c}_m I(\boldsymbol{x} \in R_m) \tag{4-61}$$

$$I(\boldsymbol{x} \in R_m) = \begin{cases} 1, & \boldsymbol{x} \in R_m \\ 0, & \boldsymbol{x} \notin R_m \end{cases} \tag{4-62}$$

回归树能够挖掘复杂度较高的非线性关系，比多项式拟合拥有更好的效果，且模型容易理解和阐述，训练过程中的决策边界容易实践和理解。

4. GBDT 算法

GBDT 是一种监督式机器学习算法[14]，它基于梯度提升思想，由多个决策树组合构成。GBDT 具有较好的鲁棒性、预测精度高，被广泛应用于各个领域，如信用风险预测、交通事故预测、电路故障预测等。本章使用 GBDT 来挖掘输入特征信号强度 $C/N_0$、伪距残差 $\eta$、卫星高度角 $\theta$ 与输出变量伪距误差 $\Delta\rho$ 之间的关系，来构建伪距误差 $\Delta\rho$ 预测法则。

GBDT 算法的输入为 $\boldsymbol{T} = \{(\boldsymbol{x}_1,\ \Delta\rho_1),\ (\boldsymbol{x}_2,\ \Delta\rho_2),\ (\boldsymbol{x}_3,\ \Delta\rho_3),\ \cdots,\ (\boldsymbol{x}_N,\ \Delta\rho_N)\}$，即 4.3 节所构建的历史训练数据集。其中每个样本 $\boldsymbol{x}$ 包含信号强度 $C/N_0$、伪距残差 $\boldsymbol{\eta}$、卫星高度角 $\theta$ 三个输入特征以及伪距误差 $\Delta\rho$ 作为其标签，即第 $n$ 个样本可表示为：$\boldsymbol{x}_n = (C/N_{0n},\ \boldsymbol{\eta}_n,\ \theta_n)$，其标签为 $\Delta\rho_n$。选用平方损失函数来评估学习器 $f(\boldsymbol{x}_n)$ 的预测结果与真值的相似度：

$$L[\Delta\rho_n, f(\boldsymbol{x}_n)] = \frac{1}{2}[\Delta\rho_n - f(\boldsymbol{x}_n)]^2 \tag{4-63}$$

GBDT 算法使用迭代的方式，每一次迭代都沿着下降最快的方向，即负梯度方向生成一个新的学习器即决策树，来弥补之前的学习器的残差，使损失函数逐渐变小，也就是说使预测更加精确。由于本书使用 GBDT 来解决拟合问题，因此，每一步迭代生成的决策树都是回归树。之后使用加法模型，将每一步迭代生成的弱学习器通过设置学习率来加权，并叠加起来生成最终的强学习器。设迭代次数为 $M$，GBDT 算法训练流程如下。

（1）初始化弱学习器：

$$f_0(\boldsymbol{x}_n) = \arg\min_{\gamma} \sum_{n=1}^{N} L(\Delta\rho_n, \gamma) \tag{4-64}$$

式中，$f_0(\boldsymbol{x}_n)$ 为初始构建的弱学习器，是一个仅含 1 个根节点的决策树，$\gamma$ 为其输出，是一个常数。此后开始迭代过程。

（2）对于第 $m$ 次迭代 $m = 1, 2, 3, \cdots, M$。

① 计算负梯度为

$$\tilde{y}_n = -\left\{\frac{\partial L[\Delta\rho_n, f(\boldsymbol{x}_n)]}{\partial f(\boldsymbol{x}_n)}\right\}_{f(\boldsymbol{x})=f_{m-1}(\boldsymbol{x})} \tag{4-65}$$

式中，$\tilde{y}_n$ 表示第 $n$ 个样本的负梯度；$f_{m-1}(\boldsymbol{x})$ 为上一次迭代构建的学习器。

② 用负梯度 $\tilde{y}_n$ 代替原历史训练数据集中样本的标签 $\Delta\rho_n$，得到新数据集 $\boldsymbol{T}_m = \{(\boldsymbol{x}_1, \tilde{y}_1), (\boldsymbol{x}_2, \tilde{y}_2), (\boldsymbol{x}_3, \tilde{y}_3), \cdots, (\boldsymbol{x}_N, \tilde{y}_N)\}$，对其进行训练得到新的回归树，训练过程如式(4-66)所示：

$$\boldsymbol{a}_m = \arg\min_{a} \sum_{n=1}^{N} [\tilde{y}_n - h_m(\boldsymbol{x}_n; a)]^2 \tag{4-66}$$

式中，$h_m(\boldsymbol{x}; \boldsymbol{a}_m)$ 表示第 $m$ 次迭代生成的新回归树，$\boldsymbol{a}_m$ 是该回归树的参数包括每个节点的分裂特征、最佳分割点、节点的预测值。

③ 累加获得强学习器：

$$f_m(\boldsymbol{x}) = f_{m-1}(\boldsymbol{x}) + \beta h_m(\boldsymbol{x}_n; \boldsymbol{a}_m) \tag{4-67}$$

式中，$f_m(\boldsymbol{x})$ 表示第 $m$ 次迭代获得的强学习器；$\beta$ 表示学习率，为防止过拟合，通常选在 0~1。

（3）迭代结束后，获得最终的强学习器 $f_M(\boldsymbol{x})$：

$$f_M(\boldsymbol{x}) = f_0(\boldsymbol{x}) + \sum_{m=1}^{M} \beta h_m(\boldsymbol{x}; \boldsymbol{a}_m) \tag{4-68}$$

$f_M(\boldsymbol{x})$ 表示最后获得的强学习器，由历次迭代生成的回归树加权累加获得。$f_M(\boldsymbol{x})$ 作为 GBDT 输出的伪距预测规则，在算法在线部分可用它预测新采集的 GPS 变量 $\boldsymbol{x}=(C/N_0, \eta, \theta)$ 对应的伪距误差。

### 4.5.5 基于伪距误差预测的定位方法

至此,所提出的算法的离线部分已介绍完毕,本节将开始介绍算法的在线部分。在在线部分中,将新采集的数据或测试集中每个历元观测到所有的 GPS 卫星信号的信号强度 $C/N_0$、伪距残差 $\eta$、卫星高度角 $\theta$ 等变量输入到离线部分获取的伪距误差预测法则 $f_M(\boldsymbol{x})$ 中去,即可预测出接收到的每个卫星信号对应的伪距误差 $\Delta\rho$,从而实现后续的两种定位方法。

1. 基于伪距误差修正的定位算法

利用 GBDT 获得的伪距误差预测法则,可对新采集的 GPS 数据的每个历元、每个卫星信号对应的伪距误差进行预测。使用该伪距误差值可修正相应的伪距测量值,如式(4-69)所示:

$$\begin{cases} \rho_1^c = \rho_1 - \Delta\tilde{\rho}_1 \\ \rho_2^c = \rho_2 - \Delta\tilde{\rho}_2 \\ \quad\vdots \\ \rho_i^c = \rho_i - \Delta\tilde{\rho}_i \end{cases} \tag{4-69}$$

式中,下标 $i$ 表示第 $i$ 个 GPS 卫星信号; $\rho_i^c$ 表示第 $i$ 个卫星信号的修正后的伪距; $\Delta\tilde{\rho}_i$ 表示第 $i$ 个卫星信号的伪距修正值。对每个历元的伪距测量值经该方法进行修正后,即可使用 2.1.2 节所述的传统伪距单点定位方法求解位置。

2. 基于多路径/NLOS 信号剔除或修正的定位算法

基于多路径/NLOS 信号剔除或修正的定位方法包含两部分: ① 根据伪距误差预测值对卫星信号进行分类;② 将判断出的多路径/NLOS 信号根据 PDOP 值的变化情况进行选择性的剔除以进行更高精度定位。其流程如图 4.27 所示。

伪距误差包含钟差、电离层和对流层未被完全修正的残差以及多路径/NLOS 造成的误差,且在城市环境中后者为其主导部分。对于 LOS 信号,伪距误差仅包含钟差、电离层和对流层未被完全修正的残差,因此伪距误差值较小;多路径/NLOS 信号由于在传播过程中经历了反射,引起了额外的传播路程,因此其伪距误差除钟差、电离层和对流层未被完全修正的残差外还包含多路径/NLOS 传播引起的误差,因此,其伪距误差值较大,其中多路径信号经过接收机中相关器的处理，伪距误差还会出现较大的负值。因此，根据伪距误差绝对值的大小能够对 GNSS 信号接收类型，即 LOS 和多路径/NLOS 进行分类。本书对伪距误差预测值划定了一个阈值 $p$ 来对信号接收类型进行分类：伪距误差预测值大于 $p$ 的信号被分类为多路径/NLOS 信号；伪距误差预测值小于 $p$ 的信号被分类为 LOS 信号。阈值 $p$ 的大小由多次试验的经验决定，考虑到 LOS 信号的伪距误差包含钟差、电离层和对流层未被完全修正的残差，该阈值 $p$ 是一个大于零的值。

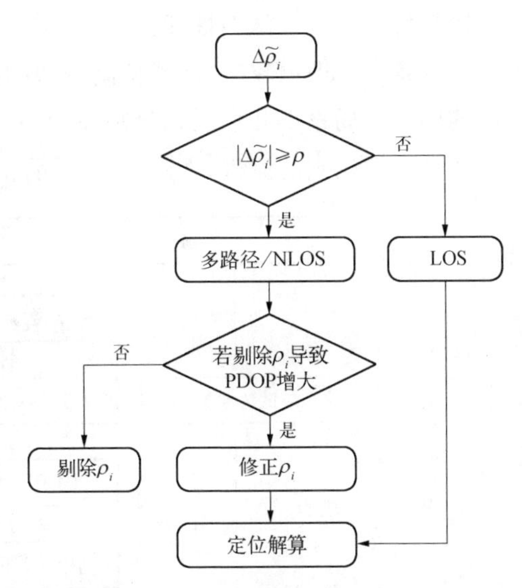


**图 4.27　基于多路径/NLOS 信号剔除或修正的定位方法**

在进行伪距单点定位时，剔除掉多路径/NLOS 信号有利于消除多径效应的影响。然而在城市峡谷区域可见卫星数量少且几何图形强度差，若贸然对所有多路径/NLOS 信号进行剔除，可能会导致几何图形强度恶化，定位精度没有变好反而随之恶化的情况。因此针对该问题，本书提出了基于 PDOP 变化情况的多路径/NLOS 信号选择性剔除方法。对于每个判断出的多路径/NLOS 信号，先假设将其剔除，之后评估剔除该信号的伪距 $\rho_i$ 对 PDOP 值的影响，若剔除不会导致 PDOP 增大，则在定位过程中将 $\rho_i$ 剔除；若剔除该信号的伪距 $\rho_i$ 导致 PDOP 增大，则使用 4.5.3 节的方法修正 $\rho_i$，之后将其用于定位解算。对于判断出的 LOS 信号在定位过程中均予以保留。

### 4.5.6　实验设计

本节为了验证所提出的基于 GBDT 的城市环境 GNSS 定位算法，设计了两个实验场景，分别在台湾、香港两个不同的城市峡谷地区采集了 GNSS 数据，两个场景分别构建了训练集和测试集，使用 GBDT 算法抽取伪距误差预测法则并用其对测试集的伪距误差进行预测，根据预测结果使用所提出的两种算法进行定位解算。从 GBDT 拟合精度、信号接收类型分类准确性、定位精度等方面对所提出算法的性能进行分析，并比较了本书所提出的两种算法与传统定位算法的性能。

场景 1 为街道较窄,两侧楼高相似的环境;场景 2 为街道较宽,一侧楼很高的场景。场景 1 和场景 2 分别在台湾和香港采集数据进行测试。两个场景实验遵循相同的流程,如图 4.28 所示。

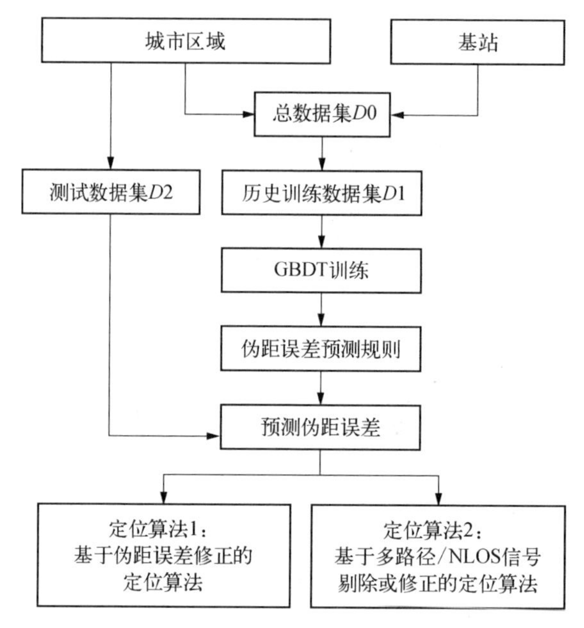


**图 4.28 实验流程**

两场景都分别在城市区域和基站处采集 GPS 数据,抽取出每个卫星信号的信号强度、伪距残差和卫星高度角作为每个样本的输入特征,并获取每个样本的伪距误差,作为样本的标签。通过将伪距误差的绝对值与事先设定好的阈值进行比较,对采集到的数据样本进行初始分类,伪距误差绝对值大于阈值的分类为多路径/NLOS 样本;反之则分类为 LOS 样本。而将基站处获取的样本都分类为 LOS。将两部分数据组成总数据集 $D0$,此后根据初始分类结果,从 $D0$ 中抽取同样数量的 LOS 和多路径/NLOS 样本组成历史训练数据集 $D1$。测试数据集 $D2$ 由城市区域采集的数据中提取而来,每个样本包含信号强度、伪距残差和卫星高度角三个输入特征,每个样本的伪距误差也已被计算出来,但在测试时不输入 GBDT,仅用作评估拟合精度的参考。需要注意的是,数据集 $D2$ 的预测结果需要在后续的定位过程中使用,因此要求抽取一个历元中的全部卫星信号的测量值,与此不同的是,数据集 $D1$ 仅用于训练,故对于单个历元可能只抽取了其中几个卫星信号的测量值,也可能一个也没抽取。此后使用 GBDT 对 *D*1 进行训练以获取伪距误差预测规则,使用该规则对 *D*2 每个样本的伪距误差进行预测。基于该伪距误差预测结果,实施所提出的两种定位算法,并从 GBDT 拟合精度、信号接收类型分类准确性、定位精度等方面进行分析。

### 4.5.7　实验场景 1 及结果分析

在城市区域中,有很多社区、学校、小巷,这些地区人口密集且是交通的重要区域,因此有较强的定位需求,然而这些地区往往可用卫星数少,且存在较强的多径效应,因此定位精度急需提高。这些地区的特征是街道较窄,两侧楼高相差不大,因此在台湾成功大学自强校区内选择了一个这样的环境作为实验场景 1,如图 4.29 所示。

**图 4.29　实验场景 1**

在两楼之间使用商用接收机 NovAtel Propak7 从 2018 年 9 月 17 日 2: 36: 21 到 9: 25: 38 以 1 Hz 的频率采集了将近七小时的数据,图 4.29 中黄色标志点为接收机位置。同时在附近的基站 CKSV 处同时使用测地型接收机 Trimble NETR9 采集了数据。

1. 实验数据集的建立

按照所述流程,抽取出两处采集的每个卫星信号的信号强度、伪距残差和卫星高度角作为每个样本的输入特征,计算出每个样本的伪距误差作为标签,生成总数据集 $D0$。在场景 1 中,通过多次实验的经验,将伪距误差的阈值 $p$ 设为 5 m。将计算出的伪距误差的绝对值与阈值进行比较以对样本进行初始分类,根据分类结果随机抽取出同样数量的 LOS 和多路径/NLOS 样本组成历史训练数据集 $D0$。在场景 1 的试验中,把在城市区域采集的所有数据都用于定位测试,因此测试集 $D2$ 包含了城市区域采集的所有样本。各数据集样本数量如表 4.12 所示。

**表 4.12 各数据集样本数量(实验场景 1)**

| 样本类型 | 数据来源 | 总数据集 $D0$ | 历史训练数据集 $D1$ | 测试数据集 $D2$ |
|---|---|---|---|---|
| LOS | 基站 | 159 513 | 12 000 | 0 |
| | 城市区域 | 50 338 | 12 000 | 50 338 |
| 多路径/NLOS | 城市区域 | 46 759 | 24 000 | 46 759 |
| 总计 | | 256 610 | 48 000 | 97 097 |

2. GBDT 参数调节

建立好各数据集后,使用 GBDT 对数据集 $D0$ 进行训练以获得伪距误差预测规则。为测试算法的性能,本书使用该预测规则对历史训练数据集 $D1$ 和测试数据集 $D2$ 的伪距误差都进行了预测。将使用训练出的伪距误差预测规则对训练集本身进行的评估称为验证,将利用测试集对算法进行的评估称为测试。

选择合适的参数对 GBDT 训练的精度和计算速率至关重要。对于 GBDT 来说,主要的参数包括: 迭代次数 $M$、叶节点数 LN 和学习率 $\beta$。其中 $M$ 是 GBDT 的终止条件,即迭代数量达到该值后训练停止;叶节点数决定着每次迭代所生成的回归树的复杂程度,即每棵回归树的叶节点数达到该数值就会停止生长,选择较大的迭代次数叶节点数有利于提高精度,但会降低运算速率,且容易造成过拟合;学习率是对每次迭代生成的回归树进行累加时所使用的权值,一般设置在 0~1。为选择较好的参数组合以平衡预测精度和计算效率,本书设置了几组不同的参数组合,测试了它们预测结果的 RMSE 以进行比较。RMSE 能够综合评价对所有样本的拟合精度,可由式(4-70)计算:

$$\mathrm{RMSE}=\sqrt{\frac{1}{N}\sum_{n=1}^{N}(V_p-V_r)^2} \tag{4-70}$$

式中,$N$ 为被预测的样本总数; $V_p$ 表示预测值,此处为伪距误差的预测值; $V_r$ 表示真实值,此处为计算出的伪距误差。使用 RMSE 能够评估 GBDT 对整个测试集或训练集的伪距误差的预测精度。不同参数组合下的预测结果的RMSE随迭代次数$M$的变化情况如图4.30所示。

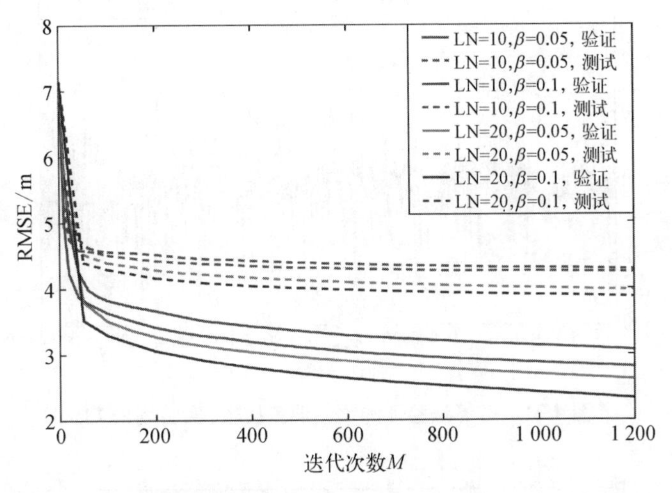

**图4.30　不同参数组合下的GBDT算法预测精度(实验场景1)**

图4.30中用多条曲线表示了不同LN和$\beta$组合下的GBDT算法的预测精度随迭代次数$M$的变化情况，每种颜色表示一种LN和$\beta$的组合，虚线表示验证，实线表示测试。从图中可以看出当LN=20，$\beta=0.1$时，不论是验证还是测试都具有最小的RMSE，也就是说此时预测精度最高。此外可以看出每种参数组合下的RMSE都随着迭代次数$M$的增加而减小，当迭代次数$M$达到1 000左右时，验证曲线的RMSE下降变得极为缓慢。因此在场景1中，选择LN=20，$\beta=0.1$，$M=1\,000$作为GBDT算法的参数。

3. *伪距误差预测精度分析*

为了进一步验证GBDT算法的优越性，选取了线性回归、二次多项式回归、回归树等拟合方法与GBDT进行比较。同样使用RMSE来衡量各算法预测精度，各算法验证和测试的RMSE比较如表4.13所示，各算法验证和测试的预测误差分别如图4.31和图4.32所示。

**表4.13　各算法预测精度比较(实验场景1)**

| 算 法 类 型 | 验证的RMSE/m | 测试的RMSE/m |
|---|---|---|
| GBDT | 2.38 | 4.12 |
| 线性回归 | 5.16 | 5.55 |
| 二次多项式回归 | 5.90 | 6.11 |
| 回归树 | 4.00 | 4.83 |

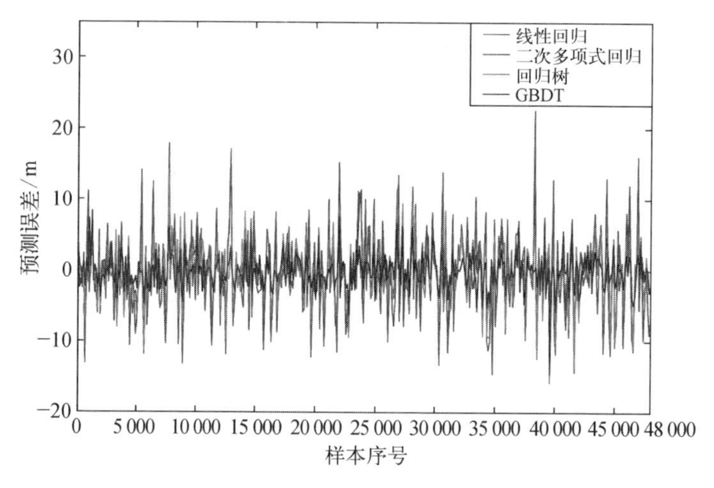


**图 4.31　各算法验证的预测误差比较(实验场景 1)**

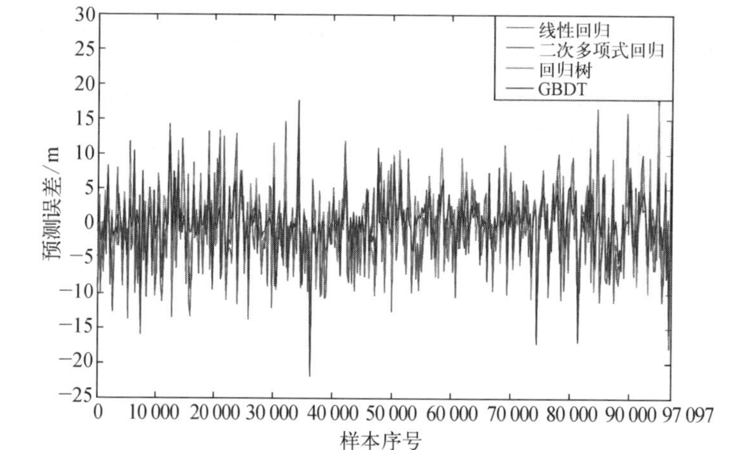


**图 4.32　各算法测试的预测误差比较(实验场景 1)**

从表 4.13 中可看出对于验证和测试,GBDT 算法的 RMSE 均小于其他算法;从图 4.31 和图 4.32 中可以分析得出,相较于其他三种算法,GBDT 的预测误差曲线更接近于 0,也就是说四种算法中 GBDT 的预测精度最佳,因此本书选用 GBDT 算法对伪距误差的预测结果进行定位是合理的。

4. GPS 信号接收类型分类准确性分析

本书根据伪距误差预测结果提出了两种定位算法,一种是基于伪距误差修正的定位算法,另一种是基于多路径/NLOS 信号剔除或修正的定位算法。其中基于多路径/NLOS 信号剔除或修正的定位算法需要在定位前先对

GPS 信号接收类型进行分类，因此本节在测试两种算法的定位精度之前，先对基于伪距误差预测的 GPS 信号接收类型分类的准确性进行评估，同样将对训练集本身进行的分类评估称为验证，将对测试集的分类评估称为测试。分类准确性见表 4.14。

**表 4.14　分类准确性(实验场景 1)**

| 评估类型 | LOS<br>分类准确性 | 多路径/NLOS<br>分类准确性 | 总体分类<br>准确性 |
|---|---|---|---|
| 验证 | 90.48% | 83.28% | 86.88% |
| 测试 | 80.29% | 71.49% | 75.90% |

表 4.14 中总体分类准确性表示的是被正确分类的样本数量与数据集总样本数的比值。每一类的分类准确性表示的是被正确区分为这一类的样本数量占已知为这一类的样本总数的比例，例如，LOS 分类准确性指正确分类为 LOS 的样本数与已知为 LOS 的样本的总数的比值(百分比)。可以看出所提出算法对训练集和测试集的分类准确率分别达到 86.88%和 75.90%，证明了所提出的算法可以对 GPS 信号接收类型进行较为准确的分类。

5. 定位精度分析

本节对所提出的基于伪距误差修正的定位算法和基于多路径/NLOS 信号剔除或修正的定位算法的精度进行评估。本书将基于伪距误差修正的定位算法称为“定位算法 1”，将基于多路径/NLOS 信号剔除或修正的定位算法称为“定位算法 2”。为了验证所提出的两种算法的优越性，本书将所提出的两种定位算法与传统单点定位算法进行了比较，定位结果如图 4.33 所示。

图 4.33 中黄色标记点为接收机所在的真实位置，红色、绿色、蓝色分别代表传统单点定位算法、定位算法 1 和定位算法 2 各个历元的定位结果。从中可以看出传统单点定位算法的结果较为分散，所提出的两种定位算法的结果更加集中，更靠近接收机的真实位置。为了进一步评估所提出的算法，本书从定位 RMSE 和 95%分位点定位误差两个方面来对所有历元的定位精度进行整体评估。注意此处的 RMSE 与评估伪距误差预测精度的 RMSE 不同，虽然计算公式仍沿用式(4-70)，但此时预测值 $V_p$ 指各方向的定位结果，真实值 $V_r$ 指接收机真实位置，即此处的定位 RMSE 用来评估所有历元的整

图 4.33　定位结果比较(实验场景 1)

体定位精度。95%分位点定位误差是指观测时间内的 95%的历元的定位误差都在该值以内。越小的 RMSE 和 95%分位点定位误差,意味着越精准的定位。三种定位算法的 RMSE 如表 4.15 所示。

表 4.15　定位 RMSE 比较(实验场景 1)

| 方　向 | 传统单点定位 | 定位算法 1 | | 定位算法 2 | |
|---|---|---|---|---|---|
| | RMSE/m | RMSE/m | 提高率/% | RMSE/m | 提高率/% |
| 东向 | 21.38 | 15.66 | 26.75 | 20.82 | 2.62 |
| 北向 | 27.78 | 17.38 | 37.44 | 26.77 | 3.64 |
| 天向 | 49.88 | 38.60 | 22.61 | 48.11 | 3.55 |
| 2D | 35.06 | 23.40 | 33.26 | 33.91 | 3.28 |
| 3D | 60.96 | 45.14 | 25.95 | 58.85 | 3.46 |

从表 4.15 可看出,所提出的定位算法 1 的 2D 定位和 3D 定位的 RMSE 分别为23.40 m和45.14 m,相比传统定位算法分别优化了33.26%和25.95%,东、北、天三个方向上的定位精度也有了明显的提升。所提出的定位算法 2 各方向的精度相比传统单点定位算法有略微的提升。三种算法的 95%分位点定位误差如表 4.16 所示。

表 4.16　95%分位点定位误差比较(实验场景 1)

| 方　向 | 传统单点定位 | 定位算法 1 | | 定位算法 2 | |
|---|---|---|---|---|---|
| | 95%分位点定位误差/m | 95%分位点定位误差/m | 提高率/% | 95%分位点定位误差/m | 提高率/% |
| 东向 | 41.77 | 26.21 | 37.25 | 40.34 | 3.42 |
| 北向 | 59.40 | 33.84 | 43.03 | 55.76 | 6.13 |
| 天向 | 100.71 | 69.75 | 30.74 | 100.13 | 0.58 |
| 2D | 76.34 | 41.43 | 45.73 | 73.20 | 4.11 |
| 3D | 125.78 | 87.00 | 30.83 | 125.38 | 0.32 |

从表 4.16 中可看出,所提出的定位算法 1 的 2D 和 3D 的 95%分位点定位误差分别为 41.43 m 和 87.00 m,相比传统定位算法分别优化了 45.73%和 30.83%,东、北、天三个方向上的定位精度也有了明显的提升。所提出的定位算法 2 各方向的精度相比传统单点定位方法有略微的提升。综合分析表 4.15 和表 4.16 可知定位算法 1 的性能比定位算法 2 更佳,这是因为定位算法 2 在对多路径/NLOS 进行分类时存在误判,进而导致某些历元定位过程中错误地剔除了卫星信号,此外剔除卫星会造成可用卫星数少、卫星几何分布变差。此后按照东、北、天三个方向的定位误差分别做图,以更直观地比较三种算法,如图 4.34~图 4.36 所示。

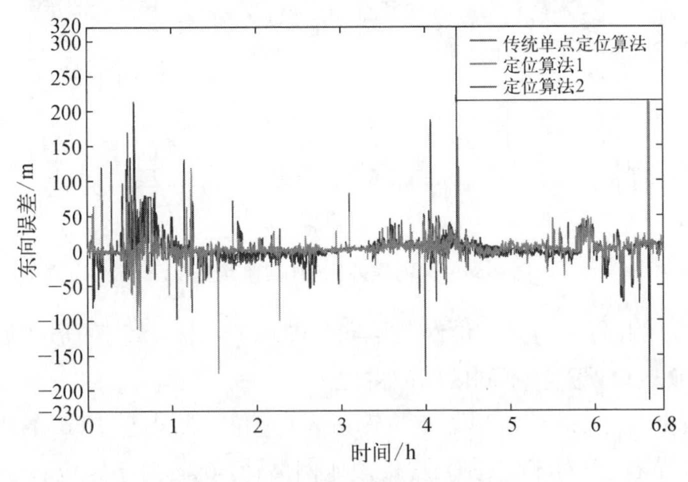


图 4.34　东向误差比较(实验场景 1)

从图 4.34~图 4.36 可以看出,定位算法 2 和传统单点定位算法定位结果重合较多,定位算法 1 三个方向上的定位误差比另外两个算法更小。由于每个历元观测到的卫星不同,信号接收类型不同,受到的多径效应和噪声的影

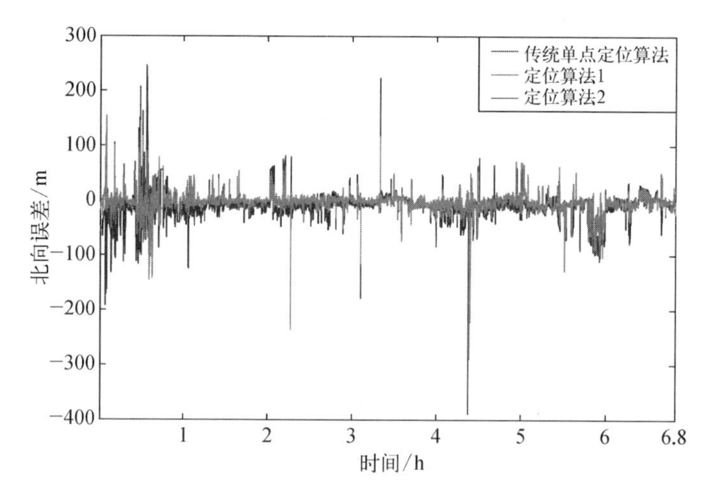

图 4.35 北向误差比较(实验场景 1)

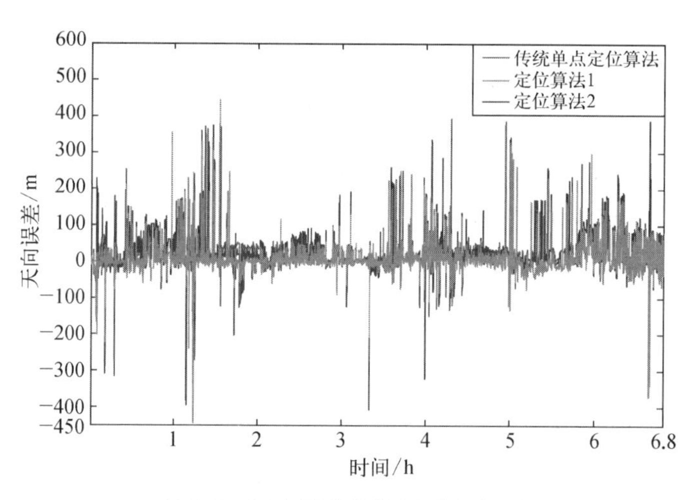

图 4.36 天向误差比较(实验场景 1)

响也不同,因此每个历元定位误差不同。图 4.37 用柱状图的形式展示了三种算法 3D 定位误差在不同区间的占比。

由图 4.37 可知,传统单点定位算法 3D 定位误差小于 10 m 的历元占比只有 10%左右;而对于定位算法 1,该比例高达 36%;对于定位算法 2,该比例达到了 18%。此外定位算法 1 和定位算法 2 的 3D 定位误差在 10~20 m 的历元占比也明显高于传统单点定位算法,且 3D 定位误差大于 20 m 的历元占比也小于传统单点定位算法。这说明所提出的两种算法都能够有效地提高城市多径环境下的定位精度,且定位算法 1 的效果更为显著。此外对于

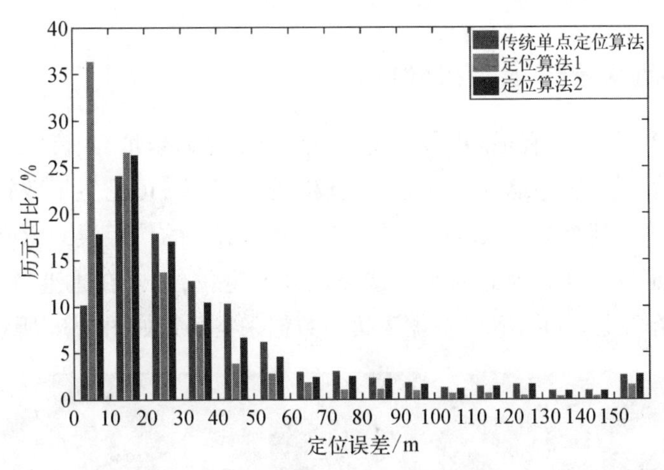

**图 4.37　三种算法 3D 定位误差在不同区间的历元占比(实验场景 1)**

每一个历元,本书都将所提出的两种算法与传统定位算法的定位精度进行了比较,比较结果如表 4.17 所示。

**表 4.17　基于单个历元的定位精度影响分析(实验场景 1)**

| 定位类型 | 精度变化情况 | 历元占比/% | |
|---|---|---|---|
| | | 定位算法 1 | 定位算法 2 |
| 2D | 变好 | 79.46 | 36.05 |
| | 不变 | 0.00 | 57.92 |
| | 变差 | 20.54 | 6.03 |
| 3D | 变好 | 81.34 | 36.50 |
| | 不变 | 0.00 | 57.92 |
| | 变差 | 18.66 | 5.58 |

从表 4.17 中可以看出,定位算法 1 相比于传统单点定位算法提高了 79.46%的历元的 2D 定位精度;提高了 81.34%的历元的 3D 定位精度;由于伪距误差的预测存在误差,导致少部分历元的定位精度变差,但是整体来讲,定位算法 1 能够有效提高大部分历元的定位精度。由 2D 定位类型下的精度影响分析结果来看,相比于传统单点定位算法,定位算法 2 能够使占总体 36.05%的历元的定位精度提高。有 57.92%的历元的定位误差没有发生变化是因为在这些历元没能检测出多路径/NLOS 信号,因此无法进行剔除或修正;由于对信号接收类型的分类存在误判,导致有少部分历元定位精度变差。

综上所述,在实验场景 1 中,相比于传统单点定位算法,所提出的两种定位算法都具有更好的定位精度,且定位算法 1 要优于定位算法 2。此后将会再选择一个不同的环境对算法进行实验。

### 4.5.8 实验场景 2 及结果分析

在城市区域中,有很多摩天大楼,这类地区交通繁忙,人流密集,具有较强的定位需求。这些地区虽然多位于较宽的主干道,可见卫星数较多,但由于附近建筑尤其是摩天大厦的存在,导致反射信号的伪距误差急剧增加,严重恶化了定位精度。因此为研究这类地区的定位,本书在香港杨屋道如心海景酒店附近进行了 GNSS 数据采集。数据采集场景如图 4.38 所示。

图 4.38 实验场景 2

由于该处交通繁忙,人流密集,难以像场景 1 一样进行长时间的连续数据采集,因此本书在该区域选取了两个测试点 P1 和 P2,分别采集了 10 分钟左右的数据。本书在 2018 年 9 月 20 日 11: 14: 48 到 11: 24: 48 之间使用测地型接收机 NovAtel OEM6 以 5 Hz 的频率在 P1 点进行了 GNSS 数据采集,此后在当天 12: 07: 18 到 12: 18: 54 使用相同接收机以同样的频率在 P2 点采集了 GNSS 数据。此外从香港地政总署测绘处网站上获取了当天 9: 00 至 13: 00时段内 SatRef HKSC 基站的 GNSS 观测数据。

1. 实验数据集的建立

按照所述的实验流程,抽取出城市区域和基站处采集的每个卫星信号的信号强度、伪距残差和卫星高度角作为每个样本的输入特征,获取伪距误差作为标签,生成总数据集 $D0$。在场景 2 中,通过多次实验的经验,将伪距误差的阈值 $p$ 设为 50 m。此处阈值大于场景 1 是因为场景 2 附近的建筑离接收机较远，且普遍高于场景1，又有摩天大厦的存在，因此受影响的卫星信号数量多于场景1，且引起的伪距误差明显大于场景1，为了保证剔除多路径/NLOS信号后仍然有足够多的卫星信号用于定位，将阈值$p$设置为一个较大的值。将计算出的伪距误差的绝对值与$p$相比较以对样本初始分类，根据分类结果随机抽取出同样数量的LOS和多路径/NLOS样本组成历史训练数据集$D0$。此时根据阈值分类为LOS的信号包含了一部分受到轻微多径效应影响的信号，但由于伪距误差较小，对定位的影响较小，因此可将其用于定位。在场景1的实验中，把在P1处采集的所有数据都用于定位测试，因此测试集$D2$包含了P1处采集的所有样本。各数据集样本数量如表4.18所示。

**表4.18　各数据集样本数量(实验场景2)**

| 样本类型 | 数据来源 | 总数据集 $D0$ | 历史训练数据集 $D1$ | 测试数据集 $D2$ |
|---|---|---|---|---|
| LOS | 基站 | 27 674 | 1 600 | 0 |
| | P1 | 14 869 | 1 600 | 14 869 |
| | P2 | 7 814 | 1 600 | 0 |
| 多路径/NLOS | P1 | 4 686 | 2 400 | 4 686 |
| | P2 | 2 628 | 2 400 | 0 |
| 总计 | | 57 671 | 9 600 | 19 555 |

2. GBDT参数调节

在实验场景2中，GBDT的参数调节方法与实验场景1中相同，设置多种不同的叶节点数LN和学习率$\beta$的组合，观察不同组合下验证和测试的伪距误差预测RMSE随迭代次数$M$的变化，结果如图4.39所示。

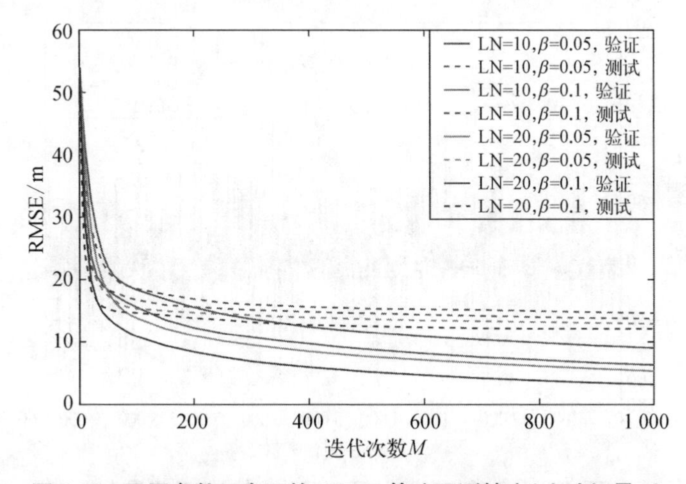

**图4.39　不同参数组合下的GBDT算法预测精度(实验场景2)**

图 4.39 中用多条曲线表示了不同 LN 和 $\beta$ 组合下的 GBDT 算法的预测精度随迭代次数 $M$ 的变化情况，每种颜色表示一种 LN 和 $\beta$ 的组合，虚线表示验证，实线表示测试。从图中可以看出当 LN = 20，$\beta = 0.1$ 时，不论是验证还是测试都具有最小的 RMSE，也就是说此时预测精度最好。每种参数组合下的 RMSE 都随着迭代次数 $M$ 的增加而减小，当 $M$ 达到 400 次左右时，验证曲线的 RMSE 降低趋势开始变得极为缓慢。因此在场景 1 中，选择 LN = 20，$\beta = 0.1$，$M = 400$ 作为 GBDT 算法的参数。

3. 伪距误差预测精度分析

为验证使用 GBDT 算法的优越性，本书将 GBDT 与线性回归、二次多项式回归、回归树等算法的伪距误差预测精度进行了比较。各算法验证和测试的 RMSE 比较如表 4.19 所示，预测误差分别如图 4.40 和图 4.41 所示。

**表 4.19　各算法预测精度比较(实验场景 2)**

| 算 法 类 型 | 验证的 RMSE/m | 测试的 RMSE/m |
| --- | --- | --- |
| GBDT | 5.96 | 12.75 |
| 线性回归 | 38.29 | 35.47 |
| 二次多项式回归 | 44.69 | 41.50 |
| 回归树 | 17.89 | 20.75 |

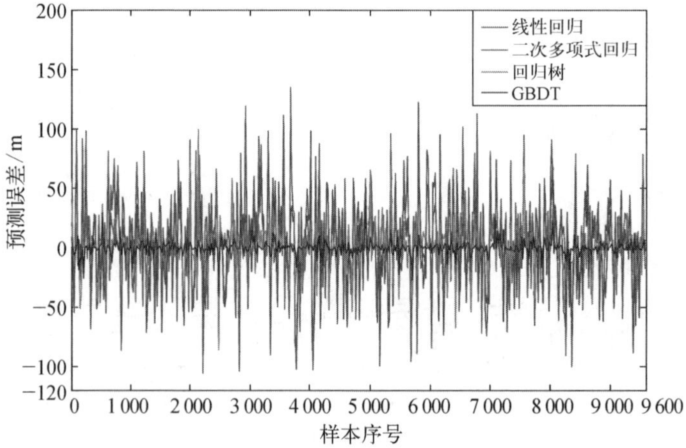

**图 4.40　各算法验证的预测误差比较(实验场景 2)**

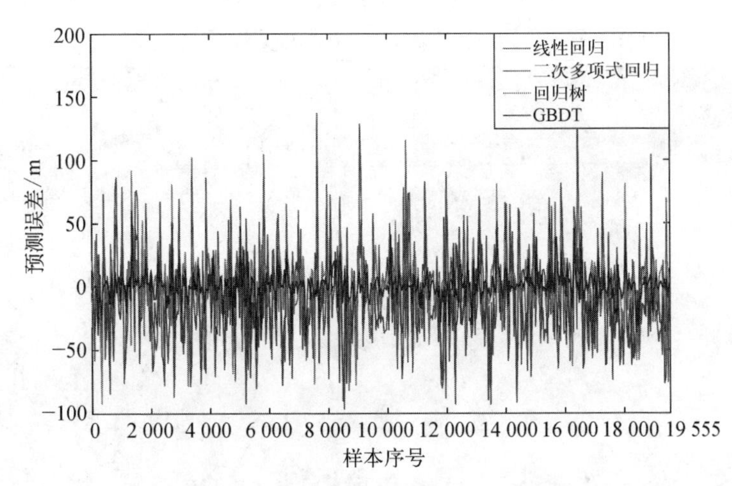

**图 4.41 各算法验证的预测误差比较(实验场景 2)**

从表 4.19 中可看出对于验证和测试,GBDT 算法的伪距误差预测 RMSE 均远小于其他算法;观察图 4.40 和图 4.41 可知,相较于其他三种算法,GBDT 的误差曲线更接近于 0,且波动最小,也就是说四种算法中 GBDT 的预测精度最佳,证明了 GBDT 相比于传统拟合算法的优越性。

4. GPS 信号接收类型分类准确性分析

在预测出每个样本的伪距误差后,基于多路径/NLOS 信号剔除或修正的定位算法需要在定位前先将伪距误差预测值的绝对值与事先设定好的阈值相比较,以进行信号接收类型分类,即将数据集中的样本分类为 LOS 和多路径/NLOS 两类。验证与测试的分类准确性如表 4.20 所示。

**表 4.20 分类准确性(实验场景 2)**

| 评估类型 | LOS<br>分类准确性 | 多路径/NLOS<br>分类准确性 | 总体分类<br>准确性 |
|---|---|---|---|
| 验证 | 97.83% | 90.65% | 94.24% |
| 测试 | 96.91% | 73.15% | 91.22% |

从表 4.20 中可看出,对于验证和测试,所提出的算法均能达到 90%以上的分类准确率,这为提高定位精度打下了基础。

5. 定位精度分析

下面就实验场景 2,对所提出的两种定位算法的定位精度进行评估。本书将所提出的两种定位算法与传统单点定位算法进行了比较,三种算法的定位结果如图 4.42 所示。

**图 4.42 定位结果比较(实验场景 2)**

图 4.42 中是黄色标记点为接收机所在的真实位置,红色、绿色、蓝色分别代表传统单点定位算法、定位算法 1 和定位算法 2 各个历元的定位结果。从图中可以看出传统单点定位算法的结果明显偏离了真实位置;而定位算法 1 的定位结果分布在真实位置的周围;定位算法 2 的定位结果虽然也有一定的偏离,但比传统单点定位算法的结果更靠近真实位置。接下来从定位 RMSE 和 95%分位点定位误差两个方面来对所有历元的定位精度进行整体评估。三种定位算法的 RMSE 如表 4.21 所示。

**表 4.21 定位 RMSE 比较(实验场景 2)**

| 方 向 | 传统单点定位 | 定位算法 1 | | 定位算法 2 | |
|---|---|---|---|---|---|
| | RMSE/m | RMSE/m | 提高率/% | RMSE/m | 提高率/% |
| 东向 | 35.70 | 8.77 | 75.43 | 23.94 | 32.94 |
| 北向 | 56.27 | 13.69 | 75.67 | 40.06 | 28.81 |
| 天向 | 40.51 | 16.65 | 58.90 | 38.94 | 3.88 |
| 2D | 66.64 | 16.26 | 75.60 | 46.67 | 29.97 |
| 3D | 81.26 | 23.27 | 71.36 | 60.78 | 25.20 |

从表 4.21 可看出,所提出的定位算法 1 的 2D 定位和 3D 定位的 RMSE 分别为 16.26 m 和 23.27 m,相比传统定位算法分别优化了 75.60% 和 71.36%,东、北、天三个方向上的定位精度也有了大幅的提升。所提出的定位算法 2 各方向的定位精度相比于传统单点定位也有较大的提升。三

种定位算法的 95%分位点定位误差如表 4.22 所示。

**表 4.22　95%分位点定位误差比较(实验场景 2)**

| 方　向 | 传统单点定位 | 定位算法 1 | | 定位算法 2 | |
|---|---|---|---|---|---|
| | 95%分位点定位误差/m | 95%分位点定位误差/m | 提高率/% | 95%分位点定位误差/m | 提高率/% |
| 东向 | 51.64 | 19.13 | 62.96 | 40.36 | 21.84 |
| 北向 | 104.75 | 28.93 | 72.38 | 75.13 | 28.28 |
| 天向 | 66.78 | 36.44 | 45.43 | 81.63 | −22.24 |
| 2D | 106.13 | 32.74 | 69.15 | 75.80 | 28.58 |
| 3D | 107.49 | 45.60 | 57.58 | 96.98 | 9.78 |

从表 4.22 中可看出,所提出的定位算法 1 的 2D 和 3D 定位的 95%分位点定位误差分别为 32.74 m 和 45.60 m,相比传统定位算法分别优化了 69.15%和 57.58%,东、北、天三个方向上的定位精度也有了大幅的提升。所提出的定位算法 2 除了天向外,各方向的定位精度相比传统单点定位方法都有提升。由于对 GNSS 卫星信号的剔除,导致可用卫星减少,高程方向上卫星几何分布变差,因此导致天向定位精度变差,然而定位算法 1 不会减少可用卫星数,也不会破坏卫星几何分布,因此避免了该问题。此外结合分析表 4.21 和表 4.22 的结果可以发现定位算法 1 的精度比定位算法 2 更好,这是因为定位算法 2 除了会恶化卫星几何分布,在对多路径/NLOS 进行分类时还存在误判,进而导致某些历元定位过程中错误剔除了卫星信号。此后按照东、北、天三个方向的定位误差分别做图,以更直观地比较这三种算法,如图 4.43~图 4.45 所示。

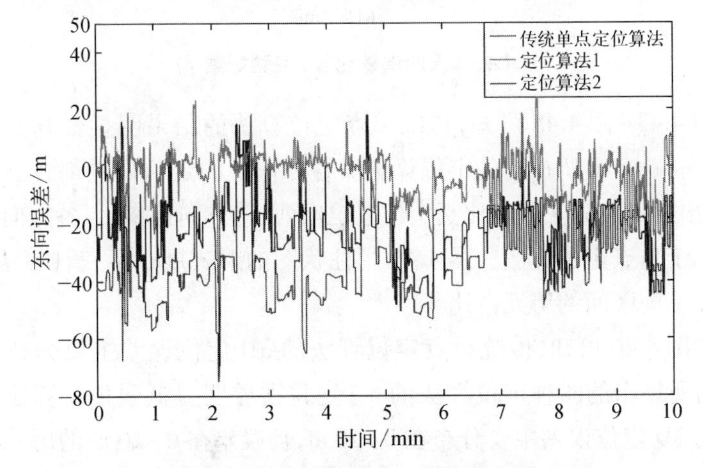

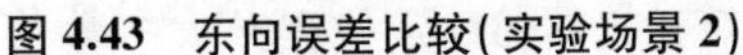
**图 4.43　东向误差比较(实验场景 2)**

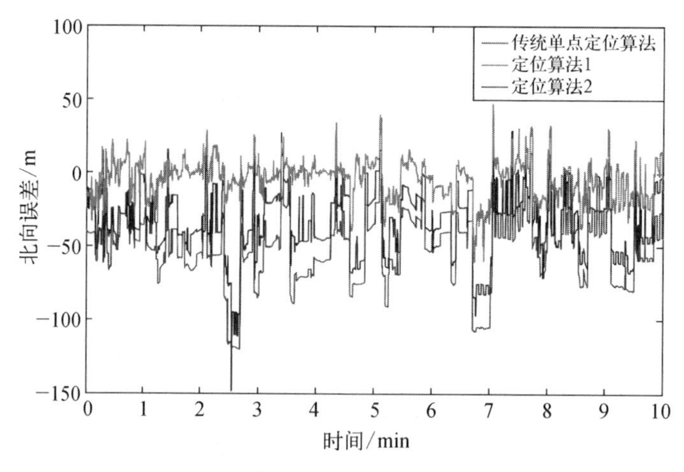


**图 4.44　北向误差比较(实验场景 2)**

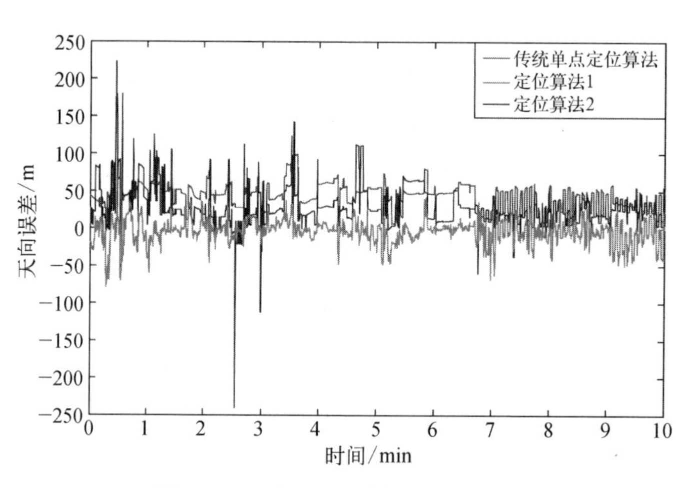


**图 4.45　天向误差比较(实验场景 2)**

从图 4.43~图 4.45 可知,传统单点定位算法的结果明显较真实位置向西、南方向偏离,而所提出的定位算法 1 各方向上的定位误差都在 0 附近波动,所提出的定位算法 2 相比真实位置也向西、南方向偏离,但各方向上误差要小于传统单点定位算法。图 4.46 用柱状图的形式展示了三种算法 3D 定位误差在不同区间的历元占比。

分析图 4.46 可知,传统单点定位算法的 3D 定位误差主要分布在 60~100 m,而所提出的两种定位算法的 3D 定位误差明显低于传统算法。定位算法 1 的 3D 定位误差主要分布在 0~50 m,且误差在 0~20 m 的历元占总历元数的 60%以上;定位算法 2 的 3D 定位误差大多数落在 30~80 m,3D 定位

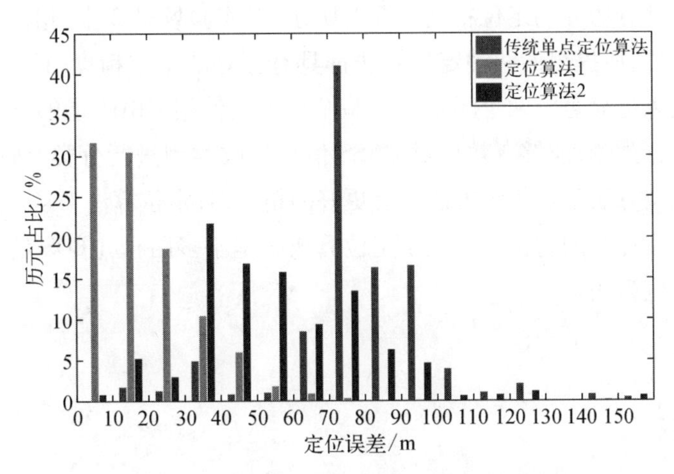

**图 4.46　三种算法 3D 定位误差在不同区间的历元占比**

误差在 30~60 m 的历元占 50%以上。这些结果体现了所提出的两种算法相比传统单点定位算法的优越性,且定位算法 1 的效果更佳。此外对于每一个历元,本书都将所提出的两种算法与传统定位算法的定位精度进行了比较,比较结果如表 4.23 所示。

**表 4.23　基于单个历元的定位精度影响分析(实验场景 2)**

| 定位类型 | 精度变化情况 | 历元占比/% | |
|---|---|---|---|
| | | 定位算法 1 | 定位算法 2 |
| 2D | 变好 | 97.8 | 90.54 |
| | 不变 | 0.00 | 9.1 |
| | 变差 | 2.2 | 0.36 |
| 3D | 变好 | 96.5 | 80.8 |
| | 不变 | 0.00 | 9.1 |
| | 变差 | 3.5 | 10.1 |

从表 4.23 可以看出,定位算法 1 相比于传统单点定位算法提高了 97.8%的历元的 2D 定位精度、提高了 96.5%的历元的 3D 定位精度;由于伪距误差的预测存在误差,导致少部分历元的定位精度变差,但是整体来讲,定位算法 1 能够有效提高绝大多数历元的定位精度。定位算法 2 相比于传统单点定位算法提高了 90.54%的历元的 2D 定位误差、提高了 80.8%的历元的 3D 定位误差;有 9.1%的历元的定位误差没有发生变化是因为在这些历元没能检测出多路径/NLOS 信号,因此无法进行剔除或修正;由于对信号接收类型的分类存在误判,导致有少部分历元定位精度变差,总体来讲,定位算法 2 也

能提高大部分历元的定位精度。综上所述,在实验场景 2 中,相比于传统单点定位算法,所提出的两种定位算法都具有更好的定位精度,且定位算法 1 的提升效果更显著。两个场景的实验结果表明使用 GBDT 能够准确地对伪距误差进行预测,能够有效地对 GNSS 信号接收类型进行分类,所提出的两种新的定位算法都比传统方法具有更好的精度,且定位算法 1 基于伪距误差修正的定位算法的定位精度优于定位算法 2 基于多路径/NLOS 信号剔除或修正的定位算法。

## 参考文献


[1] Yozevitch R, Ben Moshe B, Levy H. Breaking the 1 meter accuracy bound in commercial gnss devices[C]. Electrical & Electronics Engineers, Eilat, 2012.

[2] Yozevitch R, Ben Moshe B, Weissman A. A robust GNSS LOS/NLOS signal classifier [J]. Navigation, 2016, 63(4): 429 - 442.

[3] 邓刚.基于卫星仰角和 GDOP 的 GPS 选星算法[J].数字通信,2010,37(2): 47 - 50.

[4] Wang L, Groves P D, Ziebart M K. Smartphone shadow matching for better cross-street GNSS positioning in urban environments[J]. Journal of Navigation, 2015;68(3): 411 - 433.

[5] Hsu L T, Tokura H, Kubo N, et al. Multiple faulty GNSS measurement exclusion based on consistency check in urban canyons[J]. IEEE Sensors Journal, 2017, 17(6): 1909 - 1917.

[6] 孙蕊,王冠宇.一种基于双极化天线的城市峡谷内卫星定位方法: 201811255775.8 [P].2020 - 02 - 18.

[7] 孙蕊,王冠宇,程琦.一种基于 3D 城市模型辅助的城市峡谷内卫星定位方法: 2017112034515[P].2019 - 06 - 04.

[8] 王冠宇.城市多径环境下的导航定位技术及其应用研究[D].南京: 南京航空航天大学,2020.

[9] Sun R, Hsu L T, Xue D, et al. GPS signal reception classification using adaptive Neuro-Fuzzy inference system[J]. Journal of Navigation, 2019, 72(3): 685 - 701.

[10] Sun R, Wang G, Zhang W, et al. A gradient boosting decision tree based GPS signal reception classification algorithm[J] Applied Soft Computing, 2020, 86: 1 - 12.

[11] Lau L, Cross P A. Development and testing of a new ray-tracing approach to GNSS carrier-phase multipath modelling[J]. Journal of Geodesy, 2007, 81(11): 713 - 732.

[12] Groves P D, Jiang Z, Wang L, et al. Intelligent urban positioning using multi-

constellation GNSS with 3D mapping and NLOS signal detection[C]. International Technical Meeting of the Satellite Division of the Institute of Navigation, Nashville, 2012.

[13] Groves P D, Jiang Z. Height aiding, $C/N_0$ weighting and consistency checking for GNSS NLOS and multipath mitigation in urban areas[J]. Journal of Navigation, 2013, 66(5): 653-669.

[14] Friedman J H. Greedy function approximation: a gradient boosting machine[J]. The Annals of Statistics, 2001, 29(5): 1189-1232.

[15] Li Z. GBDT-SVM credit risk assessment model and empirical analysis of peer-to-peer borrowers under consideration of audit information[J]. Open Journal of Business and Management, 2018, 6(2): 362-372.

[16] Park H, Haghani A, Samuel S, et al. Real-time prediction and avoidance of secondary crashes under unexpected traffic congestion[J]. Accident Analysis & Prevention, 2018, 112: 39-49.

[17] Wang L, Zhou D, Zhang H, et al. Application of relative entropy and gradient boosting decision tree to fault prognosis in electronic circuits[J]. Symmetry, 2018, 10(10): 495.

[18] Sun R, Hsu L T, Xue D, et al. GPS signal reception classification using adaptive neuro-fuzzy inference system[J]. Journal of Navigation. 2019, 72(3): 685-701.

[19] Jang J S R. ANFIS: adaptive-network-based fuzzy inference system[J]. IEEE Transactions on Systems, Man and Cybernetics, 1993, 23(3): 665-685.

[20] Juang J, Chu V, Jan S, et al. GNSS activities in Taiwan[C]. ION 2013 Pacific PNT Meeting, Honolulu, 2013.

[21] Chiang K, Peng W, Yeh Y, et al. Study of alternative GPS network meteorological sensors in Taiwan: case studies of the plum rains and typhoon sinlaku[J]. Sensors, 2009, 9(6): 5001-5021.

[22] Eberhart R C, Kennedy J. A new optimizer using particle swarm theory[C]. 6th international symposium micromachine human science, Nagoya, 1995.

[23] Ghomsheh V S, Mahdi A S, Mohammad T. Training ANFIS structure with modified PSO algorithm[C]. mediterranean conference on control and automation, Athens, 2007.

[24] Tugrul C. Pso tuned anfis equalizer based on fuzzy C-means clustering algorithm[J] AEU — International Journal of Electronics and Communications, 2016, 70(6): 799-807.

[25] Catalao J, Pousinho M, Mendes V. Hybrid wavelet-pso-anfis approach for short-term wind power forecasting in Portugal[J]. IEEE Transactions on Sustainable Energy, 2011, 2(1): 50-59.

[26] Mahapatra S, Daniel R, Dey D, et al. Induction motor control using pso-anfis[J]. Procedia Computer Science, 2015, 48: 753-768.

[27] Takagi T, Sugeno M. Derivation of fuzzy control rules from human operator's control actions[C]. IFAC Proceedings Volumes, Marseille, 1983.

[28] Bezdec J C. Pattern recognition with fuzzy objective function algorithms[M]. New York: Plenum Press, 1981.

[29] Loganathan C, Girija K V. Hybrid learning for adaptive neuro fuzzy inferencesystem [J]. International Journal of Engineering and Science, 2013, 2(11): 6-13.

[30] Kennedy J. The behavior of particles [C]. Evolutionary Programming VII, 7th International Conference, San Diego, 1998.

[31] Groves P D. Shadow matching: a new GNSS positioning technique for urban canyons [J]. Journal of Navigation, 2011, 63(3): 417-430.

[32] Groves P D, Jiang Z, Rudi M, et al. A portfolio approach to NLOS and multipath mitigation in dense urban areas[C]. The 26th International Technical Meeting of the Satellite Division of the Institute of Navigation (ION GNSS+ 2013), Nashville, 2013.

# 第五章　城市多源信息融合导航定位技术的应用

## 5.1　多源信息融合在车辆异常驾驶检测的应用

根据美国国家公路交通安全管理局，具体的异常驾驶的场景主要分为S形驾驶、抖动驾驶、超速驾驶和回撤驾驶。其中S形驾驶主要由醉酒等原因引起；抖动驾驶经常由于司机是新手，操作不稳导致；超速驾驶是由于速度超过某一个特定的阈值；回撤驾驶是由于司机因为疲劳困倦等原因导致车辆偏离车道然后猛然回撤导致的一个驾驶过程。与异常驾驶相对应，正常驾驶是指车沿着车道中心线行驶。

基于之前定义的场景，通过对采集的RTK GPS、IMU和车道信息数据，设计基于粒子滤波的算法对车辆的位置和动态信息进行估计。对车辆动态估计的结果中的参数，定义O、D和V为估计出的高精度的车辆动态参数中的角速率、侧向位移和前进方向的速度。为了减少算法中的噪声并提取出动态参数随着时间序列的变化趋势，对O、D、V使用移动平滑算法，并对移动平滑算法之后的数据输入基于模糊逻辑(FIS)的异常检测算法。FIS输出危险类型指标，分别定义为四种模糊值A、B、C、D。危险类型等级从A到D增长。危险类型A表示最低的危险类型，D表示最高的危险类型。对每种输入的驾驶轨迹的移动平滑算法后的O、D、V通过FIS输出的不同的危险类型级别进行统计，根据每种危险类型的模糊值的比例统计结果和预先数据库里统计设定抽取的异常驾驶的标准参考进行对比。最后，系统将输出可识别的驾驶类型，包括S形驾驶、抖动驾驶、超速驾驶、回撤驾驶或正常驾驶。

## 5.1.1 方案设计与具体实施

### 5.1.1.1 系统框架设计

图 5.1 中的系统框架描述了车道级别不规则驾驶系统的设计方案。该方案有三个阶段：① 第一阶段是实验阶段，通过卫星定位系统（RTK GPS）和惯性导航单元（IMU）对车辆动态参数进行采集；② 第二阶段是数据处理阶段，设计基于粒子滤波 PF 算法对采集的车辆位置、动态信息和车道信息进行融合，从而得出高精度估计；③ 第三阶段是基于高精度估计的信息，定义 O、D、V 参数，进行建模并得出异常驾驶的检测。本技术检测方法，通过利用 RTK GPS 和低成本 IMU，就能实现车道内各种异常驾驶检测，成本低并且实用性强，是实现将来车道级别上的控制、防撞和智能加速等应用的基础。

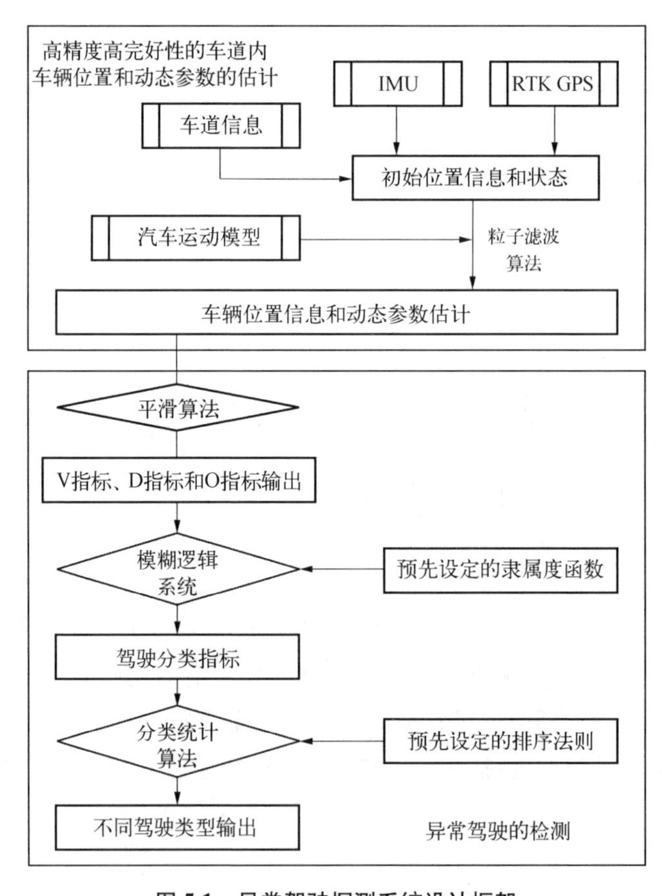


图 5.1 异常驾驶探测系统设计框架

### 5.1.1.2　具体实施过程

1. 采集车辆驾驶行为的数据

通过安装在车身轴线上的 IMU 中的陀螺仪来输出车辆前进方向的角速率和前进角，并通过安装在车身轴线上的加速计来输出加速度。通过 RTK GPS 采集车辆位置坐标和前进速度，并且通过高精度 RTK GPS 测绘出道路中的车道线数据，获得精确的车道信息坐标。设置五种驾驶场景，具体的异常驾驶场景分为 S 形驾驶、抖动驾驶、超速驾驶、回撤驾驶和正常驾驶。对这五种场景，用 10 Hz 的采样频率进行记录，并且记录采样的时间。对每个场景记录开始时间、结束时间、每个时刻的前进方向转向角、角速率、位置坐标信息、前进速度信息。

2. 针对采集的数据进行车道级别的定位

本节设计的车道级别的基于粒子滤波(PF)的精密定位算法，相应步骤描述如下。

定义车辆的状态向量 $\boldsymbol{X}(t)=[x \quad y \quad v \quad \omega \quad d]^{\mathrm{T}}$，其中 $x$、$y$ 代表汽车的本地坐标系统中车辆 $X$、$Y$ 轴坐标(单位为米)；$v$ 是车辆行驶方向速度；$\omega$ 是车辆偏转角度；$d$ 是车辆的横向位移。图 5.2 为车辆与车道的几何关系。

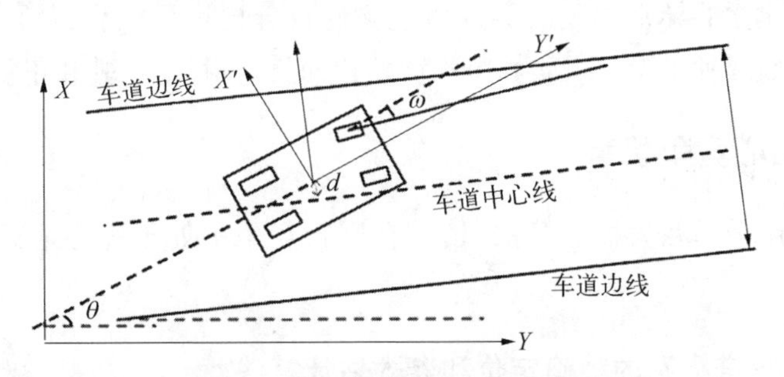


**图 5.2　车辆与车道几何结构关系**

步骤 1：对状态向量进行初始化，并以误差范围为半径制造出 1 000 个粒子，并运用恒定角速度模型进行预测。

步骤 2：对预测向量的参数估计粒子进行滤波更新。预测周期应用到每一个输入样本中。首先，判断进行判断预测的粒子的有效性。预测的粒子应该满足车道宽度 1.5 倍的半径范围内的要求，即是半个车道宽度的 3 倍。

步骤 3：如果预测的粒子在这个区间内，那就认为此粒子有效，可以进一步使用，预测得到此粒子的上一时刻的粒子也被认为有效。反之，如果预测的粒子不在满足条件的区间内,对应的上一时刻的粒子就被认为是无效,且将该粒子权重设为0。

步骤4:在每个预测周期后测试卫星定位系统定位的有效性,卫星定位系统的有效性用于调整预测粒子和输出粒子滤波的估计值。

步骤5:标准化以及重新采样。在每次更新之后,修改粒子权重,然后重新进行标准化和重新采样并进行试验。

步骤6:继续回到步骤2。

因此,在每个时刻都会有粒子滤波输出的动态参数和位置信息的估计。

3. 异常驾驶检测模型

针对基于粒子滤波算法估算出的高精度动态信息中的V、D和O参数。对这三个参数进行移动视窗平滑处理,并将其处理后的数据定义为V指标、D指标和O指标,对这三个指标输入基于模糊逻辑的算法。并定义模糊逻辑输出的危险等级指标,用来表示车辆运动的危险级别。并且对模糊逻辑的规则进行制定,规则来源于大量训练历史的异常驾驶数据中抽取的异常驾驶的形态。然后分别定义为四种模糊值A、B、C、D。危险类型等级从A到D增长。模糊值A表示最低的危险类型,D表示最高的危险类型。然后通过统计各种输入的驾驶类型包含从A到D的模糊类型的百分比,和数据库中已经建立的异常驾驶的类别所包含的百分比进行比较,从而系统将输出可识别的驾驶类型,包括为S形驾驶、快速折返、抖动驾驶和正常驾驶。

### 5.1.2 核心竞争优势

本应用采用两大核心算法,使其在同行竞争中处于优势地位。具体介绍如下。

#### 5.1.2.1 车道级别的精确定位和参数估计算法

异常驾驶的场景下,根据美国公路局研究表明,公路上最普遍的异常驾驶类型为S形驾驶、抖动驾驶、超速驾驶和回撤驾驶。

为采集车辆的行驶数据,带有陀螺仪的惯导系统和安装在车身轴线上的加速计用来输出偏转率、加速度、车头方向的前进角度。使用具有RTK定位功能的北斗/GPS/伽利略和惯性导航单元(IMU)来采集车辆位置坐标和运动参数。对采集到的初始位置设计基于粒子滤波(PF)的高精度融合算法,对观测到的车辆位置信息,采集到的车道几何信息,建立精确的车辆运动模型,在下一时段进行迭代,从而提供预计位置和姿态参数。

#### 5.1.2.2 不规则驾驶检测算法

基于之前定义的异常驾驶的场景,定义 O、D 和 V 为算法估计出的高精度的车辆动态参数中的角速率、侧向位移和前进方向的速度。为了减少算法估计中的噪声并提取出动态参数随着时间序列的变化趋势,对 O、D、V 使用移动平滑算法,并对移动平滑算法之后的数据输入基于模糊逻辑(FIS)的异常检测算法。FIS 输出危险类型指标,分别定义为四种模糊值 A、B、C、D。危险类型等级从 A 到 D 增长。危险类型 A 表示最低的危险类型,D 表示最高的危险类型。对每种输入的驾驶轨迹的移动平滑算法后的 O、D、V 通过 FIS 输出不同的危险类型级别进行统计,根据每种危险类型的模糊值比例统计结果和预先数据库里统计设定抽取的异常驾驶的参考标准进行对比。最后,系统将输出可识别的驾驶类型,包括 S 形驾驶、抖动驾驶、超速驾驶和回撤驾驶。

## 5.2 多源信息融合在道路交通收费的应用

快速的城市化、机动化和糟糕的城市规划导致严重的交通拥堵,为社会、经济和环境带来了不良影响[1-4]。尽管有多种方法可以在战略、战术和运营层面解决城市拥堵,但道路使用收费(road user charging, RUC)是公认的缓解拥堵和募集资金的有效方法[5]。RUC 分为固定道路使用收费(fixed road user charging, FRUC)和可变道路使用收费(variable road user charging, VRUC)。无论在收费区和/或运行活动中花费的时间是多少,FRUC 对使用特定路段或子网的每个交通工具收费,例如,收费公路或桥梁、伦敦的拥堵收费区(congestion charging zone, CCZ)[6-8]。另一方面,VRUC 考虑特定的道路使用以及对环境和社会的影响[9]。典型的可变收费包括针对重型货车(heavy goods vehicles, HGV)的基于距离的道路收费方案[8,10]。

为了使 RUC 更好地反映道路空间效用及其对环境和社会的影响,Ochieng 等提出了可变道路使用收费指标(variable road user charging indicators, VRUCI)的概念[9,11]。这些指标应根据所需精度和完好性来度量,以防发生误收费(例如,多收费和少收费)、漏检和误检。

当前,以传感器和通信设备网络为代表的先进技术已广泛应用于智能交通系统(ITS)。这些技术(包括基于 GNSS 的定位系统)可用于满足 RUC 中基于位置的指示定位和时序要求[12-13]。在基于 GNSS 的 RUC 系统中,车辆状态(位置、速度和时间)或定位功能构成了收费的基础。特别地,4D 定位精度是识别车辆物理位置的要素[14]。高度不准确引起模糊定位,使得车辆物理位置错误,尤其是那些位于高架桥上方或下方的车辆。车辆状态确定的优劣可以根据 RNP 参数(精度、完好性、连续性和可用性)来评估[15-17]。

据伦敦交通局(Transport for London, TfL)研究,GPS 采集的所有定位数据中,只有 58%的数据适用于 RUC,远低于需求[18]。但是,新 GNSS 信号的开发,如俄罗斯的全球卫星导航系统(GLONASS)、未来欧洲伽利略和中国北斗系统的加入有望扩大卫星覆盖范围、增加可见性和冗余度,从而提高定位性能[19]。然而, Zabic 在丹麦哥本哈根进行的大量实地测试表明,新信号和多星座的改进不太可能满足 RUC 的要求,尤其是在城市峡谷环境中[20]。在此类环境中,GNSS 信号误差、差卫星几何分布、道路地图误差和地图匹配处理误差都有可能将车辆分配到错误的路段,从而导致错误收费[14,21,22]。

为解决可变道路使用收费指标(VRUCI)和车辆状态估计性能不足的问题,本节对 VRUCI 重新定义,并提出了一种可用于 VRUCI 的基于集成粒子滤波器(particle filter, PF)的 GPS/GLONASS/DR/路段信息数据融合算法。

### 5.2.1 可变道路使用收费指标

RUC 指标应涵盖道路空间效用的所有方面,且尽可能相互独立和可测量。基于这些标准,Ochieng 等确定了九个指标[9],如表 5.1 所示。

**表 5.1 可变道路使用收费指标(VRUCI)**

| VRUCI |
| --- |
| 地理区域 |
| 道路等级 |
| 行驶距离 |
| 污染物排放 |
| 车辆占用率 |
| 驾驶员行为 |
| 行驶时间 |
| 行驶持续时间 |
| 交通密度 |

我们需要地理区域和道路等级数据来获得道路空间效用中的空间变化。车辆的实时行驶信息包括行驶距离、行驶时间和行驶持续时间，可用于解决道路空间使用的时间问题。根据实际网络条件（即自由流动或拥堵）可获得交通密度数据。根据污染物排放获得排放对环境和健康的影响，包括废气排放和噪声污染。此外，由于受速度、加速度、制动、换挡和踩离合器踏板等多种因素的影响，“驾驶员行为”指标无法被直接测量，但这些因素可以根据汽车的状态来检测和测量[23]。因此，在实际情况下，影响驾驶员行为的因素应分开测量。另外，由于 VRUC 与道路使用量相关，而道路使用量与车辆和车上人员有关，所以应将车辆占用率设为一个指标。因此，表 5.2 列出了改进的指标。

**表 5.2　综合收费系统的改进的可变道路使用收费指标（改进 VRUCI）**

| VRUCI[9] | 改进 VRUCI（可测量） |
|---|---|
| 地理区域 | 地理区域 |
| 道路等级 | 道路等级 |
| 行驶距离 | 行驶距离 |
| 行驶时间 | 行驶时间 |
| 行驶持续时间 | 行驶持续时间 |
| 交通密度 | 交通密度 |
| 污染物排放 | 尾气排放 |
| 车辆占用率 | 噪声 |
| 驾驶员行为 | 车辆占用率 |
| | 速度 |
| | 加速度 |
| | 制动 |
| | 换挡 |

除了要求指标可测量外，还应考虑指标之间的相关性从而确保独立性。因此，可以将两个或多个相关变量组合为一个指标，以创建一组改进的不相关指标。本节使用基于边际社会成本的方法来选择独立指标。根据 Newbery 的研究，车辆行驶时有四种成本：道路损坏、交通拥堵、事故外部性和环境污染[24]。因此，当收费等于每个驾驶员对他人施加的边际社会成本时，收费方案最佳。基于此假设，如果指标影响了这四个成本，则应认为收费方案是合理的。

车辆造成的道路损坏表现为地面变得粗糙[25]。损坏程度取决于车辆的特性和道路类型(铺设或未铺设)。道路等级是与道路损坏相关的可变指标,应实时“测量”。另一方面,对于特定类型的车辆,车辆类型是常数。例如,HGV 可被视为一种车辆类型指标,道路损坏收费包含针对 HGV 车辆类型的固定收费以及其他附加的可变收费,如行驶距离等。因此,与道路损坏成本相关的唯一可变指标是道路等级。

根据 Noordegraaf 等的研究[26],拥堵收费主要被定义为时间和地点上的差异。因此,拥堵成本的可变指标是行驶距离、行驶时间、行驶持续时间和交通密度。此外,收费应与道路使用量密切相关,因此车辆占用率也是一个需要考虑的因素。

事故成本的主要可变指标是驾驶员行为,它表现为速度、加速度、制动、换挡和踩离合器踏板。但是,换挡和踩离合器踏板这两个指标与加速度指标相关。事实上,当你在手动挡汽车上进行加速时,需要将脚从油门上松开,踩下离合器,换挡,然后加速度才能增加。总之,你应该根据你需要的速度改用合适的挡位。此外,加速度指标与噪声、尾气排放和速度强相关。加速度和速度之间有很好的相关性。加速度定义为车辆速度矢量关于时间的变化率,而速度标量和速度矢量使用相同的物理量进行测量,但不包含方向。在加速度和尾气排放之间的相关性方面,Ericsson 在瑞典韦斯特罗斯用两个星期测试了 30 个需要驾驶车辆的家庭,并指出快速加速($>1.5\ m/s^2$)会导致碳氢化合物、氮氧化物和二氧化碳排放显著增加[27]。Rakha 和 Ding 指出,以车辆的加速和减速水平来表示的停车积极性对车辆排放率有重大影响[28]。特别地,与 10~120 km/h 的巡航速度相比,碳氢化合物和一氧化氮的排放速率对加速度的大小非常敏感。此外,就加速度和噪声排放之间的相关性而言,Ouis 指出,发动机噪声和车辆排气噪声是车辆噪声的两个主要来源[29]。城市交通实验的数据表明,突然的加速对交通噪声控制有负面影响[30]。因此,考虑这些指标的相关性,仅选择速度、噪声和制动三个指标。此外,交通密度对于事故征候和事故的发生是一个独立因素,也被纳入指标中[31]。

车辆排放的废气中含有氮氧化物、一氧化碳、二氧化碳、碳氢化合物和颗粒物。这些排放物和噪声对环境有不良影响。因此,应根据环境污染成本使用 RUC。可变道路使用收费指标如表 5.3 所示,它们可测量、相互独立,并且能够反映道路空间效用。

表 5.3　可变道路使用收费指标（可测量，基于边际社会成本，指标之间相关性低）

| 成本类型 | 相关的 VRUCI（可测量，基于边际社会成本，指标之间相关性低） |
|---|---|
| 道路损坏成本<br>拥堵成本 | 道路等级<br>行驶距离<br>行驶时间<br>行驶持续时间<br>车辆占用率<br>交通密度 |
| 事故外部性成本 | 交通密度<br>速度<br>制动 |
| 环境污染成本 | 地理区域<br>尾气排放<br>噪声 |

表 5.3 中的道路等级、行驶距离、行驶时间、行驶持续时间和交通密度指标，可以通过车载定位和运动传感器来确定。在 5.2.2 节中，设计了一种集成算法来提高目前定位传感器的性能，从而测量相关可变道路使用收费指标。行驶时间、行驶持续时间和速度指标可以直接从车辆状态估计信息确定。道路等级、交通密度、地理区域、车辆占用率、制动、尾气排放和噪声指标可以从状态估计信息中推断。道路等级可以通过将车辆状态与道路网络数据库匹配的方式来提取。交通密度根本上是道路上单位距离的车辆数量（$n/L$），也可以表示为路段上车辆数量 $n$ 的平均间距的倒数。地理区域可以使用与路网空间数据库匹配的车辆地图的估计状态来确定。尽管可以使用车载传感器进行测量，但是确定车辆占用率变化的时间很重要。制动可以通过踏板压力传感器检测。然而，这些数据必须在空间和时间上作为行为和碰撞（如事故）分析的参考，制动发生的数据对事故识别也至关重要。尾气和噪声可以通过特定的传感器测量。但重要的是要在空间和时间上参考污染物种类数据，以确定排放的位置和时间。

总体而言，定位系统的性能对于 VRUCI 指标的测量非常重要。5.2.2 节中将设计一种集成算法来提高定位传感器当前的性能，这是 VRUCI 测量的基础技术。

### 5.2.2　VRUCI 测量的数据融合算法

在空间和时间上定位和追踪车辆的能力是对实际道路使用收费的基

础[9]。因此,实时确定每辆车状态的技术至关重要。基于 GNSS 的应用程序可以提供实时定位信息,这也是道路使用者收费方案的基础。在本节中,将介绍 RUC 所需导航性能以及利用 GNSS、航迹推断(DR)和路段信息的新型数据融合算法。算法的性能通过仿真和真实数据进行测试。

#### 5.2.2.1 RUC 所需导航性能

对于 RUC 方案,GMAR 提出了一个框架,用于在服务层面上测量基于 GNSS 的道路使用收费系统的性能[32]。推出了一套定量和可测试的性能指标,用于测试和比较基于 GNSS 的计量产品和服务,包括收费完好性和收费可用性。但所需的导航性能指标仍需从服务要求中得出并进行标准化。

在技术层面上,精度、完好性、连续性和可用性是用于获得导航系统性能的主要参数[33]。精度是指位置误差和速度矢量误差/速度标量误差的统计分布[34]。完好性是系统在位置误差超过特定告警门限时能够提供及时有效的告警能力[33]。连续性风险是指一个在某次运行开始时是可用的导航服务,在运行期间被中断的概率[35]。在选择合适的导航系统连续跟踪车辆位置之前,需要对备用系统进行评估。

尽管 RUC 的适当 RNP 值仍有待商定,但本节采用了 Ochieng 等[11]以及 Feng 等[15]的指标:精度 5 m(95%);完好性风险 $10^{-7}$,警报界限 12.5 m,可用性 99.7%。

#### 5.2.2.2 算法设计

本小节设计的集成算法将车辆位置估计与和路段相关的横向位移估计相结合,这对于道路使用收费指标 RUCI 的测量十分重要。此处基于粒子滤波器(PF)和精确的运动模型进行数据融合。将来自 GNSS 和 DR 传感器的动态定位数据以及路段相关信息输入到算法中,以实时估算定位和姿态参数。PF 是一种非参数递归贝叶斯滤波器,使用 $N$ 个加权样本来近似概率密度,用于为 RUCI 测量提供高精度和高度完好性的定位和车辆动态状态估计。下面介绍粒子滤波过程。

1. 状态矢量定义

在本小节设计的算法中,状态矢量在式(5-1)中表示,其中,$x$、$y$ 是车辆在本地坐标系中的 $X$ 轴和 $Y$ 轴坐标;$h$ 是车辆在本地坐标系中的高度坐标;$\boldsymbol{v}$ 是沿航向的速度矢量;$\theta$ 是车辆的航向角;$\omega$ 是车辆的横摆角速度;$a$

是沿航向的加速度；$\beta$ 是路段和本地坐标系之间的角度；$d$ 是车辆在路段上的横向位移,用于表示坐标$(x, y)$与道路中心线之间的最小距离。道路中心线数据是一组代表道路中心线的点。

$$\boldsymbol{X} = [x \quad y \quad h \quad \boldsymbol{v} \quad \theta \quad \omega \quad a \quad \beta \quad d]^{\mathrm{T}} \tag{5-1}$$

状态矢量 $\boldsymbol{X}$ 由运动矢量 $\boldsymbol{A}(t)$ 和几何矢量 $\boldsymbol{B}(t)$ 两个子状态矢量组成。

$$\boldsymbol{A}(t) = [x \quad y \quad h \quad \boldsymbol{v} \quad \theta \quad \omega \quad a]^{\mathrm{T}} \tag{5-2}$$

$$\boldsymbol{B}(t) = [\beta \quad d]^{\mathrm{T}} \tag{5-3}$$

参数随时间变化,且在 PF 运行期间,状态矢量 $\boldsymbol{X}$ 中每个参数的粒子表示为

$$X_t^i(t = 0, \cdots, n;\ i = 1, \cdots, n) \tag{5-4}$$

其中 $X_t^i$ 表示状态矢量 $\boldsymbol{X}$ 中的参数,其中 $i$ 表示 $t$ 时刻的粒子数。下面详细讨论对式(5－2)和式(5－3)的粒子 $X_0^i$ 初始化。

滤波器从式(5－4)中的粒子 $x_0^i$、$y_0^i$ 和 $h_0^i$ 的初始化开始。用于生成粒子的球体区域定义为基于 GNSS 的后验解统计量。以首次接收到的 GNSS 点的平均值为原点,标准差为球体的半径。根据高斯分布随机创建局部坐标变量 $x_0^i$、$y_0^i$ 和 $h_0^i$。假设车辆的初始状态是静止的,因此初始的航向速度矢量 $\boldsymbol{v}_0^i$ 为 $\boldsymbol{0}$ 矢量。由于没有初始航向信息,因此假设 $\theta$ 值在 360°的整个范围内均匀分布, $\omega$ 和 $a$ 初值设为 0。

2. 预测

基于车辆运动学的运动模型预测式(5－2)。对于直线/弯曲的道路,使用恒定加速度(constant acceleration, CA)、恒定转弯率和加速度(constant turn rate and acceleration, CTRA)模型可以提供合理的运动近似值[36-39]。因此,对于式(5－2)中的每个粒子,均在滤波处理过程中应用预测模型,如式(5－5)所示。

$$\begin{bmatrix} x_{t+1}^i \\ y_{t+1}^i \\ v_{t+1}^i \\ \theta_{t+1}^i \\ \omega_{t+1}^i \\ a_{t+1}^i \end{bmatrix} = \begin{bmatrix} x_t^i + \Delta_x^i \\ y_t^i + \Delta_y^i \\ v_t^i + \Delta_v^i \\ \theta_t^i + \Delta_\theta^i \\ \omega_t^i + \Delta_\omega^i \\ a_t^i + \Delta_a^i \end{bmatrix} \tag{5-5}$$

式中，$\Delta_x^i$、$\Delta_y^i$、$\Delta_v^i$、$\Delta_\theta^i$、$\Delta_\omega^i$、$\Delta_a^i$ 是根据不同的车辆运动模型计算出的过渡参数。

基于路段的几何关系，利用式(5－6)预测式(5－3)中的参数。

$$\begin{bmatrix} \beta_{t+1}^i \\ d_{t+1}^i \end{bmatrix} = \begin{bmatrix} \beta_t^i \\ d_t^i + \sin(\beta_t^i)\Delta_x^i - \cos(\beta_t^i)\Delta_y^i \end{bmatrix} \tag{5-6}$$

3. 滤波器的更新

每个输入样本都会进入预测循环中。滤波器更新程序由输入样本的有效性测试触发。有效性一旦被确认，便会在预测循环中更新粒子。

有效性测试基于参数 $d^i$，即用 $|d_t^i| < 3HR$ 判断有效性，其中 3HR 是道路宽度的 1.5 倍。将 3HR 作为横向位移的界限，是因为对于行驶中的车辆，不可能在 1 s 内突然进入非相邻道路。例如，对于在 7 m 宽的道路上行驶的车辆，如果 $|d_t^i| > 3HR = 10.5$ m，则基于粒子预测的位置将落在非相邻道路上，这是不切实际的。如果 $|d_t^i|$ 在这个定义的间隔内，则认为该粒子有效，并且开始预测下一个时刻 $t+1$ 的参数。

预测的有效性还应满足以下条件：仅粒子 $i$ 的预测位置仍在道路宽度限制内。因此，对每个预测出的 $d_{t+1}^i$，如果满足 $|d_{t+1}^i| < 3HR$，那么可以认为预测出的 $d_{t+1}^i$ 是有效的，且式(5－1)中其他预测出的参数也是可接受的。如果预测出的 $d_{t+1}^i$ 不满足 $|d_{t+1}^i| < 3HR$，那么基于此粒子预测出的其他粒子就是无效的，并将这个粒子的权重 $w_t^i$ 设为 0。每个预测循环后测试 GNSS 的有效性。

4. 归一化和重采样

在每个更新阶段之后修改粒子的权重，并重新开始 PF 的归一化和重采样测试。

### 5.2.3 仿真实验

用于模拟直线和弯曲道路的模型有恒定加速度 PF 模型(PFCA)和恒定转弯率、加速度 PF 模型(PFCTRA)。基于这两个模型的估计定位性能是可以比较的。本节仿真的重点是获得运行环境的特征(即开阔地区、郊区和城市)。借助 GNSS 仿真工具可以轻松生成并运行许多不同的场景，来验证开发的算法的性能。当然，其他需要大量数据集的特征也可以被仿真出来。但是,由于数据可用性的原因,不得不根据实际数据对性能进行分析。Spirent GNSS 仿真工具能以十分钟为一个周期产生仿真的 GNSS 数据。DR 数据和路段数据则由 MATLAB 软件创建。本节总共创建了 3 个代表性的仿真测试场景(表 5.4)。测试场景 1 代表开阔地区的道路;测试场景 2 代表具有一定车流量的公路;测试场景 3 代表透光的林区。针对每个测试场景分析了三种定位方法:数据融合 PF 算法、GPS/GLONASS 和只用 GPS。公路上车速设为 70 km/h,其他道路的车速设为 50 km/h。

表 5.4　仿真测试场景

| 测试场景 | 测试持续时间(s) | 仿真环境 |
| --- | --- | --- |
| 测试场景 1 | 600 | 开阔地区 |
| 测试场景 2 | 600 | 一定车流量的公路 |
| 测试场景 3 | 600 | 透光的林区 |

在 5.2.3.1~5.2.3.4 节中将对仿真结果进行卫星覆盖范围、精度、完好性、连续性和可用性方面的分析。

### 5.2.3.1　卫星覆盖范围分析

卫星覆盖范围是根据可见卫星的数量来衡量的。同时可见卫星数量与用户-卫星几何构型是定位的先决条件。通常来说,2D(经度和纬度)定位和时间的确定需要三颗卫星,而 3D(经度、纬度和高度)定位和时间的确定至少需要四颗卫星。对于道路使用收费服务,尤其是在有坡度的道路中,高度准确性对于正确识别车辆位置至关重要。

选择只用 GPS 或 GPS/GLONASS 进行定位时,需要评估卫星覆盖范围等级。图 5.3 显示了这三个测试场景中可见的 GPS 和 GPS/GLONASS 卫星的数量。可以看出,在这三个测试场景中,只用 GPS 和 GPS/GLONASS 两个定位方法的星座总有四个以上的卫星。此外,与开阔地区场景的仿真结果进行比较,公路和透光林区只用 GPS 和 GPS/GLONASS 的卫星的数量都较少,前者是由附近车辆引起的信号衰减,后者是由树木引起的信号衰减。总体而言,用于定位和定时的 GPS/GLONASS 的卫星可见性明显高于只用 GPS 的卫星。

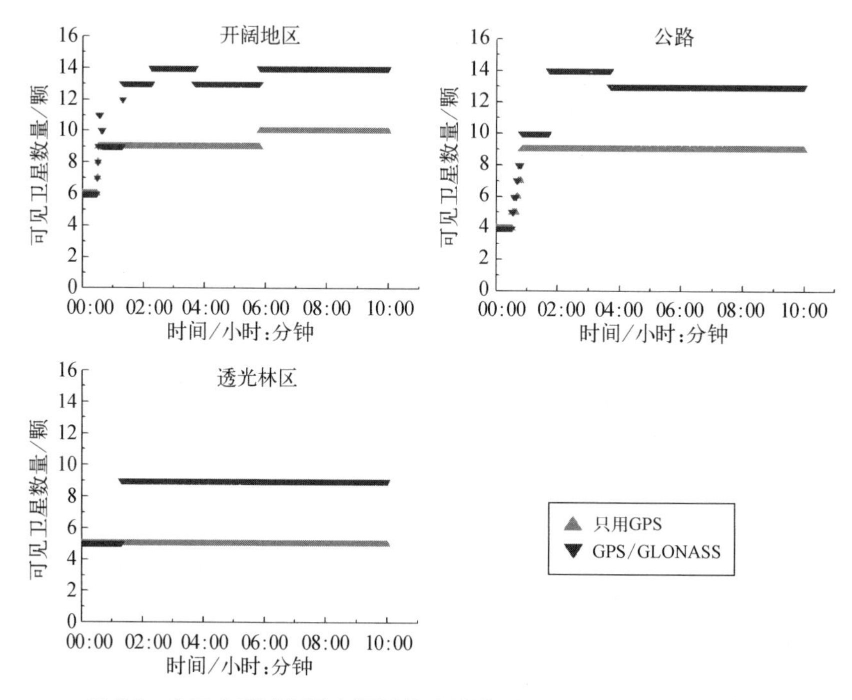


**图 5.3 在三个测试场景中可见的 GPS 和 GPS/GLONASS 卫星数量**

### 5.2.3.2 精度分析

在仿真中,将只用 GPS、GPS/GLONASS 和数据融合 PF 算法的水平定位结果与参考轨迹进行比较,以确定是否可以满足 5 m(95%)精度要求。图 5.4 比较了只用 GPS、GPS/GLONASS 和数据融合 PF 算法的定位点。结果表明,在这三个测试场景中,与只用 GPS 相比,融合模型的估计结果显著提高了定位精度。在开阔地区场景中,数据融合 PF 算法的 95%百分位数精度为 1.24 m(95%),GPS/GLONASS 为 2.11 m(95%),只用 GPS 为 2.53 m(95%);在公路场景中,数据融合 PF 算法的定位精度为 2.03 m(95%),GPS/GLONASS 为 2.74 m(95%),只用 GPS 为 3.27 m(95%);在透光林区场景中,数据融合 PF 算法的定位精度为 4.82 m(95%),GPS/GLONASS 为 8.34 m(95%),只用 GPS 为 10.31 m(95%)。总体而言,与仅使用 GPS 的其他方法相比,数据融合 PF 算法显著提高了定位精度。

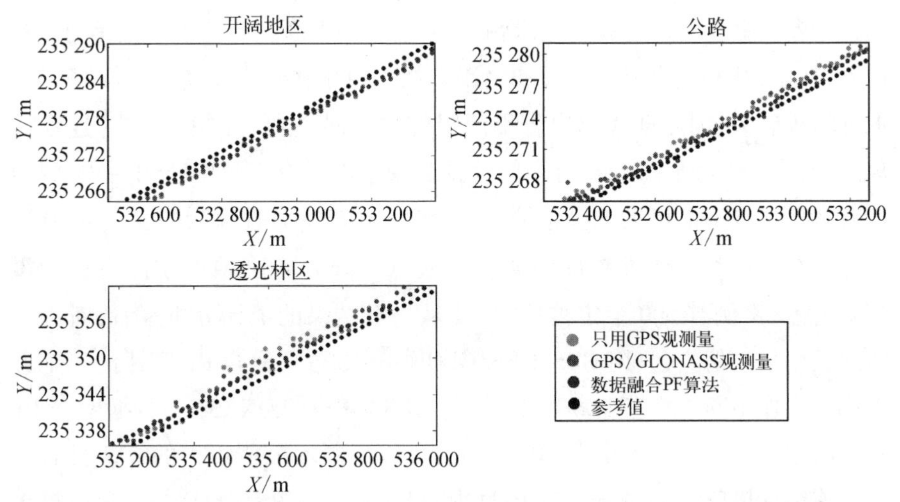

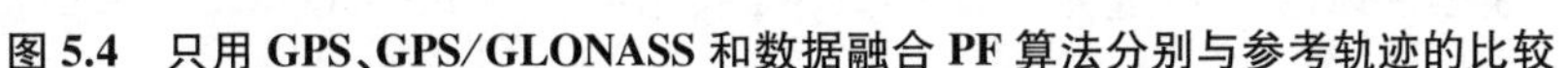
**图 5.4　只用 GPS、GPS/GLONASS 和数据融合 PF 算法分别与参考轨迹的比较**

### 5.2.3.3　完好性分析

完好性与任务(如安全)临界值相关。为了确定此因素,需要进行冗余测量[40]。因此,对于 4D 定位,至少应有五颗卫星具有良好的几何构型以进行完好性监视。在开阔地区场景中,只用 GPS 和 GPS/GLONASS 两种方法的整个仿真期间,可见卫星的数量都超过五个。在高速公路场景中,由于车辆流量引起信号遮挡,至少 5 颗卫星可见的时间占比为:只用 GPS 为 94.31%,GPS/GLONASS 为 96.83%。在透光林区场景中,只用 GPS 和 GPS/GLONASS 的情况下,仿真期间始终可见五个以上的卫星。

出于冗余度和安全性考虑,位置误差不应超过 12.5 m 的告警门限。特别地,在开阔地区测试时,数据融合 PF 算法、GPS/GLONASS 和只用 GPS 方法的所有的定位点都在告警门限内。在公路场景中,数据融合 PF 算法所有定位点均在告警门限内,但是 GPS/GLONASS 和只用 GPS 的场景的相应的值分别占 98.67%和 97.33%。在透光林区场景中,数据融合算法所有定位点均在告警门限内,而只用 GPS 和 GPS/GLONASS 中只有 88.67%和 93.83%的定位点在告警门限内。总体而言,三种场景中,只有数据融合 PF 算法的估计才能满足告警门限的要求。

### 5.2.3.4　连续性分析

连续性风险是指一个在某次运行开始时是可用的导航服务,在运行期间被中断的概率[40]。在以下情况中会发生这种中断和缺乏引导的信息：精度不足、定位中断、完好性警报和错误警报。由于在这三个仿真测试场景中的样本不够大，因此选择超出告警门限的位置误差和定位中断作为连续性风险的代表。从结果来看，每个仿真测试场景都没有定位中断的问题，因为所有案例场景下的可见卫星总是多于四个。由于完好性风险的要求是$10^{-7}$，因此每个测试场景下允许的中断次数是$10^{-7}\times600=6\times10^{-5}$，实际可视为零（每个测试案例有600个定位输出）。从仿真结果的统计分析来看，对于开阔地区场景的仿真，只用GPS、GPS/GLONASS和数据融合PF算法的三个方法都不存在中断。在公路场景中，只用GPS、GPS/GLONASS和数据融合PF算法的中断次数分别为16、8、0。因此，可以推断本节所提出的算法具有最低的连续性风险。在透光林区场景中，只用GPS、GPS/GLONASS和所提出的融合算法的中断次数分别为68、37和0。综上所述，对于这三个测试场景，本节提出的数据融合PF算法提供了在连续性上优于只用GPS和GPS/GLONASS的测量方法。

#### 5.2.3.5 可用性分析

如果满足精度、完好性和连续性要求，则该导航服务是可用的[40]。因此，只有满足精度、完好性和连续性要求的导航系统才可用于RUC方案。从三个测试场景下精度、完好性和连续性的性能统计分析来看，在只用GPS、GPS/GLONASS和提出的数据融合PF算法三种方法下，开阔地区的测试场景中的服务可用性为100%；在公路场景中，本节提出的数据融合算法的服务可用性为100%，而只用GPS和GPS/GLONASS的可用性分别为97.33%和98.67%；在透光林区场景中，只用GPS、GPS/GLONASS和提出的数据融合PF算法的可用性值分别为88.67%、93.83%和100%。从仿真结果来看，本节提出数据融合PF算法具有100%的最佳服务可用性。5.2.4节将使用实际数据来验证仿真结果。

### 5.2.4 实地测试验证

实地测试是为了验证仿真结果。在公路运输中，很难使用和航空运输类似的方式来定义特定的运营时间段（period of operation，PoP）。因此，实地测试期间的每个定位点均被视为PoP。实地测试路线旨在代表相关的空间特征,包括开放空间、树木、高层建筑只在一侧、两侧都有高层建筑、隧道和桥梁。因此,在伦敦选择的路线是从 Chiswick 公园站南行到 Heathrow 隧道,然后回到 Imperial College 路。路线的总时长为 90 分钟(15:00~16:30)。实地测试路线代表着运行环境,包括最初的郊区部分(Cromwell 路,主要是中高层建筑),然后是城市部分(围绕 Hammersmith 地区,由建筑物和多级道路组成)和开阔的公路(从 Hammersmith 到 Heathrow 机场),如图 5.5 所示。

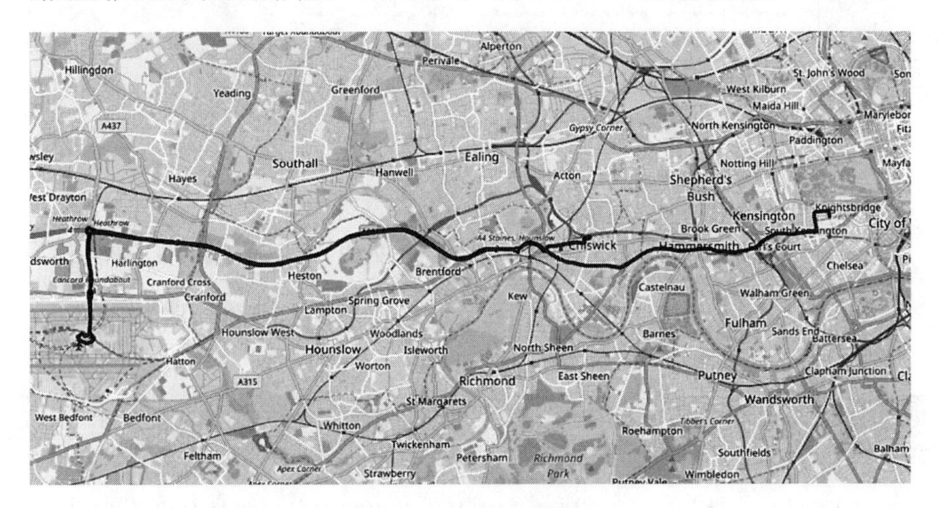


**图 5.5　实地测试路线**

使用安装在测试车的车顶上的 Leica Viva GNSS GS15 接收器,采集实时运动 RTK GPS 和 GLONASS 的数据。位置数据的采样率为 1 Hz。利用低成本的 u-blox DR 传感器输出车辆的姿态和加速度信息。RTK GPS/GLONASS 数据的测量值与 PF 中的 DR 和路段数据相结合。"真实"轨迹是使用来自 iMar 的高级 GNSS/IMU 系统的后处理数据确定的,并以 1 Hz 频率测量。下面列出了只用 GPS、GPS/GLONASS 和数据融合 PF 算法的结果。

### 5.2.4.1　卫星覆盖范围分析

只用 GPS 和 GPS/GLONASS 方法的可见卫星数量如图 5.6 所示。可以看出,由于信号中断,GPS 卫星的数量下降到四个以下的次数为四次:第一次是从 15:04 到 15:07(由树木引起的信号中断);第二次是从 15:13 到 15:22(由树木引起的信号中断);第三次是从 15:50 到 15:55(由树木和高架桥引起的信号中断);第四次是从 16:05 到 16:10(由 Heathrow 隧道和树木引起的信号中断)。在实地测试期间,GPS/GLONASS 方法的卫星可见性显著提高。

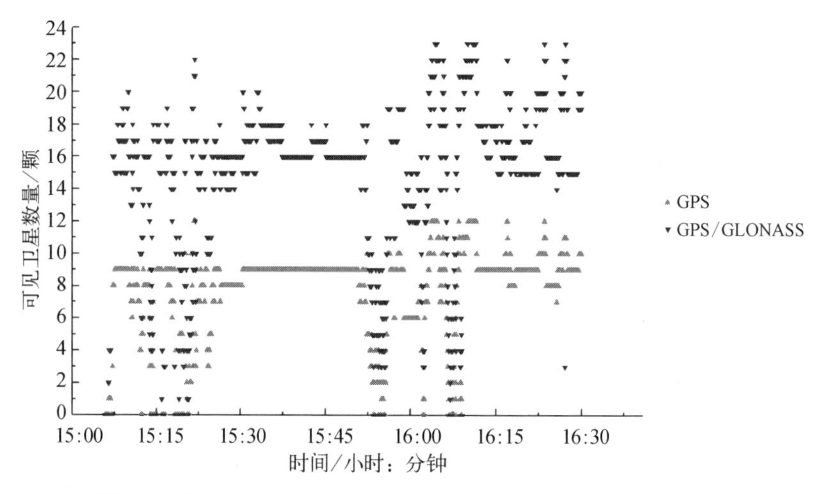

图 5.6 在只用 GPS 和 GPS/GLONASS 方法下可见的卫星数量

用实地测试持续时间的百分比表示只用 GPS 和 GPS/GLONASS 的卫星可见性，如图 5.7 所示。在至少四颗卫星时，只用 GPS 和 GPS/GLONASS 方法的卫星可见性分别为 88.16% 和 95.29%。对于完好性，在 4D 定位中进行故障检测的基本要求为至少有 5 个卫星[41]。从图 5.7 的统计结果可得，在至少五颗卫星时，只用 GPS 和 GPS/GLONASS 方法的卫星可见性分别为 86.01% 和 93.71%。综上所述，由于信号中断，实地测试中的可见卫星的数量比仿真少，这是因为后者在准确获得相关空间元素方面的复杂性。

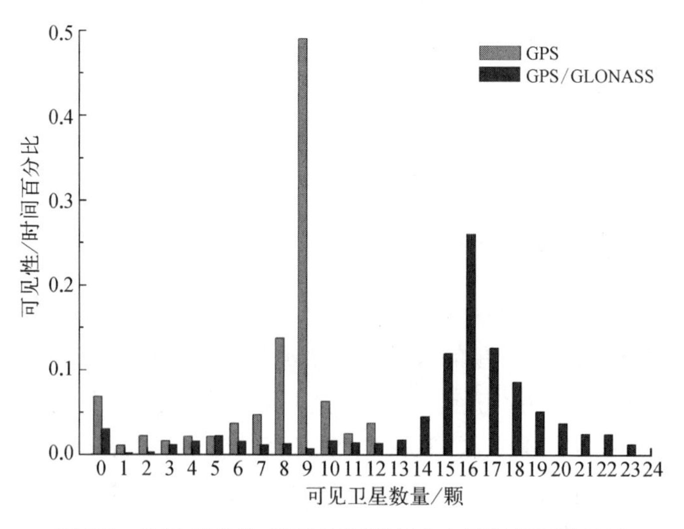


图 5.7 只用 GPS 和 GPS/GLONASS 方法下的可见卫星

### 5.2.4.2　精度分析

只用 GPS、GPS/GLONASS 和数据融合 PF 算法引起的位置误差如图 5.8 所示。可以看出,GPS/GLONASS 方法的结果比只用 GPS 更接近参考值(点 1 和点 2)。此外,GPS/GLONASS 方法比只用 GPS 具有更高的定位点密度(点 3 和点 4)。与只用 GPS 和 GPS/GLONASS 方法相比,数据融合算法在提供 100%的定位点密度(点 7 和点 8)的同时,显著提高了精度(点 5 和点 6)。

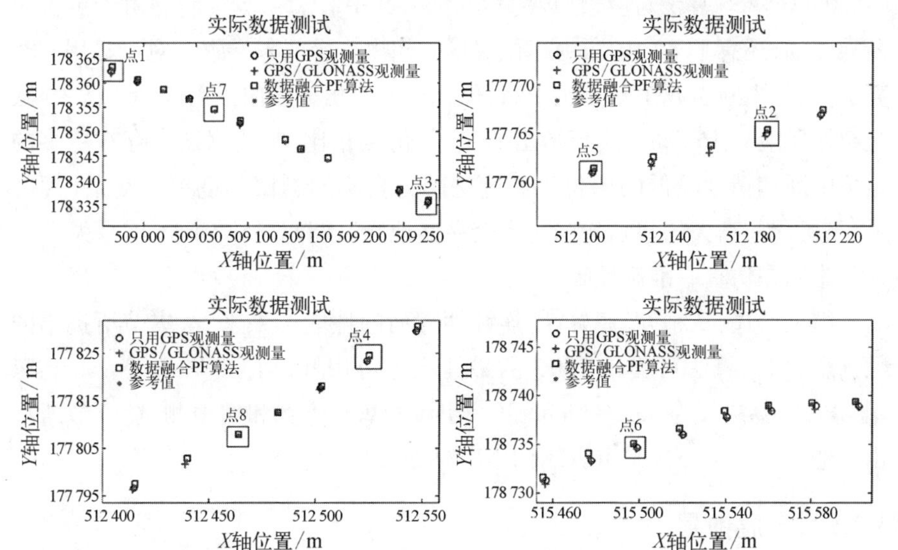

**图 5.8　只用 GPS、GPS/GLONASS 和融合算法在实地测试中分别与参考量的对比**

对于数据融合 PF 算法,第 95 个百分位数的精度为 4.92 m(95%),GPS/GLONASS 精度为 7.84 m(95%),只用 GPS 精度为 13.74 m(95%)。

总体而言,实地测试结果证实了仿真结果,即数据融合 PF 算法可提供最佳的精度且满足 VRUCI 的测量要求。

### 5.2.4.3　完好性分析

对于完好性监视的要求,只用 GPS 和 GPS/GLONASS 算法下的五颗以上卫星的比例分别为 86.01%和 93.7%。就告警门限的要求而言,在数据融合 PF 算法的方案中,所有定位点均在告警门限内,而 GPS/GLONASS 和只用 GPS 算法的对应值分别为 97.82%和 95.12%。

总之,与其他仅使用 GNSS 的方案相比,只有数据融合 PF 算法的估计才能在仿真和实地测试结果中满足告警门限的要求。

#### 5.2.4.4 连续性和可用性分析

连续性风险中考虑的两个主要问题是告警门限和定位中断。根据连续性风险要求，允许的中断次数为 $10^{-7}\times5\,400=54\times10^{-5}$（在实地测试中可能有 5 400 个定位点），实际可视为零。当可见卫星少于四个时，就会发生定位中断。从测试样本和结果来看，数据融合 PF 算法的连续性风险为零。对于 GPS/GLONASS 算法，连续性风险为 6.8%，其中有 254 次中断是由于定位中断导致的，还有 117 次中断由于位置误差超出告警门限导致。对于只用 GPS 算法，定位中断引起了 639 次中断，位置误差超出告警门限引起 263 次中断，连续性风险为 16.7%。应当指出的是，与仿真相比，实地测试中存在更多的定位中断和精度较低的定位点。这是因为真实的测试环境更加复杂（即隧道、飞机、桥、高大的建筑物和树木会在实地测试期间导致 GNSS 信号失锁），并且难以在仿真中准确反映。

综上所述，从精度、完好性、连续性方面的性能结果来看，本节所提出的数据融合 PF 算法可提供 100% 的最佳服务可用性，而 GPS/GLONASS 和只用 GPS 的算法仅为 93.2% 和 83.3%。因此，基于仿真和实地测试，本节所提出的融合算法可以满足 RUC 对 RNP 的要求。

### 5.2.5 发展前景

本节给出了可变道路使用收费指标（VRUCI）的新型定义，介绍了一种利用 GNSS、DR 和路段信息进行状态估计的粒子滤波（PF）数据融合算法，并证明了其能达到 RUC 的 RNP 要求。未来的工作应该在建筑密集的环境区域中收集更多的实地测试样本，以进一步验证所提出的 PF 数据融合算法，并解决欧洲伽利略和中国北斗系统的集成问题，评估新 GPS 信号（包括 L2C 以及地面泛在无线信号）的优势，如基于 WiFi 的定位和地图匹配。

## 5.3 多源信息融合在无人机管控中的应用

商用无人机的飞速发展为人们的生产生活带来了诸多便利。但与此同时，无人机应用的普及也伴随着频发的无人机飞行事故，如无人机“黑飞”、禁飞区入侵事件等。精细化无人机管控也因此成为空管部门急需解决的问题。

世界范围内已有诸多学者及研究机构致力于无人机监视与管控问题研究。Mason 等提出了一种云端 Web 应用为无人机提供实时飞行监管[42]。该应用从无人机传感器读取飞行数据进而在地图上呈现可视化飞行轨迹,使用户可以在界面上实时监视无人机动态。美国国家航空航天局(NASA)构建了基于云服务的无人机交通管理(UTM)系统[43]。Damilano 等提出了一种基于地面控制站的飞行任务计划方法用于无人机飞行任务创建及验证[44]。近年来,全球卫星导航系统(GNSS)、传感器网络等现代技术手段被广泛应用于无人机定位[45]。随着组合导航及滤波融合技术的发展,GNSS/INS 组合导航系统也在无人机导航应用中展现出潜力。而无人机实时位置、速度等动态信息的准确获取,即无人机机载导航系统的导航性能,是实施无人机管控的关键。

精细化无人机管控属于典型责任关键型(liability critical)应用。在此类应用中,错误的导航信息会导致财产损失或非法事件发生[46]。无人机机载导航定位信息可靠性不足是非蓄意性禁飞区入侵事故发生的直接原因。因此导航系统的完好性,作为导航信息可靠性的直接量度,对精细化无人机管控至关重要。

基于上述讨论,本节主要内容包括: 首次从用户层面、精度层面及完好性层面对精细化无人机管控进行需求分析;构建了带有自主完好性监测功能(包括故障检测与隔离及水平保护级计算能力)的 GNSS/INS 组合导航算法用于无人机机载导航系统构建,从而支撑精细化无人机管控;针对组合导航系统中最常见突变及斜坡故障情形,设计了双模故障检测算法,实现了对上述故障的有效检测。

### 5.3.1　精细化无人机管控需求分析

#### 5.3.1.1　用户需求

为了实现对无人机的有效管控,每位无人机用户都需配备一个无人机管控终端系统。系统主要功能包括: 制定飞行计划;监视和提取飞行信息并对非法飞行采取适当措施。其中,对无人机非法入侵事件的监控与防止是精细化无人机管控的关键所在,也是本节的研究重点。

现有无人机禁飞区的设置方式都是依照特定管制办法限定无人机操作区域,并在数字地图上进行标明,使用无人机搭载的导航系统通过实时管制或后处理追踪分析的方式进行管理。常见的有通过地理围栏创建禁飞区，为特定场所(例如,军用区域、机场等)划定禁飞空域,从而防止外部飞行器的入侵。此外,禁飞区外通常需要设置相应的缓冲区,以尽量避免因地图和导航系统精度不足造成的入侵行为(图 5.9)。

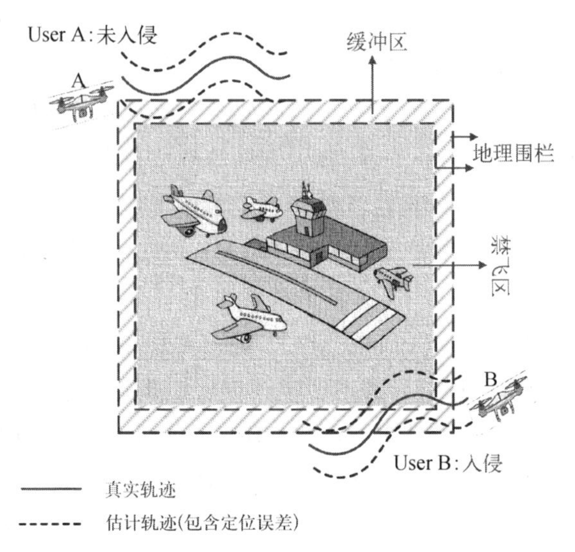


**图 5.9 定位精度对精细化无人机管控的重要性**

用户终端上的无人机飞行管控模块允许用户在飞行地图上自定义、添加或删除临时禁飞区。一旦无人机接近禁飞区域产生入侵风险,用户即可接到实时报警并即刻修正航迹远离禁飞区域(图 5.10)。

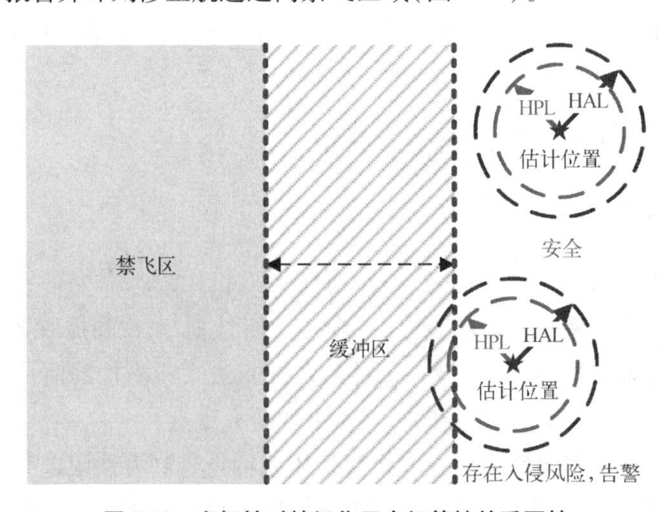


**图 5.10 完好性对精细化无人机管控的重要性**

#### 5.3.1.2　精度需求

无人机机载导航系统的定位精度是进行精细化无人机管控的基本要素。本节中的精度需求定义为在95%置信水平下,导航系统北向、东向定位误差不超过5 m,垂向定位误差不超过10 m。

#### 5.3.1.3　完好性需求

本节以完好性风险及水平告警门限两个指标定义精细化无人机管控的完好性需求。其中,完好性风险(TIR)定义为$10^{-7}$/h(该取值参考一般使命关键型应用的完好性风险);水平告警门限(HAL)定义为40 m(该取值参考飞机一类精密进近的水平告警门限值)。

此外,水平保护级(HPL)是指满足完好性风险时水平定位误差(HPE)的门限值。HPL与HAL的大小关系通常作为系统完好性监测的可用性判断。一旦HPL>HAL,系统完好性不可用,从而无法执行后续的故障检测与隔离功能。

### 5.3.2　用于精细化无人机管控的GNSS/INS组合导航算法

针对精细化无人机管控,本节设计了带有自主完好性监测功能的GNSS/INS组合导航系统,系统流程见图5.11。其中,定位算法通过GNSS伪距测量值和INS比力/角速率测量值在扩展卡尔曼滤波器中进行紧组合实现。完好性算法从完好性可用性检查开始,通过计算HPL并将其与HAL进行比较。如果HPL大于HAL,则判定当前时刻完好性不可用并发出告警。反之,完好性可用,算法继续执行故障检测。本节基于卡尔曼滤波器中产生的新息序列构造了双模故障检测方法,适用于突变和斜坡故障的检测。如果检验统计量值大于预定义的阈值,则将执行故障排除。排除后,应重新计算HPL,并再次与HAL进行比较。在FDE之后,系统将对无人机状态进行实时估计,进而进入下一历元。系统实时输出具有完好性的无人机实时定位结果,从而支持精细化无人机管控。

#### 5.3.2.1　GNSS/INS融合定位算法

本小节采用拓展卡尔曼滤波,实现了基于伪距观测值的GNSS/INS紧组合定位算法用于精细化无人机管控。滤波状态向量为23维:INS在地心地

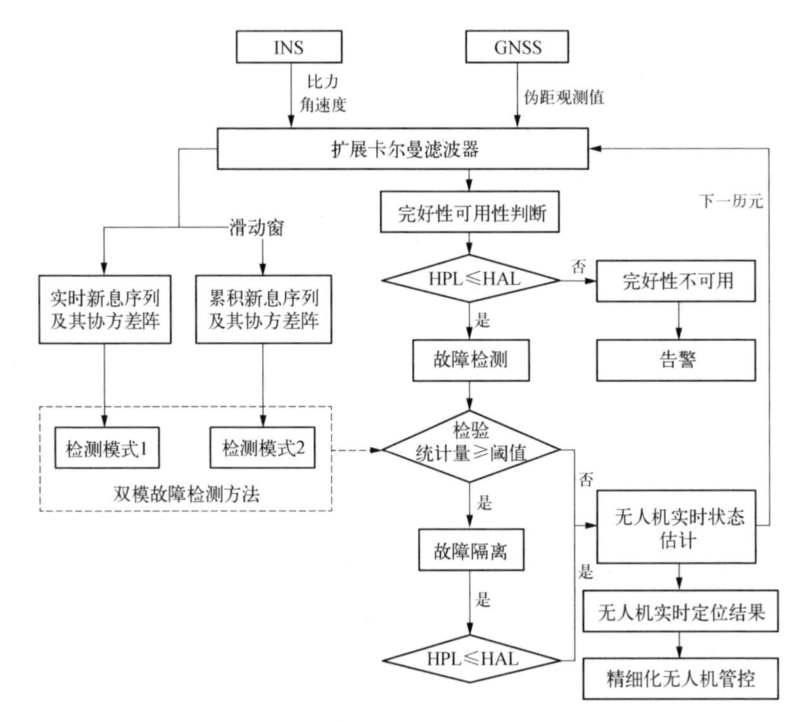


**图 5.11 用于精细化无人机管控的带有自主完好性监测功能的 GNSS/INS 组合导航系统流程图**

固坐标系(ECEF)下的三维位置误差矢量 $\delta\boldsymbol{r}_{3\times1}^{\mathrm{ECEF}}$ 及三维速度误差矢量 $\delta\boldsymbol{v}_{3\times1}^{\mathrm{ECEF}}$；INS 俯仰、横滚、航向角误差向量 $\boldsymbol{\phi}_{3\times1}$；陀螺仪三轴零偏 $b_{g3\times1}$；加速度计三轴零偏 $b_{a3\times1}$；陀螺仪三轴比例因子$\nabla_{g3\times1}$；加速度计三轴比例因子 $\nabla_{a3\times1}$；GNSS 接收机钟差 $t_b$；GNSS 接收机钟漂 $\delta t_b$。

$$\boldsymbol{X}=\begin{bmatrix}\delta\boldsymbol{r}_{3\times1}^{\mathrm{ECEF}}\\ \delta\boldsymbol{v}_{3\times1}^{\mathrm{ECEF}}\\ \boldsymbol{\phi}_{3\times1}\\ b_{g3\times1}\\ b_{a3\times1}\\ \nabla_{g3\times1}\\ \nabla_{a3\times1}\\ t_b\\ \delta t_b\end{bmatrix} \tag{5-7}$$

滤波观测值向量为

$$Z=\begin{bmatrix}\rho_{\text{INS},1}-\rho_{\text{GNSS},1}\\ \vdots \\ \rho_{\text{INS},m}-\rho_{\text{GNSS},m}\end{bmatrix} \tag{5-8}$$

式中，$m$ 为可视卫星数目；$\rho_{\text{INS},i}$ 表示 INS 推算的接收机天线相位中心到第 $i$ 颗可见卫星的伪距；$\rho_{\text{GNSS},i}$ 表示接收机天线相位中心到第 $i$ 颗可见卫星的 GNSS 伪距观测值(经过电离层、对流层、钟差等误差项改正)。

### 5.3.2.2　GNSS/INS 组合系统自主完好性监测

本小节所设计的用于精细化无人机管控的 GNSS/INS 组合系统自主完好性监测算法基于如下假设:

(1) 无人机飞行环境为较为开阔的空域;

(2) GNSS 单一星座;

(3) 同一时刻至多发生一次故障;

(4) 误警率 $P_{\text{FA}}=10^{-5}/\text{h}$，漏检率 $P_{\text{MD}}=10^{-3}/\text{h}$。

1. 双模故障检测算法

本小节针对组合导航系统中突变故障与缓变故障两种典型故障形式，基于卡尔曼滤波新息序列 $\boldsymbol{r}_k$ 及其协方差阵 $\boldsymbol{V}_k$ 信息，设计了双模的故障检测算法：模式 1 为基于当前信息构建故障检验统计量；模式 2 为基于历史信息滑动窗口构建故障检验统计量。双模故障检验统计量 $D$ 表示为

$$D=\begin{cases}\boldsymbol{r}_k^{\text{T}}\boldsymbol{V}_k^{-1}\boldsymbol{r}_k, & \text{基于当前历元}\\ \boldsymbol{r}_{avg}^{\text{T}}\boldsymbol{V}_{avg}^{-1}\boldsymbol{r}_{avg}, & \text{基于滑动窗口}\end{cases} \tag{5-9}$$

式中，$\boldsymbol{r}_{avg}=(\boldsymbol{V}_{avg}^{-1})^{-1}\sum_{i=1}^{m}\boldsymbol{V}_{k-i}^{-1}\boldsymbol{r}_{k-i}$；$\boldsymbol{V}_{avg}^{-1}=\sum_{i-1}^{m}\boldsymbol{V}_{k-i}^{-1}$；滑动窗长度记为 $T$，$i\in[0,T]$。

2. 故障检测阈值

故障检测阈值 $T_{\text{D}}$ 基于卡方检验和误警率 $P_{\text{FA}}$ 划定，具体数学关系表示为

$$P_{\text{FA}}=\int_{T_{\text{D}}}^{\infty}\chi^2(x,n)\,\mathrm{d}x \tag{5-10}$$

式中，$\chi^2(x, n)$ 表示卡方检验的概率密度分布，$n$ 为自由度。依据最大误警率 $10^{-5}$/h 及可视卫星数目，算得故障检测阈值具体数值如表 5.5 所示。

**表 5.5 故障检测阈值划定**

| 可视卫星数 | 故障检测阈值 |
| --- | --- |
| 1 | 19.51 |
| 2 | 23.03 |
| 3 | 25.90 |
| 4 | 28.47 |
| 5 | 30.86 |
| 6 | 33.11 |
| 7 | 35.26 |
| 8 | 37.45 |

3. 故障隔离算法

将一步预测的系统状态量 $\hat{\boldsymbol{X}}_{k,\,k-1}$ 与观测值向量 $\boldsymbol{Z}_k$ 组合，得到增广的系统观测模型：

$$\boldsymbol{l}_k = \boldsymbol{A}_k \boldsymbol{X}_k + \boldsymbol{v}_k \tag{5-11}$$

式中，$\boldsymbol{l}_k = \begin{bmatrix} \boldsymbol{Z}_k \\ \hat{\boldsymbol{X}}_{k,\,k-1} \end{bmatrix}$；$\boldsymbol{v}_k = \begin{bmatrix} \boldsymbol{v}_{Z_k} \\ \boldsymbol{v}_{\hat{X}_{k,\,k-1}} \end{bmatrix}$；$\boldsymbol{A}_k = \begin{bmatrix} \boldsymbol{H}_k \\ \boldsymbol{I} \end{bmatrix}$。

给出基于粗差探测的故障隔离检验统计量为[47]

$$w_m = \left| \frac{\boldsymbol{e}_i^{\mathrm{T}} \boldsymbol{C}_{l_k} \boldsymbol{v}_k}{\sqrt{\boldsymbol{e}_i^{\mathrm{T}} \boldsymbol{C}_{l_k} \boldsymbol{Q}_{\boldsymbol{v}_k} \boldsymbol{C}_{l_k} \boldsymbol{e}_i}} \right| \tag{5-12}$$

式中，$\boldsymbol{e}_i$ 代表第 $i$ 个元素为 1，其余元素为 0 的单位向量；$\boldsymbol{C}_{l_k}$ 代表增广后的观测误差协方差阵；$\boldsymbol{v}_k$ 代表滤波残差；$\boldsymbol{Q}_{\boldsymbol{v}_k}$ 代表滤波残差的余因数矩阵。

基于本小节开始提到的单一故障假设，具有最大 $w_m$ 所对应的观测值即为故障观测值。

4. 水平保护级算法

本书的水平保护级算法沿用了经典的自主完好性外推（AIME）方法中的水平保护级算法[48]。其计算包括两部分。

（1）$\mathrm{HPL}_1 = 5.33\sigma$，其中，$\sigma$ 由水平位置误差协方差阵确定；乘数 5.33 是依据 $10^{-3}$/h 的漏检率给出。

（2）$\mathrm{HPL}_2 = \max(Slope_i)P_{\mathrm{bias}}$，其中，$P_{\mathrm{bias}}$ 代表漏检率为 $10^{-3}$/h 对应卡方分布的非中心化参数。

最终得到水平保护级：

$$HPL = \sqrt{(HPL_1)^2 + (HPL_2)^2} \tag{5-13}$$

### 5.3.3　实验结果及分析

为验证设计的 GNSS/INS 组合导航系统用于精细化无人机管控的有效性，在台湾省南投市进行了时长为 815.4 s 的无人机挂飞实验。测试系统搭载于型号为 AXH－E230 的无人机上，包括：惯性导航单元 STIM－300，GNSS 接收机 Trimble BD 982 及激光雷达 VLP－16，如图 5.12。无人机飞行轨迹如图 5.13。实验中的参考轨迹通过激光雷达近景摄影测量生成。

图 5.12　实验设备搭载

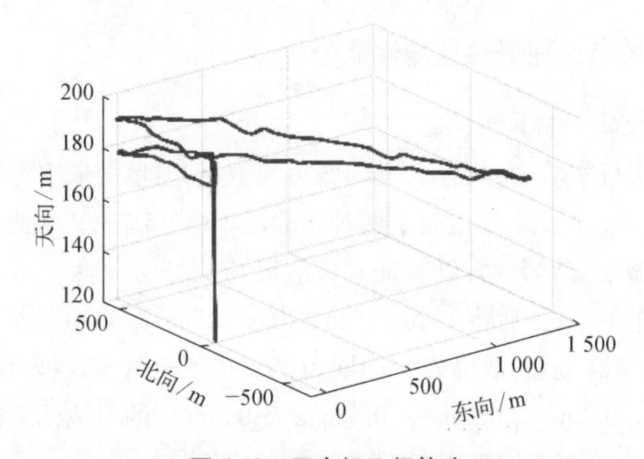


图 5.13　无人机飞行轨迹

#### 5.3.3.1 系统精度分析

系统水平及垂向定位误差如图5.14。定位算法精度分析如表5.6。可以得出，算法在95%置信水平下，水平及垂向定位误差分别为4.684 m及5.991 m，满足5.3.1.2节所提出的精细化无人机管控的精度需求。

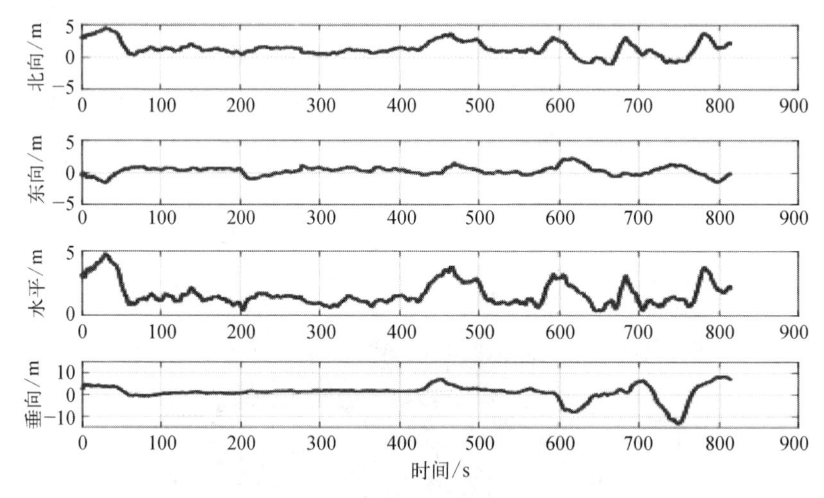


图5.14 算法定位误差

表5.6 定位算法精度分析

| 方　向 | 东 | 北 | 水平 | 垂向 |
|---|---|---|---|---|
| 均方根误差/m | 1.106 | 2.455 | 2.693 | 3.078 |
| 95%置信水平/m | 2.728 | 4.400 | 4.684 | 5.991 |
| 最大值/m | 4.144 | 6.692 | 7.834 | 11.119 |

#### 5.3.3.2 系统自主完好性监测性能分析

1. 双模故障检测算法性能

无人机飞行实验中，共有八颗GPS可视卫星，卫星号依次为10, 12, 15, 20, 21, 24, 25, 32。本节设置了两种实验场景(表5.7)，人为地将突变故障与斜坡故障加入实际数据，以验证双模故障检测算法对两类常见故障的检测能力。场景1中，先后将10 m、15 m、20 m、25 m及30 m的突变伪距误差加入32号卫星观测值，故障发生周期为第200秒至第300秒；场景2中，先后将0.1 m/s、0.2 m/s、0.3 m/s、0.4 m/s及0.5 m/s的斜坡伪距误差加入10号卫星观测值中，故障发生周期为第500秒至第600秒。

表 5.7　故障场景设置

| 场　景 | 场景 1 | 场景 2 |
|---|---|---|
| 故障开始时刻 | 第 200 秒 | 第 500 秒 |
| 故障结束时刻 | 第 300 秒 | 第 600 秒 |
| 故障类型 | 突变故障 | 斜坡故障 |
| 故障源 | 10、15、20、25、30 m 突变故障加到 32 号卫星观测值 | 0.1、0.2、0.3、0.4、0.5 m/s 斜坡故障加到 10 号卫星观测值 |

图 5.15、图 5.16 分别展示了突变及斜坡两个故障场景下检验统计量的数值表现。算法对不同类型及数值的故障检测所需时长如表 5.8。结合上

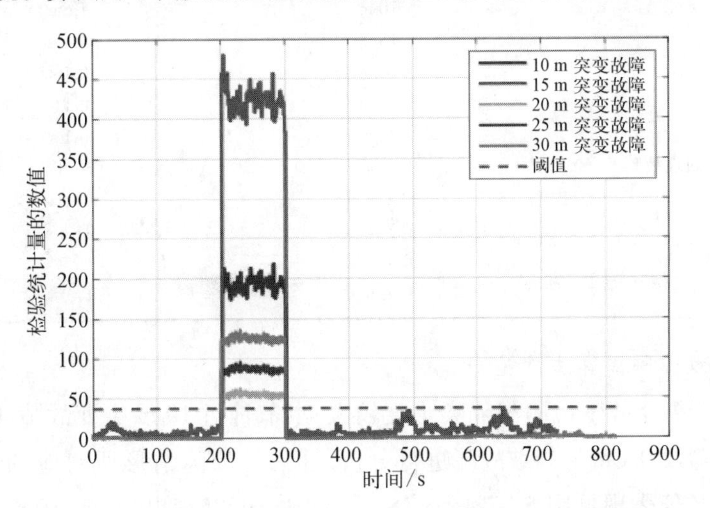


图 5.15　200~300 s 不同突变故障加入时故障检验统计量数值表现

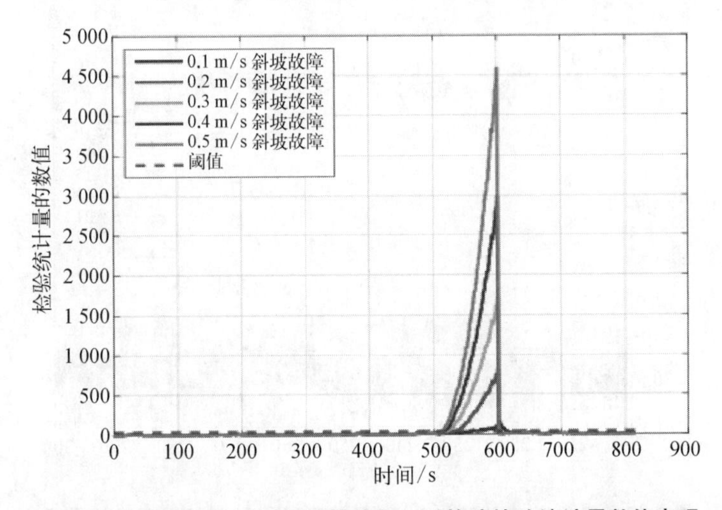

图 5.16　500~600 s 不同斜坡故障加入时故障检验统计量数值表现

述图表可见,故障数值越小,越缓变,检测用时越长,难度越大。值得一提的是,对于不小于 20 m 的突变故障,算法检测用时为 0.1 s,换言之可以做到即时性检测故障,这是基于当前信息进行故障检测的检测模式 1 起了作用。而对于 15 m 及 10 m 的突变故障,算法检测用时分别为 0.4 s 和 1.6 s,这是基于历史信息进行故障检测的检测模式 2 起的作用。

**表 5.8 算法对不同类型及数值的故障检测所需时长**

| 故障类型 | 故障数值 | 检测用时 |
| --- | --- | --- |
| 突变故障 | 10 m | 1.6 s |
| | 15 m | 0.4 s |
| | 20 m | 0.1 s |
| | 25 m | 0.1 s |
| | 30 m | 0.1 s |
| 斜坡故障 | 0.1 m/s | 56.8 s |
| | 0.2 m/s | 31.5 s |
| | 0.3 m/s | 21.8 s |
| | 0.4 m/s | 15.9 s |
| | 0.5 m/s | 11.1 s |

2. 故障隔离算法性能

鉴于微小故障检测与隔离难度较大,本节针对 10 m 突变故障、0.2 m/s 斜坡故障及 0.1 m/s 斜坡故障进行分析,这三种故障情形所对应的 w 检验统计量数值表现见图 5.17、图 5.18、图 5.19。可以看出,对于 10 m 的突变

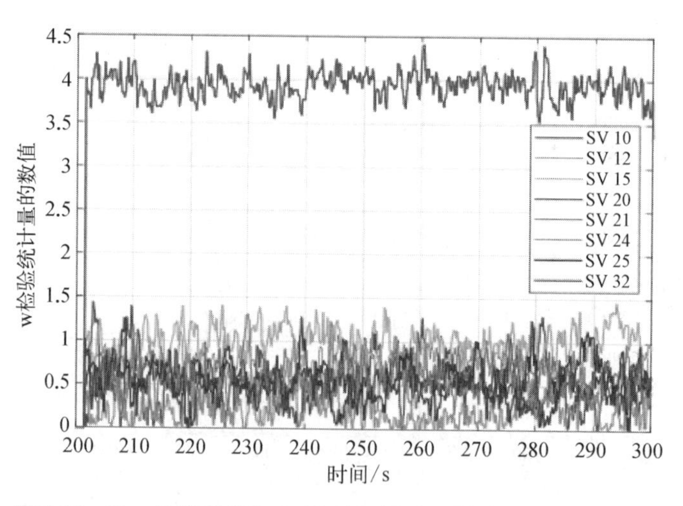


**图 5.17 10 m 突变故障加入 32 号卫星时 w 检验统计量数值表现**

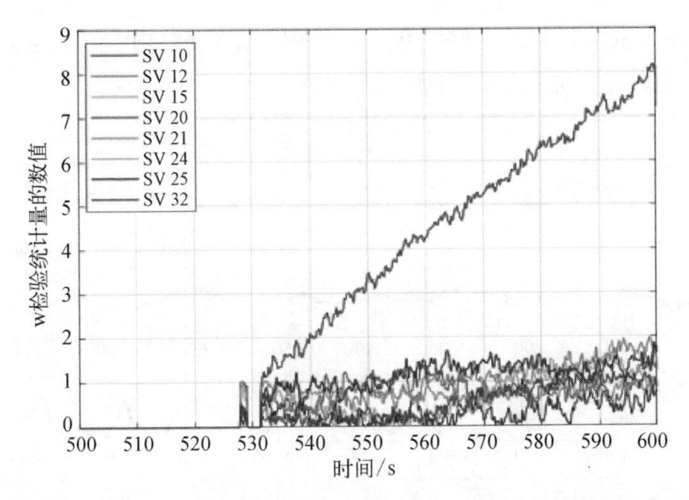

图 5.18　0.2 m/s 斜坡故障加入 10 号卫星时 w 检验统计量数值表现

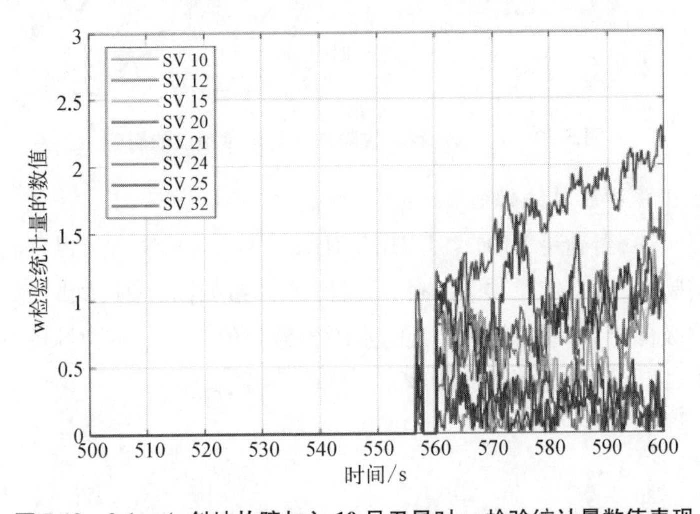

图 5.19　0.1 m/s 斜坡故障加入 10 号卫星时 w 检验统计量数值表现

故障、0.2 m/s 斜坡故障,算法依旧可以完成有效的故障检测与隔离。而对于 0.1 m/s 量级的微小缓变故障而言,w 检验统计量之间相关性显著升高,此时基于 w 检验统计量进行故障隔离不再适用。

由于 0.1 m/s 的斜坡故障难以隔离,本节进一步对该故障的有害性进行探究。图 5.20 展示了 500~600 s,0.1 m/s 斜坡故障加入对定位精度的影响。可以看出,虽然 0.1 m/s 的斜坡故障难以被隔离,但对定位结果的损害也相对有限,图示情况仍能满足精度需求。因此,对于可以被检测但无法被排除的微小斜坡故障,可以在其尚未对定位精度造成较大损害时对用户予以告警(比如,0.1 m/s 的斜坡故障出现 100 s,但对定位精度损害有限,则只需在检测到故障发生一定时间内予以告警即可)。

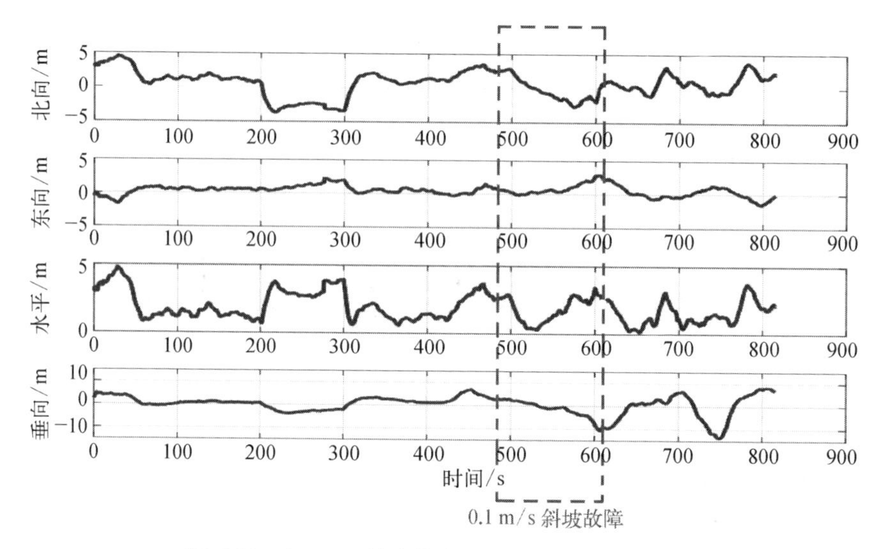


图 5.20 0.1 m/s 斜坡故障加入对定位精度的影响

3. 水平保护级算法性能

如前所述,当满足 HPE < HPL < HAL 关系时,系统方可以执行完好性监测。实验中,水平定位误差和水平保护级关系如图 5.21,同时,计算出的水平保护级低于 5.3.1.3 节中定义的水平告警限值 40 m。这意味着在挂飞实验过程中,完好性的可用性达 100%。

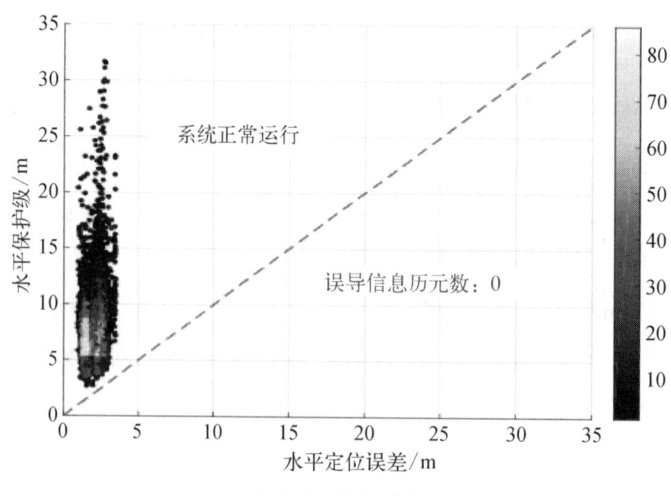

图 5.21 斯坦福图

结合上述,本节所提出的带有完好性监测功能的 GNSS/INS 组合导航系统可以满足精细化无人机管控的精度及完好性需求。

### 5.3.4　小结

本节首先从用户需求、精度需求及完好性需求三个层面对精细化无人机管控进行需求分析。随后,针对这些需求构建了带有完好性监测功能的 GNSS/INS 组合导航系统用于精细化无人机管控。其中,定位模块为基于伪距观测值的 GNSS/INS 紧组合定位;完好性监测模块包括双模故障检测模块、故障隔离模块以及水平保护级计算模块。针对量级较小、检测隔离难度大的突变及斜坡故障,设计实验并进行了敏感性分析。实验表明算法可以实现对 GNSS 观测值中突变故障及斜坡故障的有效检测与隔离。对于可以被检测、无法被隔离但同时对定位精度损害有限的微小缓变故障(<0.2 m/s),则可以在检测到故障发生一定时间内对用户实施告警。同时,在挂飞实验过程中,完好性监测可用性达到 100%。因此,本节所提出的带有完好性监测功能的 GNSS/INS 组合导航系统可以满足精细化无人机管控的精度及完好性需求。

本节是对精细化无人机管控的初步论证。在未来工作中,应当顾及更为复杂的无人机飞行环境及潜在导航系统故障情形,从而构建鲁棒性更强的无人机机载导航系统以支撑精细化无人机管控。

## 参考文献


[1] Boquet Y. Changing mobilities in Asian cities [C]. The 2010 Southeast Asian Geography Conference (SEAGA), Hanoi, 2011.

[2] Hu W, Wang H, Peng C, et al. An outer-inner fuzzy cellular automata algorithm for dynamic uncertainty multi-project scheduling problem [J]. Soft Computing, 2015, 19(8): 2111 - 2132.

[3] Hu W, Wang H, Qiu Z, et al. A quantum particle swarm optimization driven urban traffic light scheduling model[J]. Neural Computing & Applications, 2016, 29: 901 - 911.

[4] Hu W, Wang H, Yan L, et al. A swarm intelligent method for traffic light scheduling: application to real urban traffic networks [J]. Applied Intelligence, 2016, 44(1): 208 - 231.

[5] Newbery D M. Road user charges in Britain [J]. The Economic Journal, 1988,

98(390): 161 - 176.

[6] Ison S, Rye T. Implementing road user charging: the lessons learnt from Hong Kong, Cambridge and Central London[J]. Transport Reviews, 2005, 25(4): 451 - 465.

[7] Richardson H W, Bae C H C. Road congestion pricing in Europe: implications for the United States[J]. Journal of the American Planning Association, 2009, 75(4): 495 - 496.

[8] De Palma A, Lindsey R. Traffic congestion pricing methodologies and technologies[J]. Transportation Research Part C: Emerging Technologies, 2011, 19(6): 1377 - 1399.

[9] Ochieng W Y, Quddus M A, North R E, et al. Technologies to measure indicators for road user charging [J]. Transport, 2010, 163(2): 63 - 72.

[10] Cottingham D N, Beresford A R, Harle R K. Survey of technologies for the implementation of national-scale road user charging[J]. Transport Reviews, 2007, 27(4): 499 - 523.

[11] Ochieng W Y, North R J, Quddus M, et al. Technologies to measure indicators for variable road user charging[C]. The 87th Annual Meeting of the Transportation Research Board Proceedings, Washington, 2008.

[12] Velaga N R, Pangbourne K. Achieving genuinely dynamic road user charging: issues with a GNSS-based approach[J]. Journal of Transport Geography, 2014, 34: 243 - 253.

[13] Toledo-Moreo R, Santa J, Zamora-Izquierdo M A, et al. An analysis of navigation and communication aspects for GNSS-based electronic fee collection[C]. The 17th ITS World Congress, Busan, 2010.

[14] Zabic M. Road charging in Copenhagen: a comparative study of the GPS performance [C]. The 16th World Congress on Intelligent Transport Systems, Stockholm, 2009.

[15] Feng S, Ochieng W Y. Integrity of navigation system for road transport [C]. Proceedings of the 14th ITS World Congress, Beijing, 2007.

[16] Salós D, Macabiau C, Martineau A, et al. Analysis of GNSS integrity requirements for road user charging applications[C]. The 5th ESA Workshop on Satellite Navigation Technologies and European Workshop on GNSS Signals and Signal Processing (NAVITEC), Noordwijk, 2010.

[17] Velaga N R, Sathiaseel A. The role of location based technologies in intelligent transportation systems[J]. Asian journal of information technology, 2011, 10(6): 227 - 233.

[18] Transport for London. Distance based charging: report on transport for London's (TfL) GPS OBU trial[R]. London: Transport for London, 2006.

[19] GINA. How can EGNOS and Galileo Contribute to Innovative Road Pricing Policy? First Findings and Proposals from GINA Project[EB/OL].www.gso.europa.eu[2010 - 10 - 01].

[20] Zabic M. A high-level functional architecture for GNSS-based road charging systems

[C]. 18th Word Congress on Intelligent Transport System: Keeping the Economy Moving, Orlando, 2011.

[21] Velaga N R, Quddus M A, Bristow A L. Improving the performance of a topological map-matching algorithm through error detection and correction [J]. Journal of Intelligent Transportation Systems, 2012, 16(3): 147 - 158.

[22] Quddus M A, Ochieng W Y, Noland R B. Current map-matching algorithms for transport applications: State-of-the art and future research directions[J]. Transportation Research Part C Emerging Technologies, 2007, 15(5): 312 - 328.

[23] Rendon-Velez E, Horvath I, Vegte W V D. Identifying indicators of driving in a hurry [C]. ASME 2011 International Mechanical Engineering Congress and Exposition, Denver, 2011.

[24] Newbery D M. Pricing and congestion: economic principles relevant to pricing roads [J]. Oxford Review of Economic Policy, 1990, 6(2): 22 - 38.

[25] Newbery D M. Road damage externalities and road user charges[J]. Econometrica, 1988, 56(2): 295 - 316.

[26] Noordegraaf D V, Heijligers B, van de Riet O A W T, et al. Technology options for distance-based road user charging schemes[C]. Transportation Research Board Annual Meeting, Washington, 2009.

[27] Ericsson E. Independent driving pattern factors and their influence on fuel-use and exhaust emission factors[J]. Transportation Research. Part D, 2001, 6(5): 325 - 345.

[28] Rakha H, Ding Y. Impact of stops on vehicle fuel consumption and emissions[J]. Journal of Transportation Engineering, 2003, 129(1): 23 - 32.

[29] Ouis D. Annoyance from road traffic noise: a review[J]. Journal of Environmental Psychology, 2001, 21(1): 101 - 120.

[30] Waters P E. Control of road noise by vehicle operation[J]. Journal of Sound and Vibration, 1970, 13(4): 445 - 453.

[31] Af Wåhlberg A.E. The stability of driver acceleration behavior, and a replication of its relation to bus accidents[J]. Accident Analysis & Prevention, 2004, 36(1): 83 - 92.

[32] GMAR. GNSS metering association for road user charging[EB/OL]. www.gmaruc.org [2020 - 05 - 27].

[33] Ochieng W Y, Sauer K, Walsh D, et al. GPS integrity and potential impact on aviation safety[J]. Journal of Navigation, 2003, 56(1): 51 - 65.

[34] Peyret F, Gilliéron P Y, Ruotsalainen L, et al. COST TU1302 - SaPPART White Paper: better use of global navigation satellite systems for safer and greener transport [M]. Lyon: Ifsttar, 2015.

[35] Flament D, Brocard D, Ochieng W, et al. RAIM in dual frequency/multi constellation APV/LPV operations in aeronautics[C]. The 5th ESA Workshop on Satellite Navigation Technologies and European Workshop on GNSS Signals and Signal Processing

(NAVITEC), Noordwijk, 2010.

[36] Tsogas M, Polychronopoulos A, Amditis A. Unscented Kalman filter design for curvilinear motion models suitable for automotive safety applications[C]. Information Fusion, 8th International Conference on IEEE, Zagreb, 2005.

[37] Sun R, Ochieng W Y, Feng S. An integrated solution for lane level irregular driving detection on highways[J]. Transportation Research Part C: Emerging Technologies, 2015, 56: 61-79.

[38] Sun R, Ochieng W Y, Fang C, et al. A new algorithm for lane level irregular driving identification[J]. Journal of Navigation, 2015, 68(6): 1173-1194.

[39] Sun R, Han K, Hu J, et al. Integrated solution for anomalous driving detection based on BeiDou/GPS/IMU measurements[J]. Transportation Research Part C: Emerging Technologies, 2016, 69: 193-207.

[40] Ochieng W Y, Flament D. The EGNOS Baseline Design Handbook[M]. Toulouse: European Space Agency, 1996.

[41] Ochieng W Y, Shardlow P J, Johnston G. Advanced transport telematics positioning requirements: an assessment of GPS performance in greater London[J]. Journal of Navigation, 1999, 52(3): 342-355.

[42] Mason I, Mihui K, Younghee P. Development of Cloud-Based UAV monitoring and management system[J]. Sensors, 2016, 16(11): 1913.

[43] Kopardekar P H. Airspace systems program: next generation air transportation system concepts and technology development FY2010 project plan version 3.0[EB/OL]. http://ntrs.nasa.gov/[2010-05-18].

[44] Damilano L, Guglieri G, Quagliotti F, et al. Ground control station embedded mission planning for UAS[J]. Journal of Intelligent & Robotic Systems, 2013, 69(1-4): 241-256.

[45] Bo L, Guangwei W, Wenqing X, et al. Multi-UAVs cooperative area search with no-fly zones constraints[C]. 2015 34th Chinese Control Conference (CCC), Technical Committee on Control Theory, Chinese Association of Automation, Hangzhou, 2015.

[46] Daniel Salos, Anaïs Martineau, Macabiau C, et al. Groundwork for GNSS integrity monitoring in urban road applications. The road user charging case[C]. Proceedings of the 23rd International Technical Meeting of the Satellite Division of the Institute of Navigation(ION GNSS 2010), Portland, 2010.

[47] Hewitson S, Kyu Lee H, Wang J. Localizability analysis for GPS/Galileo receiver autonomous integrity monitoring[J]. Journal of Navigation, 2004, 57(2): 245-259.

[48] Diesel J, King J. Integration of navigation systems for fault detection, exclusion, and integrity determination — without WAAS[J]. International Journal of Research in Medical Sciences, 1995, 1(3): 619-620.